"十三五"国家重点出版物出版规划项目

电子系统设计

贾立新 编

机械工业出版社

本书由模拟电子系统设计、单片机电子系统设计、数字电子系统设计和综合电子系统设计4部分组成。内容包括电子系统设计导论、放大电路设计、滤波器设计、模拟电子系统设计实例、单片机电子系统设计、FP-GA应用基础、数字系统设计实例、RLC测量仪、脉冲信号参数测量仪、红外通信系统。大部分章节除了介绍典型的设计案例外，还设置了思考题和设计训练题，帮助读者加深对教材内容的理解和提高设计能力。

本书内容编排循序渐进，从器件到单元电路，从单元电路再到电子系统；从模拟电子系统到模数结合的单片机电子系统，从单片机电子系统再到单片机和FPGA相结合的综合电子系统，各部分内容由浅入深且融会贯通。

本书可作为高等院校电子电气类专业有关电子系统设计、电子技术综合提高型实验、大学生电子设计竞赛赛前训练等实践类课程的教材，也可作为具备模拟电子技术、数字电子技术、单片机等基础知识的读者学习电子系统设计方法的参考书。

图书在版编目（CIP）数据

电子系统设计/贾立新编．—北京：机械工业出版社，2020.12
（2024.11重印）

"十三五"国家重点出版物出版规划项目

ISBN 978-7-111-67176-3

Ⅰ．①电…　Ⅱ．①贾…　Ⅲ．①电子系统-系统设计-高等学校-教材　Ⅳ．①TN02

中国版本图书馆CIP数据核字（2020）第259659号

机械工业出版社（北京市百万庄大街22号　邮政编码100037）
策划编辑：路乙达　责任编辑：路乙达　韩　静
责任校对：王　延　封面设计：严娅萍
责任印制：单爱军
北京虎彩文化传播有限公司印刷
2024年11月第1版第5次印刷
184mm×260mm · 16.5印张 · 409千字
标准书号：ISBN 978-7-111-67176-3
定价：45.00元

电话服务　　　　　　　　　　网络服务
客服电话：010-88361066　机 工 官 网：www.cmpbook.com
　　　　　010-88379833　机 工 官 博：weibo.com/cmp1952
　　　　　010-68326294　金 书 网：www.golden-book.com
封底无防伪标均为盗版　机工教育服务网：www.cmpedu.com

前　言

随着工程教育专业论证和一流课程建设的开展，对学生能力培养提出了新的要求和新的理念。越来越多的电子信息类专业开设了以提高学生解决复杂工程问题能力为主要目标的电子系统设计课程。教学内容强调传授具备"先进性"和"挑战度"的知识，教学模式强调知识、能力、素质有机融合，教学设计突破习惯性认知模式，以培养学生深度分析、大胆质疑、勇于创新的能力和精神。

编写本书的目的就是为具备模拟电子技术、数字电子技术、单片机等基础知识的学生开设电子系统设计课程提供一本合适的教材，同时也为参加电子设计竞赛等课外科技创新活动的学生提供一本合适的参考书。

全书内容由以下几部分组成：

第 1 章为本书的导论。介绍电子系统的有关基础知识，让读者对全书内容有总体了解。

第 2~4 章为模拟电子系统设计。先介绍放大电路和滤波器的设计理论，然后列举了正弦信号产生电路、测量放大器、D 型功放 3 个典型模拟电子系统设计实例。这 3 个模拟电子系统均可由学生在实验室自行制作完成。这部分内容既可以作为模拟电子系统设计的实验内容，也可以作为大学生电子设计竞赛封闭式测评的培训内容。

第 5 章为单片机电子系统设计。内容包括单片机最小系统设计、I/O 扩展技术、并行总线扩展技术、串行总线扩展技术。与传统的单片机教材不同，本书在介绍单片机电子系统设计时，不涉及单片机的具体型号，不介绍单片机原理和指令系统，只使用单片机最基本的一些资源，如 I/O 引脚、定时器、中断系统等，目的是让本书能够与不同系列的单片机教材很好地衔接。通过本章内容的介绍，将电子系统设计从纯模拟电子系统设计提升到数模结合、软硬结合的单片机电子系统设计。

第 6、7 章为基于 FPGA 的数字系统设计。内容包括 FPGA 的原理、Verilog HDL 语言基础、FPGA 最小系统设计、典型数字系统设计实例。在选取数字系统设计训练题时，注重与本书前后内容的关联。设计实例之一的数字频率计与第 9 章的等精度频率计相关联，读者可以比较两种频率计设计方案的优缺点。设计实例之二的 4×4 键盘编码器与第 5 章的单片机最小系统相关联，该设计可以直接应用于单片机最小系统设计中。设计实例之三的简易 SPI 接口与第 5 章介绍的 SPI 总线扩展相关联，前者用硬件实现 SPI 总线时序，后者用软件来实现 SPI 总线时序，读者可以比较两种方法的优缺点。设计实例之四的单片机与 FPGA 的接口设计则与第 8~10 章的综合电子系统相关联。通过这两章内容的介绍，将电子系统设计从单片机电子系统设计提升到综合电子系统设计。

第 8~10 章为基于单片机 + FPGA + 模拟电路的综合电子系统设计。这部分内容介绍了RLC 测量仪、脉冲信号参数测量仪和红外通信系统 3 个综合电子系统设计实例。每个设计实例都具有以下几方面的特征：①需要采用新的理论或技术，如用于信号产生的 DDS 技术，用于 RLC 测量的实部虚部分离技术，用于模拟量和数字量同时传输的 FSK 调制解调技术等；②需要综合多门课程知识，如需要应用电路原理、模拟电子技术、数字电子技术、单片机、

C 语言程序设计等多门课程知识；③需要使用 EDA 工具，如 Quartus Ⅱ、Multisim、Altium Designer 等；④需要具备较强的工程实践能力，如仪器使用、焊接调试等；⑤每个子系统或单元电路有多种方案可供选择。

如果从电子系统层次来划分，本书的内容可分为器件、单元电路、电子系统 3 个层次：

第一个层次是器件。本书除了在第 4 章介绍了常用的分立元件，还在各章介绍了众多性能优异的模拟、数字、数模混合集成电路，包括单片机、FPGA、CPLD、高速 A/D 转换器、高速 D/A 转换器、专用 DDS 芯片、步进电动机驱动芯片、集成运放、电压比较器、可编程增益放大器、模拟开关、模拟乘法器等。

第二个层次是单元电路。包括放大电路、滤波电路、串联稳压电路、波形变换电路、PWM 信号产生电路、基于 FPGA 的数字电路（包括 PLL、ROM、FIFO）、单片机和 FPGA 之间的接口电路、简易 SPI 接口、4×4 键盘编码器等。

第三个层次是电子系统。本书介绍了 D 型功放、语音存储与回放系统、RLC 测量仪、脉冲信号参数测量仪（由等精度频率计和高速数据采集系统合二为一）、红外通信系统等。

本书具有以下特色：

1. 淡化单片机的内容。单片机虽然是电子系统中的核心器件，但本书只把单片机视作一片普通的集成芯片，就像一片通用运放或者一片 74LS 系列的数字集成电路，只是更加复杂而已。本书的电子系统只用到了单片机最基本的功能，就如同使用手机时只用到通话和发短信的功能。

2. 采用模块化的电子系统设计方法。该方法将电子系统分成 3~6 个模块，每个模块由 1~3 个单元电路组成，每个单元电路通常由一片集成芯片实现。模块化设计方法提高了电子系统设计的抽象层次，降低了电子系统的设计难度，也便于采用团队协作的方式由多名学生完成一个电子系统的设计。

3. 丰富的设计案例。本书采用了编者 20 多年指导电子设计竞赛和电子系统设计课程教学所积累的设计案例。这些设计案例的硬件电路原理图、程序代码均经过调试验证，同时根据学生在实践过程中出现的问题不断持续改进。

4. 每一章后面均安排思考题或设计训练题。思考题帮助学生理解书本内容，也可以作为教师教学过程中出卷的参考。设计训练题与每一章内容紧密结合，也适合学生实践训练。

5. 本书是一本实践类教材。为了便于课后实践，编者开发了模块化的电子系统设计实验平台，书中所有的设计实例和设计训练题都可以在实验平台上实现。书中也提供了许多核心模块的原理图和实物照片，供读者参考。

为方便读者对照阅读和理解，本书用 EDA 软件所生成的原理图和仿真图中的符号均保留与软件中一致的形式，不再按照标准对其进行修改。

本书是浙江工业大学 2019 年立项的重点建设教材，也是浙江工业大学与杭州英联科技有限公司实施教育部产学研合作协同育人项目的成果之一。

本书由贾立新负责编写。由于编者学识有限，书中难免有错误与不妥之处，望广大读者批评指正。

编　者

目　录

第1章　电子系统设计导论

1.1　什么是电子系统

电子系统是由若干相互联系、相互制约的电子元器件或部件组成，能够独立完成某种特定电信号处理的完整电子电路。或者说，凡是可以完成一个特定功能的完整电子装置就可以称为电子系统。例如，数字化语音存储与回放系统就是一个典型的电子系统，其原理框图如图 1.1-1 所示。声音信号经过传声器（MIC，俗称麦克风）转换成电信号。由于传声器输出的电信号非常微弱，并且含有一定的噪声，因此需要经过放大滤波后送入 A/D 转换器。在单片机（Single-Chip Microcontroller Unit，MCU）的控制下，A/D 转换器将模拟的声音信号转换成数字化的声音信号，然后存储在半导体存储器中，这个过程称为录音。MCU 从半导体存储器中取出数字化的语音信号，通过 D/A 转换恢复成模拟的语音信号，经过滤波放大后驱动扬声器（俗称喇叭），这个过程称为放音。

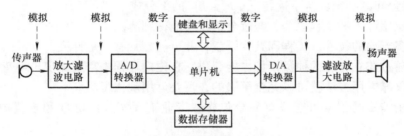

图 1.1-1　数字化语音存储与回放系统

电子系统种类繁多，涵盖军事、工业、农业、日常生活各个方面，大到航天飞机的测控系统，小到人们日常生活中的电子手表。根据功能划分，电子系统通常可以分为以下几类：

1）测控系统。例如航天器的飞行轨道控制系统、工业生产控制系统等。

2）测量系统。包括电量及非电量的测量。

3）数据处理系统。例如语音、图像处理系统。

4）通信系统。包括有线通信系统、无线通信系统。

5）家用电器。例如数字电视、扫地机器人、智能家电等。

根据所采用的电子器件划分，电子系统可分为模拟电子系统、数字电子系统、单片机电子系统和综合电子系统。

模拟电子系统：以模拟电子技术为主要技术手段的电子系统称为模拟电子系统。模拟电子系统通常把被处理的物理量（如声音、温度、压力、图像等）通过传感器转换为电信号，然后对其进行放大、滤波、整形、调制、检波，以达到信号处理的目的。如本书第 4 章将要介绍的 D 型功放、测量放大器等，就属于典型的模拟系统。

数字电子系统：以数字电子技术为主要技术手段的电子系统称为数字电子系统。从实现的方法来分，数字电子系统可分为 3 类：一类是采用标准数字集成电路实现的数字系统，所谓标准集成电路是指功能、物理配置固定、用户无法修改的集成电路，如 74LS 系列、74HC 系列集成电路；一类是采用 FPGA/CPLD 组成的数字系统，FPGA/CPLD 允许用户根据自己的要求实现相应的逻辑功能，并且可以多次编程，本书主要介绍采用 FPGA/CPLD 组成的数字系统；一类是采用定制专用集成电路（ASIC）实现的数字系统，由于 FPGA/CPLD 内包含大量可编程开关，消耗了芯片面积，限制了运行速度的提高，因此采用 ASIC 设计的数字系统集成度最高、性能最好。

单片机电子系统：以单片机为核心的电子系统，称为单片机电子系统。除了单片机之外，单片机电子系统通常还包含数字模拟外围电路。为了与综合电子系统相区别，本书介绍的单片机电子系统特指不包含 FPGA 芯片的电子系统。单片机电子系统的主要功能通过软件实现。

综合电子系统：由单片机、FPGA 和模拟电路组成的电子系统称为综合电子系统。在综合电子系统中，系统的功能一般由数字部分实现，而指标则借助模拟电路达到。单片机和 FPGA 虽同属数字器件，但在综合电子系统中，两者又有不同的分工，分别发挥着各自的优势。

电子系统的发展趋势之一是复杂度越来越高。什么是电子系统的复杂度？这里借用工程教育专业认证标准中对复杂工程问题的定义来说明。根据 2015 版工程教育专业认证标准的定义，复杂工程问题必须具备下述特征 1）~7）的部分或全部：

1）必须运用深入的工程原理，经过分析才可能得到解决。

2）涉及多方面的技术、工程和其他因素，并可能相互有一定冲突。

3）需要通过建立合适的抽象模型才能解决，在建模过程中需要体现出创造性。

4）不是仅靠常用方法就可以完全解决的，需要运用现代工具。

5）问题中涉及的因素可能没有完全包含在专业工程实践的标准和规范中，具有不确定性。

6）问题相关各方利益不完全一致。

7）具有较高的综合性，包含多个相互关联的子问题。

下面以直流电能表的设计为例，说明电子系统复杂度的含义。随着直流电广泛应用于高压直流输电、楼宇自动化、轨道交通、光伏发电以及电动汽车中，对直流电能表的需求急剧增加。直流电能表设计要求高精度、低功耗、低成本、小体积、安全性。其中高精度、安全性与低成本通常是矛盾的。

直流电能表设计中的一些工程问题必须运用深入的工程原理经过分析才能得到解决。直流电能表由硬件和软件两部分组成，其原理框图如图 1.1-2 所示。硬件电路由单片机和外围电路组成，包括模拟电路、DC/DC 电源电路、数字电路等，软件部分采用模块化设计，由应用层、功能模块层、驱动层 3 部分组成。直流电能表的设计将涉及电路原理、单片机原理、电力电子技术中的开关电源原理、数字信号处理中的 $\Sigma - \Delta$ 调制原理、数字电路中的低功耗原理等。

直流电能表的设计必须运用多种工具才能解决问题，如硬件电路设计需要 EDA 软件 Altium Designer，软件开发需要单片机集成开发软件。直流电能表的校准需要昂贵的标准直流源。

3

直流电能表的设计具有较高的综合性，包含多个相互关联的子问题。需要综合运用多门课程知识，如电路原理、模拟电子技术、数字电子技术、单片机原理、C 语言程序设计基础、电力电子技术、电子线路 CAD 等。涉及多个关联子问题，如电源需要与主电路隔离，保证安全性；电流电压检测既要确保精度又要降低成本；还有单片机的选型和供货问题，能否保证供货，能否用其他单片机替代。

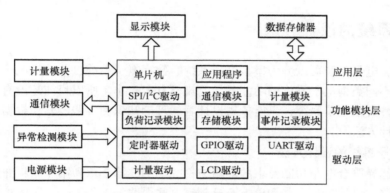

图 1.1-2　直流电能表原理框图

为了管理电子系统的复杂性，通常将电子系统划分为不同的抽象（Abstraction）层次，如图 1.1-3 所示。最底层的抽象层为物理层，即电子的运动。高一级的抽象层为器件，包括模拟和数字集成器件，也包括电阻、电容、电感、晶体管等分立元件。在模拟电路这一层次，主要研究如何采用模拟集成电路来构成放大电路、滤波电路、电源等。在数字电路层次，主要研究基于硬件描述语言和 FPGA/CPLD 设计数字系统。在单片机层次，主要研究如何选择合适的单片机型号，如何进行系统扩展，如何使用单片机的片内和片外资源。进入软件层面后，操作系统负责底层的抽象，应用软件使用操作系统提供的功能解决用户的问题。对于复杂的电子系统，不同的抽象层次通常由不同的设计者来完成设计。尽管某一设计者可能只负责其中一个抽象层次的设计，但该设计者应该了解当前抽象层次的上层和下层。

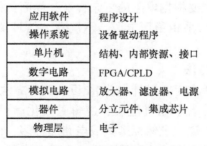

图 1.1-3　电子系统的层次划分

电子系统的发展趋势之二是智能化程度越来越高。电子系统可分为智能型电子系统和非智能型电子系统。非智能型电子系统一般指功能简单或功能固定的电子系统，例如电子门铃、楼道灯控制系统等。智能型电子系统是指具有一定智能行为的电子系统，通常应具备信息采集、传输、存储、分析、判断和控制输出的能力。在智能化程度较高的电子系统中，还应该具备预测、自诊断、自适应、自组织和自学习功能。例如，智能机器人对一个复杂的任务具有自行规划和决策能力，有自动躲避障碍运动到目标位置的能力。

电子系统的发展趋势之三是引入互联网 + 技术。采用移动互联网、云计算、大数据、物联网等信息通信技术，与传统的电子系统相结合。在传统的电子系统基础上增加网络软硬件模块，借助移动互联网技术，实现远程操控、数据自动采集分析等功能，极大地拓展了电子系统的应用范围。

1.2 电子系统的设计方法

如前所述，电子系统可以分为模拟电子系统、数字电子系统、单片机电子系统、综合电子系统。由于不同类型电子系统的功能各异，规模有大有小，所以目前还没有一套通用的方法用于设计各种类型电子系统，只能依靠设计者的理论知识和实践经验，根据具体的条件来选择合适的设计方法。

1. 模拟电子系统的设计方法

第1步：选择符合电路功能要求的电路结构。本书的第 2 章和第 3 章将介绍常见的放大电路和滤波电路，设计者只有从理论上充分理解这些电路的工作原理，了解这些电路有什么差异，并且具备一定的实践经验，才有可能做出合理的选择。

第2步：器件选择。满足某一功能的集成器件可能有很多种，要根据技术参数进行筛选，同时应尽量选择使用方便的器件型号，如外围电路少、稳定性高、容易购买的型号。

第3步：参数计算。以放大电路为例，在设计时需要考虑多项技术指标，如输入阻抗、输入信号的动态范围、输出阻抗、电压放大倍数、输出电平（功率）、频率带宽、放大器的效率、放大器的稳定性等，这些指标都需要通过计算选择合适的参数才能实现。可以这么说，没有计算就谈不上设计。

第4步：电路仿真。电路仿真，顾名思义就是设计好的电路图通过仿真软件进行实时模拟，模拟出实际功能，然后通过其分析改进，从而实现电路的优化设计。常用的模拟电路仿真软件有 Multisim、TINA - TI 软件。

第5步：实际调试。首先要根据电路的复杂程度，用面包板、通用板、自行制作或者外加工 PCB 搭建模拟电路，然后采用稳压电源、示波器、信号源、万用表等仪器对电路进行测试。

2. 数字电子系统的设计方法

数字电子系统的设计通常有手工设计和 EDA 设计两种方法。

传统手工设计方法：设计者采用真值表、逻辑函数化简得到数字系统的逻辑函数表达式，然后采用标准集成电路实现。虽然标准集成电路品种多、价格低，但采用标准集成电路设计的数字系统体积大、功能固定。这种设计方法在工程实际中已很少采用。

现代 EDA 设计方法：这种设计方法通常由设计者借助 EDA 工具和硬件描述语言（Hardware Description Language，HDL）来完成设计，然后采用可编程逻辑器件实现。其设计流程如图 1.2-1 所示。

3. 单片机电子系统的设计方法

单片机电子系统的设计可分为硬件设计和软件设计两部分。

第1步：对硬件和软件承担的任务进行合理的划分，画出原理框图。划分的原则是尽量

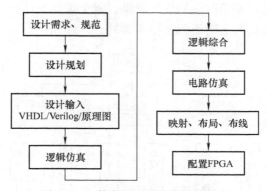

图 1.2-1　数字电子系统的设计流程

用软件来实现系统功能，以降低成本、缩小体积。因为随着单片机技术的发展，从前必须由模拟电路或数字电路实现的功能，现在已能用单片机通过软件方法来实现了。

第 2 步：单片机硬件系统扩展。在确定单片机型号和外围器件的基础上，将单片机和外围器件连接，称为系统扩展，包括人机接口扩展、I/O 扩展、串行总线扩展、并行总线扩展。系统扩展时，需要查阅器件数据手册，了解器件的电气特性。

第 3 步：软件设计。先设计程序流程图，再编写代码。单片机的程序分为主程序和中断服务程序。对于不同的单片机系统，主程序的基本框架可以说是大体一致的，由初始化部分和循环体部分构成。初始化部分包括单片机的内部资源的初始化，以及程序中使用到的一些变量和数据的初始化。中断服务程序主要用于处理实时性要求较高的任务和事件，如外部突发性信号的检测、按键的检测和处理、定时计数等。一般情况下，中断程序应尽可能保证代码的简洁和短小，对于不需要实时去处理的功能，可以在中断中设置触发的标志，然后由主程序来执行具体的事务。这一点非常重要，特别是对于低功耗、低速的 MCU 来讲，必须保证所有中断的及时响应。

第 4 步：系统调试。系统调试包括硬件系统调试和软件系统调试。两者一般同时进行，如在软件调试时，可借助示波器观测单片机系统的关键信号，以提高调试效率。

4. 综合电子系统的设计方法

综合电子系统的设计方法之一是采用自顶向下的设计方法。什么是"顶"呢？"顶"是指系统的功能。何为"底"呢？"底"就是最基本的元器件。所谓自顶向下的设计方法，就是从顶层到底层，将系统划分为若干个子系统，再将子系统划分为若干个单元电路，再选择合适的元器件完成单元电路设计。自顶向下的设计方法抓住主要矛盾，从概括到展开，从粗略到精细，不纠缠在具体细节上，不过早考虑具体电路、元器件和工艺。另一种设计方法是采用自底向上的设计方法，先从选择元器件开始，设计单元电路，再由单元电路构成子系统，最后由子系统构成完整系统。自顶向下的设计方法和自底向上的设计方法示意图如图 1.2-2 所示。

自顶向下的设计方法将复杂的系统分解为相对简单的子系统或单元电路，找出每个子系统或单元电路的重点和难点所在，可以有效地控制系统的复杂性。EDA 软件工具的使用，使得设计者可以将精力集中于系统的高层设计，如功能、算法等概念方面的设计，而将大量具体设计过程留给 EDA 软件去完成。自底向上的设计方法在设计过程中虽然受元器件和单元电路的限制，但优点是可利用前人的设计成果，避免重复设计。另外，在系统的组装和调试过程中，通常是采用自底向上的流程进行调试的。

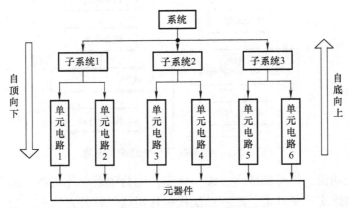

图 1.2-2　综合电子系统的设计方法

采用自顶向下的设计方法应遵循以下 3 条原则：层次化（Hierarchy）、模块化（Modularity）和规整化（Regularity）。这些原则对于软硬件的设计都是通用的。

层次化：将系统划分为若干个模块，然后更进一步划分每个模块，直到这些模块变得很容易理解。

模块化：所有模块有定义好的功能和接口，以便它们之间可以很容易地相互连接。

规整化：在模块之间寻求一致，通用的模块可以重复使用多次，以减少设计不同模块的数量。

1.3　电子系统的设计步骤

1. 分析设计题目

对设计题目进行具体分析，明确所要设计的系统功能和技术指标，确保所做的设计不偏题。如果是电子设计竞赛题发生了偏题，则你的作品可能无法获奖；如果是实际的项目发生了偏题，则你的作品不但用户拒绝接受，甚至可能要承担经济责任和法律责任。所以，分析设计题目这一步，必须考虑周到。

2. 方案设计

通过查阅文献资料，了解国内外相关课题的技术方案，提出 2～3 种可行的设计方案。从系统的功能、性能指标、稳定性、可靠性、成本、功耗、调试的方便性等方面，对几种方案进行认证比较，确定最优设计方案。在方案论证过程中，要敢于探索，勇于创新。需要指出的是，方案的优劣标准不是唯一的，它与电子系统的开发目的有关。例如，当某一电子系统的开发要求快速完成时，应尽量采用成熟可靠但不十分先进的技术方案。

确定了总体设计方案后，画出完整原理框图，对总体方案的原理、关键技术、主要器件进行说明。对关键技术难点，应深入细致研究。例如，一个电子系统通常既包括模拟电路又包括数字电路，当模拟电路发挥到极致时，如何用数字电路来弥补模拟电路的不足？在方案设计阶段还需要关注电子系统的测试问题，即电子系统设计制作完成后，如何测试技术指标。

如果一个设计项目是由团队成员合作完成的，那么在方案设计阶段，应该明确各成员的分工，确定各自的任务。

3. 相关理论分析

对于复杂的电子系统，需要运用一定的理论才能解决问题。例如，在温度测控系统中，需要运用 PID 控制算法；在信号产生中，需要采用直接数字频率合成（DDS）理论；在信号分析中，需要采用快速傅里叶变换（FFT）理论。通过理论分析确定系统设计中的一些技术指标和参数。

4. 软硬件详细设计

根据自顶向下的设计方法，电子系统通常可分为单片机子系统、FPGA 子系统、模拟子系统等多个不同的子系统。对于每个子系统的设计，可参考本书 1.2 节介绍的设计方法。

5. 组装调测

当单元电路设计完成以后，需要将其组装在一起构成系统。元器件应合理布局，提高电磁兼容性；为了方便调测，电路中应留有测试点。组装调测时应采用自底向上法，即分段装调。

6. 撰写设计报告

撰写设计报告是整个设计中非常重要的一个环节。设计报告是技术总结、汇报交流和评价的依据。设计报告的内容应该反映设计思想、设计过程、设计结果和改进设想，要求概念准确、数据完整、条理清晰、突出创新。表 1.3-1 为设计报告的参考评分表。

表 1.3-1　设计报告参考评分表

项　目	内　容	满　分	评　分	备　注
方案设计与论证	方案比较	10		
	正确性	10		
	优良程度	5		
理论分析与计算	完成程度	10		
	正确性	10		
电路与程序设计	完整性	10		
	规范程度	5		
测试方法与数据	方法正确性	10		
	数据完整性	10		
	测试仪器（型号）	5		
结果分析		10		
设计报告工整性		5		
总分		100		

1.4 本书的内容体系

本书的内容体系由 4 部分组成：模拟电子系统设计、单片机电子系统设计、数字电子系统设计、综合电子系统设计。各部分内容安排循序渐进，有机联系。

在模拟电子系统设计部分，先介绍放大电路和滤波器的设计理论，然后介绍 3 个典型的模拟电子系统设计实例。在介绍模拟电子系统设计时，依次介绍了电路结构、理论分析、参数计算、电路仿真、焊接调试等整个设计流程。每个模拟电子系统均给出实物图和测试波形，便于读者课后实际制作，提高动手能力。

在单片机电子系统设计部分，由于本书主要针对具备单片机基础知识的读者，因此，不涉及单片机原理、指令系统的内容，而是直接以单片机最小系统设计为起点，依次介绍单片机的 I/O 扩展技术、并行总线扩展技术、串行总线扩展技术。考虑到存在多种单片机主流系列，为了增加本书的适用范围，本书在介绍单片机系统设计时，一般不针对具体的单片机型号，在进行单片机系统扩展时，尽量采用软件模拟的方法来产生各种总线时序。尽管不涉及具体的单片机型号，但是本书所有的单片机电子系统均可由目前主流的 MCS – 51 系列单片机、MSP430 系列单片机和 Cortex – M4 系列单片机来实现。将单片机与模拟电路相结合是本书的特色之一，如可编程增益放大器就是单片机和放大电路相结合的单片机电子系统，数控稳压电源就是单片机和串联型稳压电路相结合的单片机电子系统，短路故障点位置测量装置就是单片机和仪表放大器相结合的单片机电子系统，语音存储与回放系统就是单片机和语音前置放大、语音功放和滤波电路相结合的单片机电子系统。以上 4 个单片机电子系统设计实例可以用表 1.4-1 来进一步说明。

表 1.4-1　单片机电子系统设计实例说明表

设计实例	总线类型	典型外围器件	模拟电路
可编程增益放大器	I/O	微型继电器、模拟开关	同相放大器
语音存储与回放系统	并行总线	并行 A/D 转换器（TLC0820）、并行 D/A 转换器（TLC7524）、大容量 SRAM（IS61WV5128）	前置放大电路、功放电路、带通滤波电路
数控稳压电源	SPI	串行 D/A 转换器（DAC7512）	串联式稳压电路
短路故障点位置测量装置	I^2C	串行 A/D 转换器（ADS1115）	仪表放大电路

在数字电子系统设计部分，主要介绍 FPGA 的结构和原理、Verilog HDL 语言、FPGA 最小系统设计、Quartus II 软件的基本操作，这些知识是开展基于 FPGA 的数字系统设计的基础。为了介绍数字系统的设计方法，选择了数字频率计、4×4 键盘编码器、简易 SPI 接口、单片机与 FPGA 的并线总线接口 4 个设计实例。这些设计实例看似独立，实际上是与本书内容前后互相联系的。例如，4×4 键盘编码器可直接应用于前面介绍的单片机最小系统；单片机与 FPGA 的并线总线接口可以直接应用于后面的综合电子系统设计。

本书的另一特色是单片机与 FPGA/CPLD 相结合。尽管单片机的内部资源和性能逐步提高，但在许多电子系统中，FPGA/ CPLD 仍具有不可替代的作用。如在单片机最小系统设计中，采用了一片 CPLD 实现键盘接口、TFT（LCD）显示接口、地址锁存器、地址译码器等功能，大大提高了电子系统的集成度。在频率测量、高速数据采集、信号产生等一些需要高速数字电路的电子系统中，需要采用 FPGA 来实现高速计数、高速 A/D 和 D/A 控制、数据缓存、状态机等功能。将单片机和 FPGA/CPLD 相结合，可充分发挥两者的优点。本书在综合电子系统设计部分，选取了单片机 + FPGA + 模拟电路的 3 个设计实例：电阻电感电容（RLC）测量仪、脉冲信号参数测量仪、红外通信系统。

RLC 测量仪采用矢量测量原理来测量电阻、电感、电容的参数，整个系统由正交信号产生电路、实部虚部分离电路、单片机系统 3 部分组成，其中正交信号的产生就是采用了 FPGA + 高速 D/A + DDS 技术实现的。

脉冲信号参数测量仪的要求是实现脉冲信号的频率、占空比和幅值的测量，同时还需要将脉冲信号波形显示在显示屏上。脉冲信号参数测量仪实际上是将等精度测量系统和高速数据采集系统两者合二为一。等精度测量系统完成频率、周期、占空比等时间参数测量。由于脉冲信号的频率范围为 100Hz ~ 1MHz，为了确保精度，脉冲信号的幅值由高速数据采集系统完成测量。

红外通信系统通过红外光实现同时传输模拟信号和数字信号。其基本原理是将数字信号调制成 FSK 信号，采用 FPGA 实现 FSK 信号的调制和解调。

为了掌握 FPGA 的使用方法，本书将 FPGA 内部资源的使用与设计实例相结合，将 FPGA 内部的一些常用资源的使用方法以及 EDA 软件操作安排在不同的设计实例中，具体说明见表 1.4-2。

表 1.4-2　FPGA 内部资源应用和 EDA 操作

FPGA 内部资源	设计实例	对应章节
多余 I/O 引脚的处理	FPGA 最小系统	6.4.3 节
复用 I/O 引脚的处理	FPGA 最小系统	6.4.3 节
锁相环（PLL）使用	FPGA 最小系统	6.4.3 节
I/O 引脚内部上拉电阻的设置	4×4 键盘编码器设计	7.2 节
内部 ROM 的使用	基于 FPGA 的正交信号发生器设计	8.4.2 节
内部 FIFO 的使用	脉冲信号参数测量仪	9.5 节

本书的最终目标是让读者能够独立或合作完成一个综合电子系统的设计与调试。为了达到这个目标，引入了由荷兰教育家范梅里恩伯尔提出的"整体教学设计"理论，即在一系列的设计实例中，设计任务从简单到复杂，而设计过程的介绍从详细到简略，体现由扶到放。例如，本书的最后一章为红外通信系统，该系统的许多单元电路已在前面的章节中介绍，如有源滤波器、语音放大电路、波形变换电路分别在第 3 章、第 5 章、第 9 章作了介绍，单片机最小系统、FPGA 最小系统分别在第 5 章和第 6 章作了介绍，DDS 技术在第 8 章作了介绍。因此，虽然红外通信系统是一个十分复杂的电子系统，但是，只要完成了方案设计，就可以直接采用前面章节已经完成的单元电路，从而降低了红外通信系统的设计难度，减少了设计工作量。

综上所述，本书的内容体系可以用图 1.4-1 所示的框图来表示。

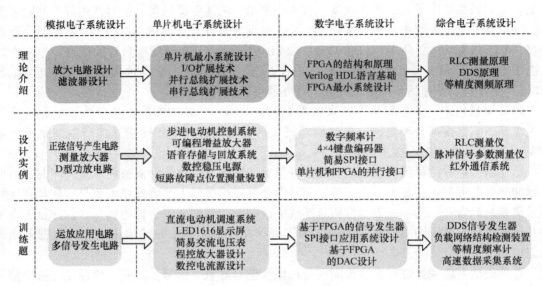

图 1.4-1　本书的内容体系

思 考 题

1. 什么是电子系统？请列举 3 项实际的电子系统实例。

2. 什么是自顶向下的设计方法？其有什么优点？

3. 简述电子系统的设计步骤。

4. 从下列电子产品中选择一种你所熟悉的，画出它的系统级和子系统级框图，并附上必要的说明（数字万用表、示波器、智能小车、扫地机器人）。

5. 试将采用通用集成电路和采用 FPGA 设计数字系统的方法作一类比。

第 2 章　放大电路设计

2.1　运算放大器的模型

运算放大器（简称运放）是一种高增益直接耦合放大器，是最有代表性、应用最广泛的一种模拟集成电路。运放最早应用于模拟计算机中，它可以完成诸如加法、减法、微分、积分等各种数学运算。随着集成电路技术的不断发展，运算放大器的应用日益广泛，可以实现信号的产生、变换、处理等各种功能，已成为构成模拟系统最基本的集成电路。

运算放大器是由多级基本放大电路直接耦合而组成的高增益放大器。通常由高阻输入级、中间放大级、低阻输出级和偏置电路组成，其内部结构框图如图 2.1-1 所示。

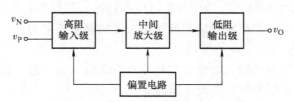

图 2.1-1　运算放大器的内部结构框图

实际的运算放大器内部电路比较复杂，为了便于理解其原理，这里给出了如图 2.1-2 所示的简化运算放大器电路图。第 1 级为由 VT_1、VT_2 构成的基本差分放大电路，把双端输入信号变成单端输入信号；第 2 级进一步放大输入信号并提供频率补偿；第 3 级为典型的甲乙类功放，增加运放的驱动能力。

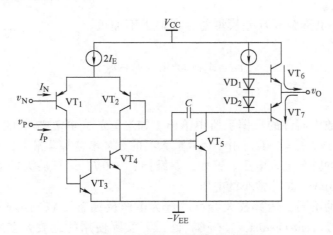

图 2.1-2　简化的运算放大器电路图

当运算放大器与外部电路连接组成各种功能电路时，无须关心其复杂的内部电路，而是着重研究其外特性。具体地讲，人们通常利用运算放大器的模型来分析运算放大器构成的各种电路。运算放大器有两种模型，一种是理想运算放大器模型，一种是实际运算放大器模型，分别介绍如下。

1. 理想运算放大器模型

理想运算放大器的模型如图 2.1-3 所示。理想运算放大器具有以下特性：

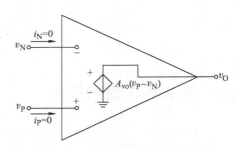

1）开环电压增益 $A_{vo} = \infty$。

2）输入电阻 $r_{id} = \infty$。

3）输出电阻 $r_o = 0$。

4）上限截止频率 $f_H = \infty$。

5）共模抑制比 $K_{CMR} = \infty$。

图 2-1-3　理想运算放大器的模型

6）失调电压、失调电流和内部噪声均为 0。

对于理想运算放大器的前 3 条特性，通用运算放大器一般可以近似满足。后 3 条特性通用运算放大器不易达到，需要选用专用运算放大器来近似满足。例如，可选用宽带运算放大器获得很宽的频带宽度，选用精密运算放大器使失调电压、内部噪声趋于 0。

从理想运算放大器的特性可以导出理想运放在线性运用时具有的两个重要特性：

1）理想运算放大器的同相输入端和反相输入端的电流近似为 0，即 $i_N = i_P = 0$。这一结论是由理想运放输入电阻 $r_{id} = \infty$ 而得到的。

2）理想运算放大器的两输入端电压差趋于 0，即 $v_N = v_P$，这一结论是由理想运放的电压增益 $A_{vo} = \infty$、输出电压为有限值而得到的。

2. 实际运算放大器模型

实际运算放大器的模型如图 2.1-4 所示。实际运算放大器的模型包括以下典型参数：

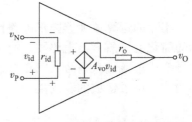

1）差分输入电阻 r_{id}。

2）开环电压增益 A_{vo}。

3）输出电阻 r_o。

其中，增益 A_{vo} 也称为开环差模增益，在输出不加负载时有

图 2.1-4　实际运算放大器的模型

$$v_O = A_{vo}v_{id} = A_{vo}(v_P - v_N) \tag{2.1-1}$$

$$v_{id} = \frac{v_O}{A_{vo}} \tag{2.1-2}$$

实际运放的参数由器件的数据手册中给出。如运算放大器 LM741 的主要参数为：$r_{id} = 2\mathrm{M}\Omega$，$A_{vo} = 200\mathrm{V/mV}$，$r_o = 75\Omega$。由于运算放大器的开环增益都非常大，对于一个有限的输出，只需要非常小的差分输入电压。譬如，要维持 $v_O = 6\mathrm{V}$，运算放大器 LM741 空载时需要 $v_{id} = 6/200000\mathrm{V} = 30\mu\mathrm{V}$，是非常小的电压。

根据电路结构的不同，运算放大器可以分为电压反馈型（Voltage-Feedback，VFB）运放和电流反馈型（Current-Feedback，CFB）运放。实际使用的运放大多属于电压反馈型运放，图 2.1-3 和图 2.1-4 所示的模型就是电压反馈型运放的模型。本书在电子系统中所使用的运放如果没有特别说明，一般指电压反馈型运放。

电流反馈型运放在结构上与电压反馈型运放有明显不同。图 2.1-5 所示为电流反馈型运放的电路模型。电流反馈型运放的两个输入端之间是一个单位增益缓冲器。理想情况下，缓冲器有无穷大的输入阻抗和零输出阻抗。因此，理想开环端口具有以下特性：

1）同相输入端阻抗为∞。
2）反相输入端阻抗为0。
3）输出阻抗为0。

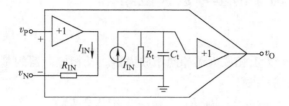

图2.1-5 电流反馈型运放的电路模型

图2.1-6所示为电流反馈型运放构成的同相放大器。输出是一个受反相端产生的误差电流 I_{err} 控制的电压源。当放大器接成闭环方式时，由于开环跨导增益 $Z(s)$ 可认为∞，反馈将使误差电流 I_{err} 为0，这也是电流反馈型运放名称的由来。电流反馈型运放特殊的等效电路决定了它与电压反馈型运放的电路分析方法有本质的不同。虚短路和虚断路成立的原因不是像电压反馈型运放那样是放大器本身具有的，而是由电路深度负反馈实现的。

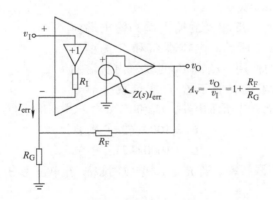

$$A_V = \frac{v_O}{v_I} = 1 + \frac{R_F}{R_G}$$

图2.1-6 电流反馈型运放构成的同相放大器

电流反馈型运放在很宽的频率范围内增益恒定，频率响应要远优于电压反馈型运放，所以宽带放大器大都是电流反馈型的。电流反馈型运放的宽带特性导致了噪声增大。由图2.1-5a所示，输入部分是单位增益放大器加输入电阻的结构，使得电流反馈型运放的稳定性较难控制，外围电阻选择不当容易引起自激振荡。

电压反馈型运放具有同相和反相输入端阻抗基本相同、均为高阻，噪声更低、更好的直流特性，增益带宽积为常数，反馈电阻的取值较为自由等特点。电流反馈型运放则具有同相输入端为高阻、反相输入端为低阻，带宽不受增益的影响，压摆率更高，反馈电阻的取值有限制等特点。电压反馈型运放的反馈电阻一般阻值较大（通常在$10k\Omega$以上），这样反馈电阻获得反馈电压的能力更大，而电流反馈型运放的反馈电阻一般阻值较小（通常小于 1kΩ），这样反馈电阻获得的反馈电流的能力更大。电压反馈型运放适合于需要低失调电压、低噪声的电路中。而电流反馈型运放适用于需要高压摆率、低失真和可以设置电路增益而不影响带宽的电路中。

2.2 用集成运放构成的基本放大电路

1. 反相放大电路

比例运算放大电路分为反相放大器和同相放大器。反相放大器的基本电路结构如图 2.2-1 所示。其闭环电压放大倍数为

$$A_{vf} = v_O / v_I = - R_2 / R_1 \qquad (2.2-1)$$

用反相放大器可以很方便地实现各种增益的放大电路。要想改变放大电路的电压增益，无须改变运放本身，只需调整电路中 R_1 和 R_2 的比值即可。若要设计一个电压增益为 30 倍的反相放大器，只需 R_1 取 1kΩ、R_2 取 30kΩ 就可实现。反相放大器的输入电阻等于 R_1。从增加放大电路输入电阻的角度来看，R_1 应尽量取得大一些，但 R_1 取得太大，则在相同电压增益时，势必 R_2 也要增大。R_2 太大会引起放大电路工作不稳定，因此，在设计反相放大器时，R_1 既不能取得太小，也不能取得太大。

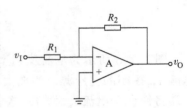

图 2.2-1 反相放大器原理图

当只放大交流信号时，反相器的输入端和输出端应接入隔直电容，如图 2.2-2 所示。电容器 C_1 和 C_2 为耦合电容，起隔离直流成分的作用。C_1 和 C_2 的取值由所需的低频响应和电路的输入阻抗（对于 C_1）或负载（对于 C_2）电阻来确定。对图 2.2-2 所示电路，C_1 和 C_2 可由下式来确定：

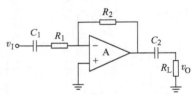

图 2.2-2 反相交流放大器原理图

$$C_1 = 1000 / (2\pi f_L R_1) \qquad (2.2-2)$$
$$C_2 = 1000 / (2\pi f_L R_L) \qquad (2.2-3)$$

式中，f_L 是放大电路的下限频率。若 R_1、R_L 单位用 kΩ，f_L 单位用 Hz，则求得的 C_1、C_2 单位为 μF。

2. 同相放大电路

如果要求放大电路有足够大的输入电阻，可以采用同相放大器的结构。同相放大器的电路如图 2.2-3 所示。在同相放大电路中，输入信号 v_I 直接加到运放的同相输入端 "＋"，输出电压 v_O 通过 R_2 送回运放的反相端 "－"，形成电压串联负反馈。同相电压放大器的闭环电压放大倍数为

$$A_{vf} = \frac{v_O}{v_I} = 1 + \frac{R_2}{R_1} \qquad (2.2-4)$$

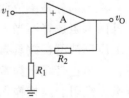

当 $R_1 = \infty$，$R_2 = 0$ 时，相当于运放的输出端和反相输入端直接连接，就得到同相放大器的一个特例——电压跟随器。电压跟随器输入阻抗无限大，输出阻抗很小，可起到阻抗变换的

图 2.2-3 同相放大器原理图

作用。例如，当信号源的内阻比较大时，输入级采用电压跟随器，可有效避免信号源的衰减。电压跟随器也可以用于输出级，提高带负载能力。需要指出的是，并不是任何运放都可以构成电压跟随器。例如，OPA552 在构成放大器时要求增益 5 倍以上才能获得良好性能，因此该运放不宜构成电压跟随器。而运放 OPA551 具有单位增益稳定（Unity-gain-stable）的特性，可以构成电压跟随器。

3. 加法电路

加法电路常用于两种模拟信号的相加，在第 10 章红外通信系统中，将有加法电路的应用实例。加法电路原理图如图 2.2-4 所示。利用叠加原理，不难得到加法电路的输出表达式为

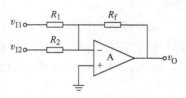

图 2.2-4　加法电路原理图

$$v_O = -\left(\frac{v_{I1}}{R_1} + \frac{v_{I2}}{R_2}\right)R_f \qquad (2.2\text{-}5)$$

例 2.2-1　如图 2.2-5a 所示的 v_1 和 v_2 为两路模拟信号：$v_1 = 0.1\sin1000\pi t$ V；v_2 为 $V_{pp} = 4$V、$f = 2$kHz 的三角波。设计加法电路将 v_1 和 v_2 相加，满足 $v_O = -(10v_1 + v_2)$。要求加法电路中的运放用 +12V 单电源供电。

解：模拟电路的设计步骤通常是先确定电路结构，后确定元件的参数。本题的加法电路是在图 2.2-4 所示的基本电路基础上改进得到的，其原理图如图 2.2-5b 所示。与图 2.2-4 所示电路相比，图 2.2-5b 所示电路做了两点改进：一是在加法电路的两个输入端加了 C_1、C_2 隔直电容；二是在运放的同相输入端加了偏置电压 V_{REF}。C_1、C_2 的作用是滤除输入信号中含有的直流分量（这里假设输入信号中的直流分量是无用成分），同时便于确定 V_{REF} 的取值。由于加了隔直电容，在计算偏置电压 V_{REF} 时，加法电路相当于电压跟随器。为了使加法电路在单电源供电时输出端获得最大动态范围，应将 v_O 的静态电压设为 6V，只需将 V_{REF} 取 6V 即可。为了满足 $v_O = -(10v_1 + v_2)$，根据式（2.2-5），加法电路的电阻选取如下：$R_1 = 1$kΩ，$R_2 = 10$kΩ，$R_f = 10$kΩ。由于 v_1 的频率为 500Hz，当电容 C_1 取值为 10μF，对应的阻抗 X_{C1} 约为 32Ω，是 R_1 阻值的 3.2%。三角波的频率为 2kHz，当电容 C_2 取值为 0.33μF 时，对应的阻抗 X_{C2} 约为 241Ω，是 R_2 阻值的 2.4%。由于 C_1、C_2 的阻抗不为 0，因此会使加法电路的输出产生一定的误差。增加 C_1、C_2 的电容值，可以减小加法电路的输出误差。需要指出的是，由于 C_1 电容值较大，采用了电解电容，连接时应注意电容的极性。如果 C_1 的极性接反，电容将会产生漏电流，起不到隔直作用，导致 v_O 输出饱和。

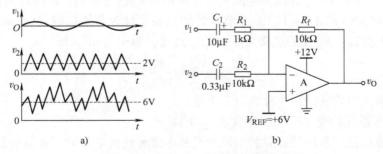

图 2.2-5　例 2.2-1 波形图与原理图

4. 基本差分放大电路

许多传感器本身是电桥电路，如称重传感器；有些传感器在工作时接成电桥电路，以提高测量精度，如电阻式温度传感器，其典型电路如图 2.2-6 所示。电桥电路有两路信号输出，其特点是有较小的差模信号，电压值通常是微伏级或毫伏级；有较大的共模信号，共模电压可达几伏。电桥电路的有用信号恰恰包含在差模信号中，而共模信号通常是无用的信号。

基本差分放大电路原理图如图 2.2-7 所示。图中，v_{id} 表示差模电压，v_{ic} 表示共模电压。由于差分放大电路工作在线性状态，对其分析可以采用叠加原理。

令 $v_{I2}=0$，只有 v_{I1} 作用时的电路输出电压 v_{O1} 为

$$v_{O1} = -\frac{R_f}{R_1}v_{I1} \tag{2.2-6}$$

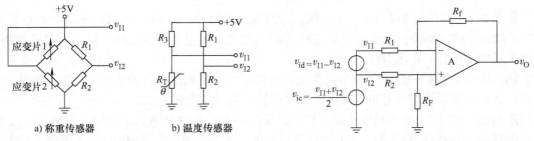

a) 称重传感器　　　b) 温度传感器

图 2.2-6　传感器电桥测量电路　　　　　图 2.2-7　基本差分放大电路原理图

令 $v_{I1}=0$，只有 v_{I2} 作用时的电路输出电压 v_{O2} 为

$$v_{O2} = \frac{R_F}{R_2 + R_F}\left(1 + \frac{R_f}{R_1}\right)v_{I2} \tag{2.2-7}$$

总输出电压为

$$v_O = v_{O1} + v_{O2} = \frac{R_f}{R_1}\left(\frac{1 + R_1/R_f}{1 + R_2/R_F}v_{I2} - v_{I1}\right) \tag{2.2-8}$$

假设电阻满足平衡条件 $R_f/R_1 = R_F/R_2$，式(2.2-8) 可简化为

$$v_O = -\frac{R_f}{R_1}(v_{I1} - v_{I2}) = -A_{vd}(v_{I1} - v_{I2}) = -A_{vd}v_{id} \tag{2.2-9}$$

从式(2.2-9) 可知，差分放大电路只对差模信号 v_{id} 进行放大，差模放大倍数为 A_{vd}，对共模信号 v_{ic} 的放大倍数 A_{vc} 为 0。差分放大器的重要指标为共模抑制（Common Mode Rejection，CMR）比 K_{CMR}。K_{CMR} 的定义为 A_{vd} 与 A_{vc} 之比，单位为 dB，即

$$K_{CMR} = 20\lg\left|\frac{A_{vd}}{A_{vc}}\right| \tag{2.2-10}$$

基本差分放大电路在使用中存在以下不足：

（1）电阻参数很难完全匹配而导致 K_{CMR} 下降

当采用集成运放和常用的金属膜电阻构成基本差分放大电路时，普通金属膜电阻的精度通常只有 1% 左右，即使使用万用表对电阻进行精心筛选，也很难完全满足平衡条件，从而导致差分放大电路 K_{CMR} 下降。

以图 2.2-7 所示的电路来分析，设 $R_1 = R_2 = R_f = R_F = 10\text{k}\Omega$，假设电阻阻值误差为 0，则当（$v_{I1}$，$v_{I2}$）分别为（-0.1V，+0.1V）、（4.9V，5.1V）、（9.9V，10.1V）时，v_O 的输出电压均为 0.2V。尽管这 3 种输入电压下共模电压分别为 0V、5V 和 10V，但输出电压和共模电压无关。假设由于电阻误差，使 $R_1 = 10\text{k}\Omega$、$R_2 = 9.9\text{k}\Omega$、$R_f = 9.95\text{k}\Omega$、$R_F = 10.1\text{k}\Omega$，则根据式（2.2-8），上述 3 种输入电压下，v_O 的输出电压分别为 0.2002V、0.2626V 和 0.3250V。电阻不匹配的后果是不仅使 $v_O \neq 0.2\text{V}$，而且还随共模电压的变化而变化。

（2）输入电阻不够大

图 2.2-7 所示基本差分放大电路输入电阻：$R_{i1} = R_1$，$R_{i2} = R_2 + R_F$，因此输入电阻不可能做得很大。以图 2.2-8 所示电路为例来说明基本差分放大电路输入电阻对测量精度的影响。当电阻桥不接入差分放大电路时，$v_{I1} = 2.564\text{V}$，$v_{I2} = 2.500\text{V}$，差模电压为 64mV。接入差分放大电路后，差分放大电路的输入电阻成为电阻桥的负载，电阻桥输出电压 v_{I1} 和 v_{I2} 发生了变化。利用图 2.2-9 所示的等效电路可求得 $v_{I2} = 2.439\text{V}$，$v_{I1} = 2.502\text{V}$，差模电压为 63mV，与接入差分电路之前相比，产生了超过 1.5% 的误差，这在高精度测量系统中是不允许的。

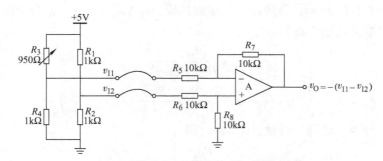

图 2.2-8　电阻桥与基本差分放大电路连接图

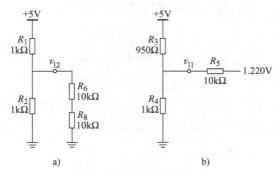

图 2.2-9　电路模型

（3）增益调节不方便

由于基本差分放大电路要求电阻阻值严格匹配，若要调节增益，则必须两只电阻同时调节，而且要调到一样的大小，难度很大。

5. 仪表放大器

为了解决基本差分放大电路存在的不足，在实际应用中通常采用仪表放大器。仪表放大器原理图如图 2.2-10 所示，它由基本差分放大器和同相放大器构成，其输出电压表达式为

$$v_O = \left(1 + 2 \times \frac{R_2}{R_1}\right)(v_2 - v_1) \quad (2.2\text{-}11)$$

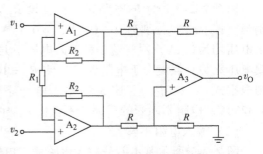

图 2.2-10　仪表放大器原理图

由于仪表放大器输入级采用同相放大器，因此，具有很高的输入电阻。从式(2.2-11) 可知，通过调节电阻 R_1 的阻值就可以方便地改变仪表放大器的增益。虽然仪表放大器可以采用运算放大器和分立电阻构成，但在工程上更多的是使用集成仪表放大器。集成仪表放大器将运放和除电阻 R_1 外的电阻制作在同一硅衬底上，它们所处的温度环境是一致的，而且芯片内部的基本差分放大电路的电阻是用激光调整技术而制成，电阻间的比例误差可减少至 0.01%，从而大大提高了共模抑制比。总之，集成仪表放大器很好地解决了基本差分放大器存在的不足。

6. V/I 变换电路

V/I 变换电路将电压信号转换为与之对应的电流输出，也称为互导放大电路。V/I 变换电路原理图如图 2.2-11 所示。该电路由双运放构成，v_I 为输入电压，i_O 为输出电流，R_L 为负载电阻。电路工作原理分析如下。

$$v_1 = \frac{R_{F1}}{R_{G1} + R_{F1}} v_3 \tag{2.2-12}$$

$$v_2 = \frac{R_{G2}}{R_{G2} + R_{F2}}(v_O - v_I) + v_I = \frac{R_{G2}}{R_{G2} + R_{F2}} v_O + \frac{R_{F2}}{R_{G2} + R_{F2}} v_I \tag{2.2-13}$$

根据运算放大器"虚短"特性，$v_1 = v_2$，得

$$\frac{R_{G1}}{R_{G1} + R_{F1}} v_3 = \frac{R_{G2}}{R_{G2} + R_{F2}} v_O + \frac{R_{F2}}{R_{G2} + R_{F2}} v_I \tag{2.2-14}$$

将 $v_3 = (R_1 + R_L) i_O$，$v_O = R_L i_O$ 代入式(2.2-14) 得

$$i_O = \frac{\left(\dfrac{R_{F2}}{R_{G2}} + \dfrac{R_{F1}}{R_{G1}} \dfrac{R_{F2}}{R_{G2}}\right)}{R_1\left(1 + \dfrac{R_{F2}}{R_{G2}}\right) + R_L\left(\dfrac{R_{F2}}{R_{G2}} - \dfrac{R_{F1}}{R_{G1}}\right)} v_I \tag{2.2-15}$$

从式(2.2-15) 可知，只要满足 $R_{F1}/R_{G1} = R_{F2}/R_{G2}$，就能使输出电流 i_O 的大小与负载电阻 R_L 无关，这是电流源最重要的特性。如果进一步使 $R_{F1}/R_{G1} = R_{F2}/R_{G2} = 1$，则式(2.2-15) 可简化为

$$i_O = \frac{v_I}{R_1} \tag{2.2-16}$$

图 2.2-12 所示为改进后的 V/I 变换电路。与图 2.2-11 电路相比，图 2.2-12 所示电路进行了两方面的改进。首先，由于 R_{G1}、R_{G2}、R_{F1}、R_{F2} 电阻值存在误差，R_{G2}、R_{F2} 由两只 20kΩ 固定电阻和一只 2kΩ 的可调电阻 RP_1 组成。通过调节 RP_1，满足 $R_{F1}/R_{G1} = R_{F2}/R_{G2}$；其次，为了增加输出电流，在运算放大器的输出端接一只 NPN 晶体管 VT_1 实现扩流。

当 V/I 变换电路的输出电流保持恒定的情况下，随着负载电阻 R_L 的增加，输出电压也增加。当输出电压增加到某个值时将不再增加，这个值就是 V/I 变换电路的最大输出电压，

它是 V/I 变换电路的一个重要参数。最大输出电压可由下式估算：

$$v_{\mathrm{Omax}} = V_{\mathrm{sat}} - V_{\mathrm{BE1}} - v_{\mathrm{R1}} \qquad\qquad (2.2\text{-}17)$$

V_{sat} 为运放的最大输出电压，对 TL082 来说，采用 ±15V 电源时，V_{sat} 的典型值为 13.5V；V_{BE1} 为晶体管 $\mathrm{VT_1}$ 的发射极压降，约为 0.6V；v_{R1} 为电阻 R_1 上的压降，当流过 20mA 电流时，压降约为 4V。可见当输出电流为 20mA 时的最大输出电压约为 8.9V。

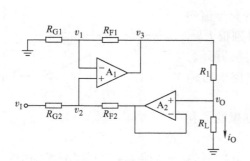
图 2.2-11　V/I 变换电路原理图

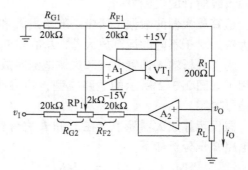
图 2.2-12　改进后的 V/I 变换电路原理图

2.3　集成运放的参数

集成运放的参数可分为静态参数和动态参数，分别用来表示集成运放的直流电气特性和交流电气特性。

1. 静态参数

集成运放的静态参数也称为直流参数，包括输入偏置电流 I_B、输入失调电流 I_{OS}、输入失调电压 V_{OS}、输入电阻 R_{IN}、输出电阻 R_O，最大输出电压摆幅等，其示意图如图 2.3-1 所示。

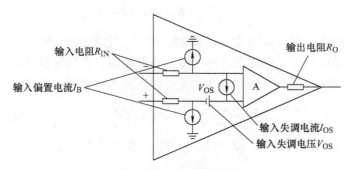
图 2.3-1　集成运放的静态参数

（1）输入偏置电流和输入失调电流

集成运放在它们的输入引脚都会吸收少量的电流，同相输入端吸收的电流用 I_P 表示，反相输入端吸收的电流用 I_N 表示。一般来说，若输入晶体管是 NPN BJT 或 P 沟道 JFET 时，I_P 和 I_N 流入运算放大器，而当输入晶体管是 PNP BJT 或 N 沟道 JFET 时，I_P 和 I_N 流出运算放大器。I_P 和 I_N 的平均值称为输入偏置电流，即

$$I_B = \frac{I_P + I_N}{2} \tag{2.3-1}$$

将 I_P 和 I_N 的差称为输入失调电流

$$I_{OS} = I_P - I_N \tag{2.3-2}$$

I_{OS} 的幅度量级通常比 I_B 小。I_B 的极性取决于输入晶体管类型,而 I_{OS} 的极性则取决于运放输入级对管的失配方向。

运算放大器的数据手册中一般给出 I_B 和 I_{OS} 的典型值和最大值。对于不同的运算放大器,I_B 值和 I_{OS} 值差别很大。

为了分析输入偏置电流和失调电流对放大电路的影响,采用了如图 2.3-2 所示的电路模型,即将放大电路所有输入信号置零。

假设运算放大器除了存在 I_P 和 I_N 之外都是理想的,利用电路知识分析如下:

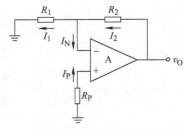

图 2.3-2 由输入偏置电流和
失调电流引起的输出误差

$$V_P = -I_P R_P \tag{2.3-3}$$

$$I_1 = \frac{V_P}{R_1} = -\frac{I_P R_P}{R_1} \tag{2.3-4}$$

$$I_2 = I_1 + I_N = -\frac{I_P R_P}{R_1} + I_N \tag{2.3-5}$$

$$v_O = I_2 R_2 - I_P R_P = \left(-\frac{I_P R_P}{R_1} + I_N \right) R_2 - I_P R_P$$

$$= (-I_P R_P + I_N R_1) \frac{R_2}{R_1} - I_P R_P = -\left(1 + \frac{R_2}{R_1} \right) R_P I_P + R_2 I_N \tag{2.3-6}$$

v_O 是由于输入偏置电流和失调电流产生的误差信号,因此用 E_0 表示,式(2.3-6) 可转化为

$$E_0 = \left(1 + \frac{R_2}{R_1} \right) [(R_1 // R_2) I_N - R_P I_P] \tag{2.3-7}$$

通过以上分析可知,尽管电路没有任何输入信号,电路仍能产生某个输出 E_0,这个由输入偏置电流和失调电流产生的输出常称为输出直流噪声。在实际设计放大电路时,应尽可能地减少输出直流噪声。那么,如何有效地减少输出直流噪声呢?将式(2.3-7) 表示成

$$E_0 = \left(1 + \frac{R_2}{R_1} \right) \{ [(R_1 // R_2) - R_P] I_B - [(R_1 // R_2) + R_P] I_{OS}/2 \} \tag{2.3-8}$$

只要令 $R_P = R_1 // R_2$,就可以消去含有 I_B 的项,式(2.3-8) 变为

$$E_0 = \left(1 + \frac{R_2}{R_1} \right) (-R_1 // R_2) I_{OS} \tag{2.3-9}$$

通过减小 R_1 和 R_2 的阻值或者选择一款具有更低 I_{OS} 值的运算放大器可以进一步降低 E_0。

(2) 输入失调电压

对于理想运算放大器,将同相输入端和反相输入端短接,可得

$$v_O = A_{vc}(v_P - v_N) = A_{vc} \times 0 = 0 \tag{2.3-10}$$

对于实际运算放大器来说,由于输入级电路 VT_1 和 VT_2 两只晶体管 (参考图 2.1-2) 参

数不完全匹配，其输出电压 $v_O \neq 0$。为使运放输出电压为零，必须在两输入端之间加一补偿电压，该电压称为输入失调电压 V_{OS}。具有输入失调电压 V_{OS} 的运算放大器的传输特性和电路模型如图 2.3-3 所示。

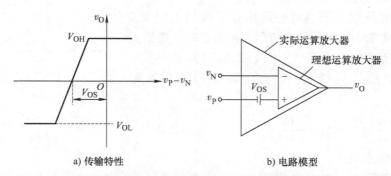

a) 传输特性　　　　　　b) 电路模型

图 2.3-3　具有输入失调电压 V_{OS} 的运算放大器的传输特性和电路模型

下面分析 V_{OS} 对图 2.3-4 所示的电阻反馈运算放大器电路的影响。

图 2.3-4 所示电路对于 V_{OS} 来说相当于一个同相放大器，其输出误差为

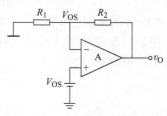

$$E_0 = \left(1 + \frac{R_2}{R_1}\right)V_{OS} \qquad (2.3-11)$$

（$1 + R_2/R_1$）为直流噪声增益，噪声增益越大，误差也就越大。

图 2.3-4　V_{OS} 产生的输出误差

如果同时考虑 I_{OS} 和 V_{OS} 的影响，总的输出失调电压为

$$E_0 = \left(1 + \frac{R_2}{R_1}\right)\left[V_{OS} - (R_1 /\!/ R_2)I_{OS}\right] \qquad (2.3-12)$$

虽然式(2.3-12) 中由 I_{OS} 和 V_{OS} 产生的两项误差似乎是相减的，但由于 I_{OS} 和 V_{OS} 极性是任意的，在设计时应考虑最严重的情况，即两者是相加时的情况。

输出失调电压在有些场合对电路性能没有太大的影响，如对电容耦合的放大器设计中，很少关注失调电压。但在一些微弱信号检测或高分辨率数据转换中，必须认真考虑失调电压的影响。对于增益固定的放大器来说，通过外部调零电路可以消除失调电压，其原理如图 2.3-5 所示。

对于如图 2.3-6 所示的增益可变放大器来说，增益改变时，失调电压产生的输出误差也发生改变，每次增益改变都需要进行调零。对于增益可变的放大器来说，很难采用通过外部

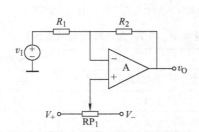

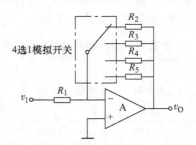

图 2.3-5　外部失调误差调零原理图　　　　图 2.3-6　增益可变放大器

调零的方法来消除 V_{OS} 的影响，应该选择一款 V_{OS} 更小的运算放大器。表 2.3-1 给出了 3 种常用运放的失调电压参数。

（3）开环输出电阻和闭环输出电阻

集成运放的数据手册通常会给出开环输出电阻 R_o。当运放构成如图 2.3-7 所示的电压负反馈电路时，根据负反馈的理论其闭环输出电阻 R_{of} 由式（2.3-13）确定。由于 $1 + AF$ 的值趋于无穷大，因此闭环输出电阻接近于 0Ω。

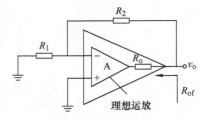

$$R_{of} = \frac{R_o}{1 + AF} \qquad (2.3\text{-}13)$$

图 2.3-7　开环输出电阻和闭环输出电阻

（4）最大输出电压

最大输出电压 V_{OH} 和 V_{OL} 也是运放的一个重要参数，其定义如图 2.3-8a 所示。最大输出电压与运放输出电路结构有关。图 2.3-8b 为双极型运放的输出结构，电源电压要减去 V_{CE6} 和 R_1 上的压降才是最大输出电压。图 2.3-8c 为 CMOS 运放的输出结构，由于 PMOS 管和 NMOS 管的 v_{DS} 压降接近于 0V，所以最大输出电压接近于电源电压。这种最大输出电压达到或接近电源电压的运放称为轨对轨（Rail to Rail）输出运放。表 2.3-1 给出了 3 种常用运放的最大输出电压值。

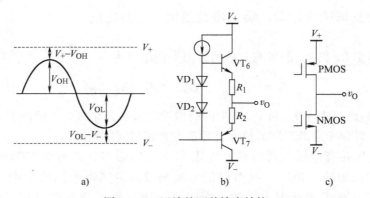

图 2.3-8　运放的两种输出结构

表 2.3-1 列出了 3 种典型运放的静态参数。MAX4016 属于宽带运放，轨对轨输出，但偏置电流、失调电流远大于另外两种运放，失调电压也比较大。TL082 为高阻型运放，由于输入级采用 JFET，输入阻抗非常大，所以偏置电流和失调电流都做得非常小，但失调电压偏大。OPA2188 为零漂移运算放大器，其特点是失调电压非常小，接近于零。

表 2.3-1　3 种常用运放的静态参数（表中 V_+ 和 V_- 为运放的电源电压）

型号	$I_B/\mu A$		$I_{OS}/\mu A$		V_{OS}/mV		最大输出电压	
	典型值	最大值	典型值	最大值	典型值	最大值	V_{OH}/V	V_{OL}/V
MAX4016	5.4	20	0.1	20	4	20	$V_+ - 0.06$	$V_- + 0.06$
TL082	0.00005	0.0004	0.000025	0.0002	5	15	$V_+ - 1.5$	$V_- + 1.5$
OPA2188	0.00016	0.00085	0.00032	0.0017	0.006	0.025	$V_+ - 0.22$	$V_- + 0.22$

2. 动态参数

运放的动态参数也称为交流参数，包括开环带宽（BW）、单位增益带宽（GBW）、转换速率（SR）等。

（1）开环带宽（BW）和单位增益带宽（GBW）

开环带宽（BW）和单位增益带宽（GBW）反映运算放大器的频率特性。运算放大器的开环响应可以近似地表示成

$$A(\mathrm{j}\,f) = \frac{A_0}{1 + \mathrm{j}\,f/f_\mathrm{b}} \tag{2.3-14}$$

其幅频特性如图 2.3-9 所示。

在开环幅频特性上，开环电压增益从开环直流增益 A_0 下降 3dB 时所对应的频宽称为开环带宽（BW）。从开环直流增益下降到 0dB 时所对应的频宽称为单位增益带宽（GBW）。f_b 称为开环 – 3dB 频率，f_t 称为单位增益频率，两者满足以下关系：

$$f_\mathrm{t} = A_0 f_\mathrm{b} \tag{2.3-15}$$

运放的数据手册一般只给出 GBW 的值，如运放 TL082 的 GBW 为 4MHz，开环增益为 100V/mV，根据式（2.3-15），f_b = 4MHz/100000 = 40Hz。可见，运放的开环带宽是非常窄的。

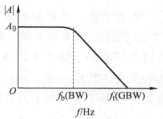

图 2.3-9　运算放大器的幅频特性

从式(2.3-15) 可知，由运放构成的放大器，其增益与带宽的乘积基本上是恒定的，因此，降低增益可以增加带宽。图 2.3-10 所示为同相放大器及其频率特性。同相放大器通过负反馈，将增益从运算放大器的开环增益 A_0 降到了 A_f，但是其带宽却从 f_b 扩展到 f_B。电压跟随器虽然增益为 1，但却有最宽的带宽。

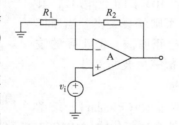 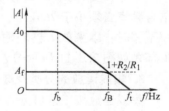

图 2.3-10　同相放大器及其频率特性

在设计高增益放大器的时候，为了获得一定的带宽，可以采用多级放大电路级联的形式。如利用运算放大器设计一个增益为 60dB 的音频放大器，要求带宽 $f_\mathrm{B} \geqslant 20\mathrm{kHz}$。如果用单级放大电路实现，要求运放的 GBW 达到 20MHz 以上，显然，要么采用宽带运放构成的单级放大电路，要么采用通用运放构成的多级放大电路。

（2）转换速率

如果要用放大器输出大振幅信号时，除了放大器的带宽外，还应考虑运放的转换速率（Slewing Rate，SR）。转换速率也称压摆率，其定义是运放在额定负载及输入阶跃大信号时输出电压的最大变化率，即

$$\mathrm{SR} = \frac{\Delta v_\mathrm{o}}{\Delta t} \tag{2.3-16}$$

不同型号的运放，SR 差别很大，普通运放的 SR 值约为几伏每微秒，而一些高速运放

的 SR 值可达几千伏每微秒。表 2.3-2 给出了几种常用运放的单位增益带宽和压摆率。

表 2.3-2　常用运放的动态参数

型　　号	单位增益带宽/MHz	SR/(V/μs)
OP07	0.6	0.3
OPA2188	2	0.8
TL082	4	13
MAX4016	150	600
THS3092	210	7300

如前所述，由运算放大器构成的反馈放大器增益越小，带宽越宽。以开环放大倍数为 100dB 的运算放大器为例，构成放大倍数为 1 的闭环放大器，其实际带宽可以达到 5 位数，但转换速率却维持不变。因此，当放大器输出大振幅的高频信号时，转换速率对实际的带宽起到主要的约束作用。假设运算放大器的转换速率为 SR，输出信号的振幅为 V_{om}，那么大振幅的频率带宽可用下式计算：

$$f_{p(max)} = SR/(2\pi V_{om}) \tag{2.3-17}$$

用一款高电流、高电压输出运算放大器 OPA552 来计算一下，OPA552 的单位增益带宽（GBW）为 12MHz，SR 为 24V/μs，用其构成放大倍数为 5 的反相放大器，其小信号带宽为 12MHz/5 = 2.4MHz，当输出信号的峰-峰值为 10V 时，其

$$f_{p(max)} = SR/(2\pi V_{om}) = 24 \times 10^6/(2\pi \times 5)\,Hz = 764kHz$$

可见，要得到峰-峰值为 10V 的正弦信号，其信号频率必须小于 764kHz，否则就会失真。当压摆率不够时，本来放大器应输出正弦波，但实际的波形却是如图 2.3-11 所示的近似三角波的信号。

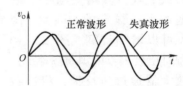

图 2.3-11　压摆率不够使输出波形失真

3. 集成运放的分类及选择

集成运放按工艺可分为双极型（Bipolar）、结型场效应晶体管（JFET）和互补金属氧化物（CMOS）3 种类型。Bipolar 型运放具有低失调电压、低温度漂移、高开环增益及高共模抑制比的特点，广泛应用于各种电源阻抗较低且要求放大倍数较大的应用场合。JFET 型运放具有非常低的输入偏置电流，适用于信号源阻抗非常高的场合。需要注意的是，JFET 运放的偏置电流随温度升高会发生显著变化，当温度变化范围较宽时，该特性会影响系统精度。CMOS 型运放具有低电压、低功耗、轨对轨、低成本和体积小等特性。CMOS 运放由于其工艺的灵活性，还可加入一些很好的特性，例如轨对轨输入/输出、自归零（Auto-Zero）和零温漂（Zero-Drift）技术。

集成运放按照参数可分为以下几种：

（1）通用型运算放大器

通用型运算放大器各项性能指标适中、价格低廉、适用面广，是应用最广泛的集成运算放大器。常见的型号有 LM741、LM358、LM324 等。

（2）高阻型运算放大器

高阻型运算放大器一般用 JFET 作为输入级，差模输入阻抗非常高、输入偏置电流非常

小，缺点是输入失调电压较大。该类运放适用于高速积分电路、D/A 转换电路、采样保持电路等应用场合。常见的型号有 OPA134、LF356、TL082 等。

图 2.3-12 所示为运放构成的采样保持电路原理图。该采样保持电路由运算放大器 A_1、A_2 和模拟开关 S 构成。采样时，S 导通，电容充电至 v_I，故 $v_O = v_C = v_I$。由于 A_1 构成的电压跟随器输出电阻很小，所以电容充电

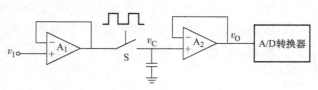

图 2.3-12　采样保持电路原理图

时间非常短。保持时，断开 S，由于电容无放电通路，因此其电压保持不变。A/D 转换器在保持状态进行转换，从而保证了转换精度。

（3）精密运算放大器

精密运算放大器失调电压小且不随温度的变化而变化，适用于程控放大器、精密测量等自动控制仪表中。常见的型号有 OP07、OP27、OPA177 以及 OPA2188 等。这些运放具有非常低的失调电压、非常低的偏置电流和很高的开环增益。

（4）高速运算放大器

高速运算放大器有两个重要指标：带宽和压摆率。带宽决定了小信号输出时放大器的速度，而压摆率主要决定在大信号输出时放大器的速度。高速运放分为电压反馈和电流反馈两种类型。高速运放适用于高速 A/D 转换器和 D/A 转换器的信号调理电路以及视频信号放大。高速运放的型号非常多，如 MAX4016 就是一款低成本、轨对轨输出的电压反馈高速运放，可以采用 3.3 ~ 10V 的单电源供电，也可以采用 ±2.65 ~ ±5V 双电源供电。THS3092 是电流反馈运算放大器，具有高电压、低失真、高压摆率、高输出电流的特点，电源电压范围为 ±5 ~ ±15V。MAX4016 和 THS3092 的动态参数参见表 2.3-2。

（5）高电压、高电流运算放大器

通用运放的输出电压最大值一般只有十几伏，输出电流只有几十毫安。高电压、高电流运算放大器不需要附加任何电路，即可输出高电压和高电流。OPA548 是一款高电压、高电流输出的运算放大器。可采用单电源供电，也可采用双电源供电。单电源供电电压范围 +8 ~ +60V，双电源供电电压范围 ±4 ~ ±30V。该运放可连续输出 3A 电流。

如何从种类繁多的运算放大器产品中选择一款合适的运算放大器？基本原则是，如果无特殊要求，则一般选用通用型运算放大器。这类器件直流性能好、种类齐全、选择余地大、价格低廉。通用运放又分为单运放、双运放和四运放。如果一个电路中包含两个以上运放（如信号放大器、有源滤波器等），则可以考虑选择双运放、四运放，这样将有助于简化电路、缩小体积、降低成本、提高系统可靠性。

如果系统对运算放大器某一方面有特殊要求，则应选用专用运算放大器。例如，如果系统要求运放有很高的输入阻抗，则应选用高输入阻抗集成运放；如果系统要求比较精密、漂移比较小、噪声低，例如微弱信号检测、高精度稳压源、高增益直流放大器等，则应选用精密运算放大器；如果系统的工作频率较高，如高速 A/D 和 D/A 转换电路、视频放大器、较高频率的振荡及其他波形发生器、锁相电路等，则应选用高速运算放大器；如果系统的工作电压很高而要求运放的输出电压也很高，则应选用高压型运算放大器；如果系统要求驱动较大的负载，则应选用功率运放。

当确定好某一类运放以后，可按以下顺序选择运算放大器型号：

1）供电电源电压。根据运放输出电压范围，选择运放的电源电压。

2）带宽。小信号时考虑运算放大器的增益带宽积。

3）转换速率。大幅度信号输出时应考虑运算放大器的压摆率。

4）精度。虽然失调电压可以通过外部电路校正，但选用失调电压较小的运放可以降低设计难度。

2.4 单电源放大电路设计

在便携式或电池供电的系统中，运算放大器通常采用单电源供电。单电源供电的运放与双电源供电的运放在工作中有什么不同呢？图 2.4-1 所示的两个电路中运放采用单电源供电，由于运放的最大输出电压范围取决于电源范围，因此电路中的运放输出电压一定在 $0 \sim V_{CC}$ 之间。图 2.4-1a 所示的反相器只能放大对地为负的直流信号（如果是同相放大器只能放大对地为正的直流信号）。如果输入信号对地为交流时，则输出波形将产生严重失真，如图 2.4-1b 所示。

为了使单电源运放不失真地放大信号，需要对单电源运放加合适的偏置，使得输入信号为 0V 时，电路的输出电压刚好处在电源电压的一半。以下介绍单电源运放电路几种常用的偏置方法。

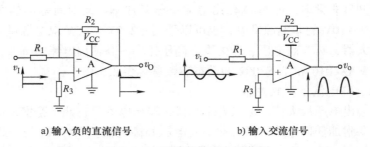

a) 输入负的直流信号　　　　　　b) 输入交流信号

图 2.4-1　运放的输出电压范围

1. 利用虚拟地实现偏置

将电源和地的中间电位即 $V_{CC}/2$ 作为所有信号的虚拟地。输入信号和输出信号均以虚拟地作为参考。图 2.4-2 所示为采用虚拟地的反相放大器。

由于运放信号地的电位比虚拟地电位低 $V_{CC}/2$，因此，以虚拟地作为电位基准，运放相当于 $\pm V_{CC}/2$ 双电源供电。虚拟地设为 $V_{CC}/2$ 可以获得最大的输出动态响应范围。

虚拟地可以简单地用两个等值电阻对电源分压产生，但是，虚拟地和信号地一样，要求能吸入较大电流，必要时可以采用电阻分压加电压跟随器实现。

2. 交流放大电路的偏置

单电源交流反相放大器如图 2.4-3 所示。由于单电源供电，因此需要给交流放大器设置一个合适的静态工作点。交流放大电路的静态工作点就是输入端不加交流信号时，运放的输出电压。通过加偏置电压将交流放大电路的静态工作点设为 $V_{CC}/2$。对于交流放大电路，由于输入和输出都加了隔直电容，因此偏置电压的计算变得非常简单。将耦合电容当作断开处

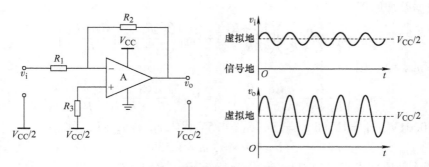

图 2.4-2　采用虚拟地的反相放大器

理，以运放的同相输入端作为输入，运放构成的电路就是一电压跟随器。只要在运放的同相输入端加 $V_{CC}/2$ 的偏置电压，运放的输出端就可以得到 $V_{CC}/2$ 的静态直流电压。偏置电压由 R_2、R_3 两个等值电阻分压得到。

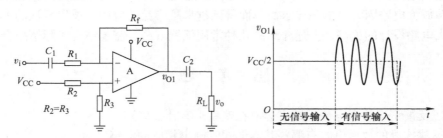

图 2.4-3　单电源供电的交流反相放大器

采用交流耦合的同相放大器如图 2.4-4 所示。偏置电压由 R_1 和 R_2 分压得到，从运放的同相输入端加入。根据图 2.4-4 所示电路的参数，偏置电压放大 2 倍以后作为运放的静态工作点，因此，偏置电压应设为 $2.5V/2 = 1.25V$，可取 $R_1 = 30k\Omega$，$R_2 = 10k\Omega$。

3. 直流耦合放大电路的偏置

对于直流耦合的单电源放大电路，通常采用线性电路的叠加原理来计算偏置电压或者确定电阻阻值。

例 2.4-1　电路如图 2.4-5 所示，已知 $V_{CC} = 5V$，$V_{REF} = 5V$。要求电路 $v_I = 0.01V$ 时，$v_O = 1V$；$v_I = 1V$ 时，$v_O = 4.5V$。请确定 $R_1 \sim R_4$ 的阻值。

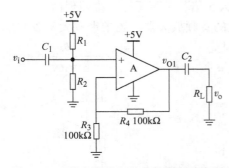

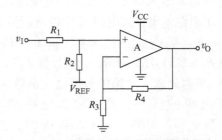

图 2.4-4　单电源供电的交流同相放大器　　　　图 2.4-5　单电源供电的直接耦合同相放大器

解： 根据叠加原理

$$v_O = v_I \left(\frac{R_2}{R_1 + R_2} \right) \left(\frac{R_3 + R_4}{R_3} \right) + V_{REF} \left(\frac{R_1}{R_1 + R_2} \right) \left(\frac{R_3 + R_4}{R_3} \right) \tag{2.4-1}$$

令 $v_O = mv_I + b$，则

$$m = \left(\frac{R_2}{R_1 + R_2} \right) \left(\frac{R_3 + R_4}{R_3} \right), \quad b = V_{REF} \left(\frac{R_1}{R_1 + R_2} \right) \left(\frac{R_3 + R_4}{R_3} \right) \tag{2.4-2}$$

将 $v_I = 0.01V$、$v_O = 1V$ 和 $v_I = 1V$、$v_O = 4.5V$ 代入 $v_O = mv_I + b$，得

$$b = 0.9646, \quad m = 3.535$$

将 m 和 b 的值代入式(2.4-2)，得 $R_2 = 18.32R_1$，$R_4 = 2.73R_3$

取 $R_1 = R_3 = 10k\Omega$，得 $R_2 = 183.2k\Omega$，$R_4 = 27.3k\Omega$。

关于图 2.4-5 所示电路中运放型号的选取，应根据以下原则：首先是选用单电源运放，常用的型号有 LM358、LM324、TLC272 等；其次根据题目要求，在电源电压 +5V 的前提下，运放输出电压摆幅应达到 1~4.5V，因此，应选用轨对轨单电源运放，如 TLV2472。

单电源放大电路因为对电源要求简单而得到越来越广泛的应用。设置合适的偏置电压是单电源放大电路设计的关键。上述介绍的几种常用偏置方法，需要结合实际情况合理选用。

思 考 题

1. 电压反馈型运放和电流反馈型运放在使用上有什么区别？

2. 以运放构成的放大电路有哪些基本形式？画出相应的电路。

3. 分析图 2.2-12 中 A_2 构成的电压跟随器的作用。通过查阅芯片数据手册，说明电压跟随器中运放型号选用 OPA177 是否合适？

4. 图 2.2-5b 中，运放的同相输入端加了 +6V 的参考电压，该参考电压是如何确定的？如果去掉 C_1、C_2，参考电压应取什么值？

5. 由 TL082 构成的直接耦合多级放大电路，输入短路时，输出仍有 0.5V 的电压，请分析原因，如何消除？

6. 若设计单级放大电路，要求带宽 >40MHz，输出电压峰-峰值 V_{opp} >6V，输出负载为 600Ω，电压增益为 2。选用 MAX4016（压摆率为 600V/μs，带宽 150MHz）能满足要求吗？

7. 某运放的单位增益带宽（GBW）为 12MHz，SR 为 24V/μs，用该运放设计反相放大器，将峰-峰值为 2V、频率为 1MHz 的正弦信号放大 5 倍，是否可行？说明理由。

8. 用运算放大器 LM741 设计一个增益为 60dB 的音频放大器，要求带宽大于 20kHz。

9. 单电源供电放大电路如图 T2-9 所示。电路指标如下：$v_I = -0.1V$ 时，$v_O = 1V$；$v_I = -1V$ 时，$v_O = 6V$。取 $R_1 = 2k\Omega$，$R_4 = 10k\Omega$，试计算 R_2 和 R_3 的值。

10. 某差分放大电路的差模放大倍数 A_{vd} 为 1。假设由于电阻的误差，差分放大电路的 K_{CMR} 只有 60dB。当 $v_{I1} = 2.410V$，$v_{I2} = 2.490V$ 时，差模信号和共模信号产生的电压输出分别为多少？

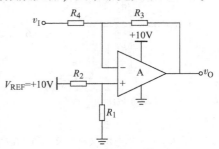

图 T2-9　题 9 的图

第3章 滤波器设计

3.1 概述

在实际电子系统中，模拟信号中往往包含一些不需要的信号成分，必须设法将其衰减到足够小的程度，或者把有用的信号挑选出来。滤波器就是实现使特定频率范围内的信号顺利通过，而阻止其他频率信号通过的电路。

滤波器是建立在频率基础上处理信号的一种电路。滤波器随频率变化的这种特性行为称为频率响应，并以传递函数 $H(j\omega)$ 表示。图 3.1-1 所示为一理想低通滤波器的传递函数模型。$X(j\omega)$ 为滤波器输入信号，包含两种频率成分。$Y(j\omega)$ 为滤波器输出信号，其高频成分被滤波器滤除了。

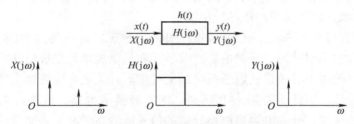

图 3.1-1　理想低通滤波器的传递函数模型

滤波器的动态特性有 3 种形式来描述：

（1）单位冲激响应

$$x(t) = \delta(t), y(t) = h(t) \tag{3.1-1}$$

（2）传递函数

$$H(s) = \frac{Y(s)}{X(s)} \tag{3.1-2}$$

（3）频率特性

$$H(j\omega) = \frac{Y(j\omega)}{X(j\omega)} \tag{3.1-3}$$

滤波器按幅频特性可分为低通、高通、带通和带阻 4 种类型。其理想幅频特性分别如图 3.1-2 所示。

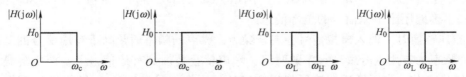

图 3.1-2　低通、高通、带通和带阻滤波器的理想幅频特性

1）低通滤波器（Low Pass Filter，LPF）：低于截止频率 f_c 的频率可以通过，高频成分被滤掉。

2）高通滤波器（High Pass Filter，HPF）：高于截止频率 f_c 的频率可以通过，低频成分被滤掉。

3）带通滤波器（Band Pass Filter，BPF）：只有高于 f_L 低于 f_H 的频率可以通过，其他成分均被滤掉。

4）带阻滤波器（Band Reject Filter，BRF）：在 f_L 与 f_H 之间的频率被滤掉，其他成分均可以通过。作为特例，只有特定频率成分可以通过的滤波器被称为陷波滤波器（Notch Filter）。

滤波器的实现方法通常分为无源滤波器、RC 有源滤波器、开关电容滤波器、数字滤波器 4 种类型。

1）无源滤波器由无源元件 R、C 和 L 组成，它的缺点是在较低频率下工作时，电感 L 的体积和重量较大，而且滤波效果不理想。

2）RC 有源滤波器由 R、C 和运算放大器构成，在减小体积和减轻重量方面得到显著改善，尤其是运放具有高输入阻抗和低输出阻抗的特点，可使有源滤波器提供一定的信号增益，因此，RC 有源滤波器得到广泛的应用。

3）开关电容滤波器（Switched Capacitor Filters，SCF）是一种由 MOS 开关、电容和运放构成的离散时间模拟滤波器。开关电容滤波器很容易做成单片集成电路或与其他电路做在同一个芯片上，因此可以有效提高电子系统的集成度。开关电容滤波器直接对连续模拟信号采样，不做量化处理，因此不需要 A/D 转换、D/A 转换等电路，这是开关电容滤波器与数字滤波器最明显的区别。开关电容滤波器处理的信号虽然在时间上是离散的，但幅值是连续的，因此开关电容滤波器仍属于模拟滤波器。

4）数字滤波器是由数字乘法器、加法器和延时单元组成的一种算法。数字滤波器的功能是对输入离散信号的数字代码进行运算处理，以达到改变信号频谱的目的。数字滤波器一般由 FPGA 或单片机通过硬件或者软件的方法实现。

本章主要介绍 RC 有源滤波器和 LC 无源滤波器的设计。

滤波器在电子系统中的应用十分广泛，如数据采集系统中的抗混叠滤波器、波形发生器中的重建（平滑）滤波器、从方波中提取基波和高次谐波的带通滤波器、利用 PWM 信号实现 D/A 转换的低通滤波器等。

（1）抗混叠滤波器

在数据采集系统中，采样频率 f_s 是一个关键参数。采样频率越高，模拟信号的数字表示就越精确，反之，采样频率太低，模拟信号的信息就会丢失。奈奎斯特采样定理指出，如果采样频率小于有用信号中所含最高频率的两倍，就会出现称为"混叠"的现象。出现混叠时就无法正确地还原出原信号的全部信息。

在 A/D 转换时，输入模拟信号会夹杂噪声，噪声的频率通常高于有用信号的最高频率。如果采样频率为有用信号最高频率的两倍，噪声就会叠加到有用信号上，产生混叠。因此，在 A/D 转换之前，先用低通滤波器将噪声滤掉，再把信号送到 A/D 转换器的模拟输入端。这个低通滤波器就称为抗混叠滤波器，其示意图如图 3.1-3 所示。

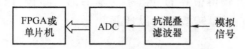

图 3.1-3　数据采集系统中的抗混叠滤波器

（2）重建滤波器

用数字的方式来产生模拟信号时，D/A 转换器输出的模拟信号存在高频噪声。这些高频噪声是由于 D/A 转换器的最小分辨电压引起的。当输出的模拟信号一个周期内采样点数变少时，失真现象更为严重。为了消除由于噪声引起的失真，通常在 D/A 转换器的输出端加一级低通滤波器，如图 3.1-4 所示。该低通滤波器称为重建滤波器（也称平滑滤波器）。

图 3.1-4　用于 DAC 输出信号的平滑滤波

图 3.1-5a 所示为 D/A 转换器输出的频率为 4MHz 的正弦信号波形，由于一个信号周期中只有 10 个采样点，故波形失真严重。图 3.1-5b 所示为经过低通滤波器后观测到的波形，波形质量明显改善了。

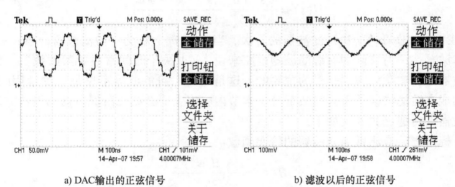

a) DAC 输出的正弦信号　　　　　　　　　　b) 滤波以后的正弦信号

图 3.1-5　滤波前后的信号波形对比

（3）基于 PWM 的 D/A 转换器

PWM（Pulse-Width Modulation）信号是指周期一定而占空比可调的方波信号，如图 3.1-6 所示。PWM 信号通常由单片机或 FPGA 产生。PWM 信号 $v_I(t)$ 的傅里叶级数展开式如下：

$$v_I(t) = a_0 + \sum_{n=1}^{\infty} c_n \cos(n\omega t + \varphi_n) \tag{3.1-4}$$

式中，$a_0 = V_m D$，V_m 为 PWM 信号的幅值，D 为 PWM 信号的占空比（Duty Ratio）。a_0 为一个直流量，其大小与 PWM 信号的占空比 D 成正比。

采用低通滤波器滤掉式(3.1-4) 中的交流分量，那么得到的信号就是与占空比 D 成正比的直流信号。改变占空比 D，就可以使直流信号的电压在 $0 \sim V_m$ 范围内变化。因为占空比 D 与数字量对应，因此将 PWM 信号发生器和低通滤波器合在一起就相当于一个 D/A 转换器。图 3.1-7 所示为基于 PWM 的 D/A 转换器原理框图。用 PWM 的方法实现 D/A 转换，可降低电子系统的成本，并可获得很高的分辨率。本书第 7 章设计训练题三就是一道基于 FP-GA 和低通滤波器实现 8 位 D/A 转换器的设计题。

图 3.1-6　PWM 信号　　　　图 3.1-7　基于 PWM 信号的 D/A 转换器

（4）波形变换

从式(3.1-4) 可知，方波信号由直流分量、基波和高次谐波构成。通过设计带通滤波器就可以将基波或高次谐波提取出来，实现了方波变换成正弦波的功能。可见，带通滤波器可以实现波形变换。

3.2　有源滤波器设计

有源滤波器的传递函数的一般表达式为

$$H(s) = \frac{a_n s^n + a_{n-1} s^{n-1} + \cdots + a_0}{s^n + b_{n-1} s^{n-1} + \cdots + b_0} \tag{3.2-1}$$

式(3.2-1) 分母的阶决定滤波器的阶次。当 $n = 1$ 时，称为一阶滤波器；当 $n = 2$ 时，称为二阶滤波器……对实际的有源滤波器电路来说，n 取决于时间常数要素的数目。在各种阶次的滤波器中，二阶滤波器是最为重要的，这是因为二阶滤波器不仅是一种常用的滤波器，而且是构成高阶滤波器的重要组成部分。本节内容将主要介绍二阶滤波器的设计方法。二阶有源滤波器的传递函数介绍如下。

（1）标准二阶有源低通滤波器的传递函数

$$H(s) = \frac{H_0 \omega_c^2}{s^2 + \dfrac{\omega_c}{Q} s + \omega_c^2} \tag{3.2-2}$$

式中，H_0 为任意增益因子；ω_c 为低通滤波器截止角频率；Q 为品质因数。

（2）标准二阶有源高通滤波器的传递函数

$$H(s) = \frac{H_0 s^2}{s^2 + \dfrac{\omega_c}{Q} s + \omega_c^2} \tag{3.2-3}$$

式中，ω_c 为高通滤波器截止角频率。

（3）标准二阶有源带通滤波器的传递函数

$$H(s) = \frac{H_0 \omega_0 \dfrac{s}{Q}}{s^2 + \dfrac{\omega_0}{Q} s + \omega_0^2} \tag{3.2-4}$$

式中，ω_0 为带通滤波器中心角频率。

（4）标准二阶有源带阻滤波器的传递函数

$$H(s) = \frac{H_0(\omega_0^2 + s^2)}{s^2 + \dfrac{\omega_0}{Q}s + \omega_0^2} \qquad (3.2\text{-}5)$$

式中，ω_0 为带阻滤波器中心角频率。

有源滤波器有两种常用的类型：一种是无限增益多重反馈型（Multi-Feedback，MFB）滤波器，另一种是压控电压源型（Voltage Controlled Voltage Source）滤波器，也称为 Sallen-Key 滤波器。这两种滤波器的基本电路分别如图 3.2-1 和图 3.2-2 所示。两种滤波器各有优缺点，MFB 滤波器是反相滤波器，含有一个以上的反馈路径，集成运放作为高增益有源器件使用，其优点是 Q 值和截止频率对元件改变的敏感度较低，缺点是滤波器增益精度不高。Sallen-Key 滤波器是同相滤波器，将集成运放当作有限增益有源器件使用，优点是具有高输入阻抗，增益设置与滤波器电阻电容元件无关，所以增益精度极高。本节主要介绍 MFB 滤波器的设计，对于 Sallen-Key 滤波器的设计方法读者可以参阅相关书籍。

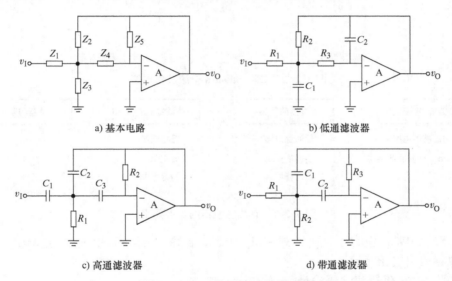

a) 基本电路　　　　　　　　　　　　　b) 低通滤波器

c) 高通滤波器　　　　　　　　　　　　d) 带通滤波器

图 3.2-1　二阶 MFB 滤波器电路

根据前面分析，有源滤波器有 4 大要素，如图 3.2-3 所示。下面简要介绍设计中的考虑原则。

（1）关于电路类型的选择

MFB 滤波器和 Sallen-Key 滤波器各有优缺点，应根据实际需求选用。在选择带通滤波器电路时，当要求带通滤波器的通带较宽时，可用低通滤波器和高通滤波器级联得到，这比单纯用带通滤波器要好。

（2）阶数选择

滤波器的阶数主要根据对带外衰减特性的要求来确定。每一阶低通或高通滤波器可获得 -20dB 每十倍频程衰减。多级滤波器级联时，传输函数总特性的阶数等于各级阶数之和。

（3）运放的要求

一般情况下可选用通用型运算放大器。为了获得足够深的反馈以保证所需滤波特性，运放的开环增益应在 80dB 以上。如果滤波器输入信号较小，则应选用低漂移运放。运放的单

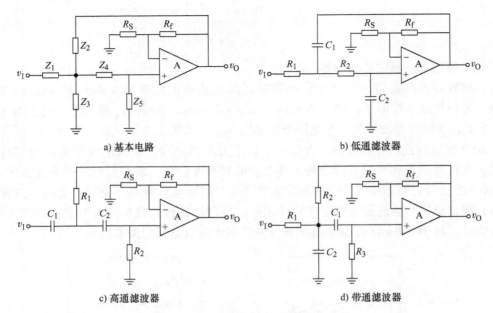

a) 基本电路　　　b) 低通滤波器

c) 高通滤波器　　　d) 带通滤波器

图 3.2-2　二阶 Sallen-Key 滤波器电路

图 3.2-3　有源滤波器的 4 大要素

位增益带宽（GBW）应大于 $A_0 f_c$，式中 A_0 为通带增益；压摆率 SR 应大于 $2\pi V_{om} f_c$，式中 V_{om} 为滤波器输出电压峰值。

3.2.1　二阶 MFB 低通滤波器设计

二阶 MFB 低通滤波器的电路结构如图 3.2-1b 所示。该滤波器电路是由 R_1、C_1 组成的低通滤波电路以及 R_3、C_2 组成的积分电路所组成，这两级电路表现出低通特性。通过 R_2 的反馈对 Q 进行控制。根据对电路的交流分析，求得传递函数为

$$H_{LP}(s) = \frac{-1/R_1 R_3 C_1 C_2}{s^2 + \dfrac{s}{C_1}\left(\dfrac{1}{R_1} + \dfrac{1}{R_2} + \dfrac{1}{R_3}\right) + \dfrac{1}{R_3 R_2 C_1 C_2}} \tag{3.2-6}$$

将式（3.2-6）与式（3.2-2）比较得

$$\omega_c = \frac{1}{\sqrt{R_2 R_3 C_1 C_2}} \tag{3.2-7}$$

$$H_0 = -\frac{R_2}{R_1} \tag{3.2-8}$$

$$Q = \frac{\sqrt{C_1/C_2}}{\sqrt{R_2 R_3/R_1^2} + \sqrt{R_3/R_2} + \sqrt{R_2/R_3}} \tag{3.2-9}$$

滤波器的设计任务之一就是根据滤波器的 ω_c、H_0、Q 这 3 个参数来确定电路中各元器件参数。显然，直接采用上述 3 个公式来计算 C_1、C_2、R_1、R_2、R_3 的值是非常困难的。为了简化运算步骤，先给 C_2 确定一个合适的值，然后令 $C_1 = nC_2$（n 为电容扩展比），并用 A_0（即 H_0 的绝对值）来表示滤波器的通带增益。可以由式(3.2-7) ~ 式(3.2-9) 推得各电阻值的计算公式。

由式(3.2-8) 得

$$R_2 = R_1 A_0 \tag{3.2-10}$$

由式(3.2-7) 得

$$R_3 = \frac{1}{\omega_c^2 R_2 C_1 C_2} \tag{3.2-11}$$

将式(3.2-10) 和式(3.2-11) 代入式(3.2-9) 得

$$R_1 = \frac{1 + \sqrt{1 - 4Q^2(1 + A_0)/n}}{2\omega_c Q C_2 A_0} \tag{3.2-12}$$

式(3.2-12) 必须满足 $n \geqslant 4Q^2(1 + A_0)$，不妨取 $n = 4Q^2(1 + A_0)$，式(3.2-12) 就可简化为

$$R_1 = \frac{1}{2\omega_c Q C_2 A_0} \tag{3.2-13}$$

令 $R_0 = \frac{1}{\omega_c C_2}$，滤波器中各项参数的计算公式可进一步简化为

$$C_1 = 4Q^2(1 + A_0)C_2, \quad R_1 = R_0/(2Q A_0), \quad R_2 = A_0 R_1, \quad R_3 = R_0/[2Q (1 + A_0)] \tag{3.2-14}$$

根据式(3.2-14)，只要确定 C_2 的值，其余的参数可随之确定。

例 3.2-1 设计二阶 MFB 低通滤波器。已知滤波器的通带增益 $A_0 = 1$，截止频率 $f_c = 3.4\text{kHz}$，$Q = 0.707$。

解： 滤波器中各项参数的具体计算步骤如下：

(1) 选取 C_2 值为 2200pF，则基准电阻 $R_0 = 1/(2\pi f_c C_2) = 21.29\text{k}\Omega$

(2) C_1 的电容值，$C_1 = 4Q^2(1 + A_0)C_2 = 8797\text{pF}$

(3) R_1 的电阻值，$R_1 = R_0/(2Q A_0) = 15.05\text{k}\Omega$

(4) R_2 的电阻值，$R_2 = A_0 R_1 = 15.05\text{k}\Omega$

(5) R_3 的电阻值，$R_3 = R_0/[2Q (1 + A_0)] = 7.53\text{k}\Omega$

将计算的电阻、电容值取标称值，得到如图 3.2-4 所示的二阶 MFB 低通滤波器原理图。

上述设计的二阶低通滤波器采用 Multisim 软件仿真，得到的幅频特性如图 3.2-5 所示。仿真结果表明，该滤波器通带增益为 1，截止频率（−3dB 处）约为 3.4kHz，与设计要求相符。

实际滤波器的幅频特性可采用低频扫频仪测量，也可以用信号发生器与示波器相结合的

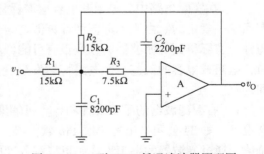

图 3.2-4 二阶 MFB 低通滤波器原理图

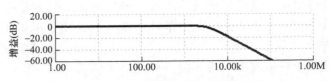

图 3.2-5 二阶低通滤波器幅频特性仿真结果

方法来测量。用信号发生器与示波器测量幅频特性的方法是，用信号发生器产生峰-峰值为 2V、频率在 100Hz ~ 5kHz 之间的正弦信号，加到滤波器输入端，用示波器测量滤波器输出信号峰-峰值，记录数据，列成表格。表 3.2-1 所示为例 3.2-1 设计的低通滤波器实际幅频特性。从表中数据可知，通带增益 A_0 为 1.04，当输入信号频率为截止频率 3.4kHz 时，根据表 3.2-1 中数据计算的实际增益为 $1.44/2 = 0.72$，理论增益为 $0.707A_0 = 0.735$，两者误差还是比较小的。

表 3.2-1   低通滤波器实际幅频特性表（$v_{\text{ipp}} = 2\text{V}$）

f/kHz	0.1	0.5	1.0	1.5	1.9	2.5	3.0	3.1	3.2
v_{opp}/V	2.08	2.08	2.08	2.08	2.08	2.00	1.78	1.70	1.64
f/kHz	3.3	3.4	3.5	3.6	3.7	4.0	4.5	5.0	
v_{opp}/V	1.54	1.44	1.38	1.26	1.20	0.94	0.63	0.43	

结合上述例题，需要说明几点：

1）选择 C_2 电容值的一般原则是：为了得到合理的电阻值，滤波器截止频率越高，C_2 的电容值越小。通常以表 3.2-2 提供的数据作为参考。需要注意的是，如果电容值很小，则应考虑寄生电容的影响，否则，设计好的滤波器参数会产生较大的误差。

表 3.2-2 C_2 电容值选择参考表

滤波器截止频率 f_c	C_2 选择范围
≤100Hz	10 ~ 0.1μF
100 ~ 1000Hz	0.1 ~ 0.01μF
1 ~ 10kHz	0.01 ~ 0.001μF
10 ~ 100kHz	1000 ~ 100pF
≥100kHz	100 ~ 10pF

2）在实际电路中，电阻和电容应取标称值。标称值是为了便于电阻和电容的使用和生产而统一规定的。由于标称值和计算值之间会有一定的误差，再加上元器件本身容差和非理想性，实际得到的滤波器的参数很有可能偏离它们的设计值。特别是当滤波器的增益比较高时，电阻或电容的误差会使电路特性发生变化。因此，增益 A_0 的取值范围一般在 1 ~ 10 之间为宜。

3）有源滤波器的手工设计和计算机辅助设计。现在有专门的工具软件来完成有源滤波器设计，如 TI 公司推出的 FilterPro 软件等。虽然手工设计滤波器比较烦琐，但并未失去其价值，通过滤波器的手工设计，可以深入理解滤波器参数与元器件参数之间的关系，进一步可以通过调节某个元器件的参数来调节滤波器的参数。

3.2.2　二阶 MFB 高通滤波器设计

二阶 MFB 高通滤波器的电路结构如图 3.2-1c 所示。其传递函数为

$$H_{HP}(s) = \frac{-(C_1/C_2)s^2}{s^2 + \dfrac{C_1 + C_2 + C_3}{R_2 C_2 C_3}s + \dfrac{1}{R_1 R_2 C_2 C_3}} \tag{3.2-15}$$

将式(3.2-15)与式(3.2-3)比较得

$$\omega_c = \frac{1}{\sqrt{R_1 R_2 C_2 C_3}} \tag{3.2-16}$$

$$H_0 = -\frac{C_1}{C_2} \tag{3.2-17}$$

$$Q = \frac{\sqrt{R_2/R_1}\sqrt{C_2 C_3}}{C_1 + C_2 + C_3} \tag{3.2-18}$$

令 $C_1 = C_3 = C_0$，$A_0 = |H_0|$，基准电阻 $R_0 = \dfrac{1}{\omega_c C_0}$，由式(3.2-16)～式(3.2-18)可得

$$C_2 = C_1/A_0,\ R_1 = R_0/[Q(2 + 1/A_0)],\ R_2 = R_0 Q(1 + 2A_0) \tag{3.2-19}$$

例 3.2-2　设计二阶 MFB 高通滤波器。已知滤波器通带增益 $A_0 = 1$，截止频率 $f_c = 300Hz$，$Q = 0.707$。

解：取基准电容 $C_0 = 0.033\mu F$，各元件的参数计算如下：

$$C_1 = C_3 = C_0 = 0.033\mu F$$
$$C_2 = C_1/A_0 = 0.033\mu F$$

基准电阻 $R_0 = 1/(2\pi f_c C_0) = 16.076k\Omega$

$$R_1 = R_0/[Q(2 + 1/A_0)] = 7.58k\Omega$$
$$R_2 = R_0 Q(1 + 2A_0) = 34.097k\Omega$$

将各元件参数取标称值，得到如图 3.2-6 所示的二阶 MFB 高通滤波器原理图。

上述设计的二阶 MFB 高通滤波器采用 Multisim 软件仿真，得到的幅频特性如图 3.2-7 所示。仿真结果表明，该滤波器符合设计要求。

用信号发生器产生峰-峰值为 2V 的正弦信号加到滤波器输入端，然后输入信号频率从 100Hz 逐步增大到 3kHz，用示波器测量滤波器输出信号峰-峰值。高通滤波器幅频特性实测数据见表 3.2-3。当输入信号频率为截止频率 300Hz 时，实测增益为 $A_0 = 1.44/2 = 0.72$，理论增益为 $1.04 \times 0.707 = 0.735$，两者是十分接近的。

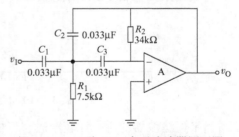

图 3.2-6　二阶 MFB 高通滤波器原理图

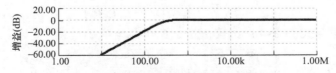

图 3.2-7　二阶高通滤波器幅频特性仿真结果

表 3.2-3　高通滤波器幅频特性实测数据（$v_{ipp}=2V$）

f/Hz	100	200	250	280	290	300	310
v_{opp}/V	0	0.42	0.88	1.24	1.32	1.44	1.52
f/Hz	320	350	400	500	1000	2000	3000
v_{opp}/V	1.60	1.76	1.90	2.00	2.08	2.08	2.08

3.2.3　二阶 MFB 带通滤波器设计

在选择带通滤波器电路时，当要求带通滤波器的通带较宽时，可用低通滤波器和高通滤波器级联得到，这比单纯用带通滤波器要好，如图 3.2-8 所示。

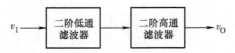

图 3.2-8　带通滤波器示意图

例 3.2-3　设计一二阶带通滤波器，通带范围为 300Hz~3.4kHz，通带增益 $A_0=1$。

解：二阶带通滤波器直接由图 3.2-4 和图 3.2-6 两个电路级联而成，如图 3.2-9 所示。

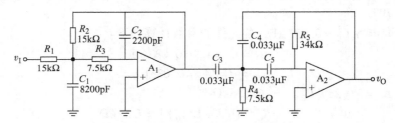

图 3.2-9　例 3.2-3 二阶带通滤波器原理图

仿真结果如图 3.2-10 所示。

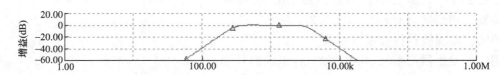

图 3.2-10　例 3.2-3 带通滤波器仿真结果

当带通滤波器的通带比较窄时，可根据如图 3.2-1d 所示的二阶 MFB 带通滤波器电路直接设计。图 3.2-1d 所示滤波器的传递函数为

$$H_{BP}(s)=\frac{-\dfrac{1}{R_1C_1}s}{s^2+\dfrac{C_1+C_2}{R_3C_1C_2}s+\dfrac{R_1+R_2}{R_1R_2R_3C_1C_2}}\qquad(3.2\text{-}20)$$

将式(3.2-20) 与式(3.2-4) 比较，并令 $C_1=C_2=C_0$，可得

$$\omega_0=\frac{1}{C_0}\sqrt{\frac{R_1+R_2}{R_1R_2R_3}},\ Q=\frac{R_3}{2}\sqrt{\frac{R_1+R_2}{R_1R_2R_3}},\ H_0=-\frac{R_3}{2R_1}\qquad(3.2\text{-}21)$$

令 $A_0=|H_0|$，根据式(3.2-21)，得到二阶带通滤波电路各元件参数计算公式：

$$R_1 = \frac{Q}{A_0 \omega_0 C_0}, \quad R_2 = \frac{R_1}{2Q^2/A_0 - 1}, \quad R_3 = \frac{2Q}{\omega_0 C_0} \qquad (3.2\text{-}22)$$

例 3.2-4 设计一个 $f_0 = 1\text{kHz}$、$Q = 10$ 和 $A_0 = 1$ 的二阶 MFB 带通滤波器。

解: 取 $C_1 = C_2 = C_0 = 0.01\mu\text{F}$，根据式(3.2-22) 得

$$R_1 = \frac{Q}{A_0 \omega_0 C_0} = \frac{10}{1 \times 2\pi \times 1 \times 10^3 \times 0.01 \times 10^{-6}}\Omega \approx 159.2\text{k}\Omega$$

$$R_2 = \frac{R_1}{2Q^2/A_0 - 1} = \frac{159.2 \times 10^3}{2 \times 10^2 \div 1 - 1}\Omega \approx 800\Omega$$

$$R_3 = \frac{2Q}{\omega_0 C_0} = \frac{2 \times 10}{2\pi \times 1 \times 10^3 \times 0.01 \times 10^{-6}}\Omega \approx 318.3\text{k}\Omega$$

各元件取标称值后，得到如图 3.2-11 所示的原理图。

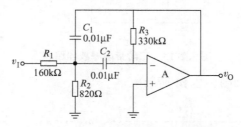

图 3.2-11　二阶 MFB 带通滤波器原理图

带通滤波器仿真结果如图 3.2-12 所示。

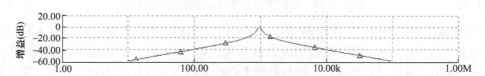

图 3.2-12　带通滤波器仿真结果

带通滤波器幅频特性实测数据见表 3.2-4。从测试数据可知，滤波器的中心频率 f_0 在 1005Hz 左右，与设计值有一定的误差。

表 3.2-4　带通滤波器幅频特性实测数据（$v_{\text{ipp}} = 2\text{V}$）

f/Hz	100	500	700	800	900	950	970	990	995
v_{opp}/V	0.02	0.14	0.28	0.43	0.80	1.20	1.44	1.70	1.75
f/Hz	1000	1005	1010	1030	1050	1100	1200	1300	1500
v_{opp}/V	1.80	1.80	1.80	1.70	1.50	1.04	0.64	0.42	0.26

3.2.4　二阶 MFB 带阻滤波器设计

比较式(3.2-4) 所示的带通滤波器表达式和式(3.2-5) 所示的带阻滤波器表达式，有 $H_{\text{BR}}(s) = H_0 - H_{\text{BP}}(s)$，式中 H_0 为带通滤波器的增益。根据两者之间的关系，可以先设计带通滤波器，然后再加一级加法电路就可得到带阻滤波器。

例 3.2-5 设计一个 $f_0 = 1\text{kHz}$、$Q = 10$ 和 $A_0 = 1$ 的二阶 MBF 带阻滤波器。

解: 带阻滤波器原理图如图 3.2-13 所示。前一级电路为例 3.2-4 所设计的带通滤波器，

后一级为加法电路。带阻滤波器的传递函数为

$$H_{BR}(s) = -(R_6/R_4)H_{BP}(s) - (R_6/R_5) = -\frac{R_6}{R_4}\left(\frac{R_4}{R_5} + H_{BP}(s)\right)$$

将上式与式 $H_{BR}(s) = H_0 - H_{BP}(s)$ 比较，R_4/R_5 应等于带通滤波器的通带增益，R_6/R_4 为带阻滤波器的通带增益。由于带通滤波器和带阻滤波器的通带增益均为 1，所以加法电路具体参数可选：$R_4 = R_5 = R_6 = 2\text{k}\Omega$。

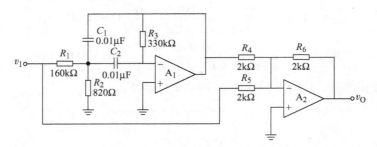

图 3.2-13　二阶带阻滤波器原理图

带阻滤波器仿真结果如图 3.2-14 所示。

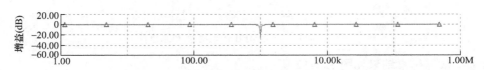

图 3.2-14　二阶带阻滤波器幅频特性仿真结果

用信号发生器产生峰–峰值为 2V 的正弦信号加到滤波器输入端，然后输入信号频率从 100Hz 逐步增大到 2kHz，用示波器测量滤波器输出信号峰–峰值。带阻滤波器幅频特性实测数据见表 3.2-5。从表中数据可知，滤波器的中心频率约为 1020Hz，与设计值有一定的误差。

表 3.2-5　带阻滤波器幅频特性实测数据（$v_{ipp} = 2\text{V}$）

f/Hz	500	700	800	900	970	980	990	995	1000
v_{opp}/V	1.75	1.75	1.70	1.51	1.15	1.00	0.75	0.64	0.48
f/Hz	1005	1010	1020	1030	1040	1100	1500	2000	2500
v_{opp}/V	0.34	0.19	0.11	0.40	0.65	1.40	1.75	1.75	1.75

3.2.5　有源滤波器的级联

如果需要抑制的信号和需要通过的信号在频率上非常接近，那么，二阶滤波器的截止特性可能就不够陡峭，此时，就需要采用高阶滤波器。高阶滤波器通常是由低阶滤波器级联而成，其原理是高阶滤波器的传递函数 $H(s)$ 通过因式分解后可化成低阶项乘积。

例 3.2-6　数据采集系统框图如图 3.1-3 所示。假设模拟信号的最高频率 f_a 为 3.4kHz，采样频率 f_s 为 40kHz，采用 12 位 ADC。确定抗混叠滤波器阶数。

解：采样后的信号频谱如图 3.2-15 所示。图中阴影部分为信号采样后产生的混叠。只要混叠信号的幅度足够小，就不会影响 A/D 转换的精度。

设 ADC 的最大量程归一化后为 0dB，则 12 位 ADC 能测量到的最小信号为 $20\lg(2^{12}) =$

72dB。每 10 倍频程的衰减为

$$\frac{72\text{dB}}{\lg\left[\left(f_s - f_a\right)/f_a\right]} = \frac{72\text{dB}}{\lg\left(36.6\text{kHz}/3.4\text{kHz}\right)} \approx 70\text{dB}$$

滤波器的阶数为

$$n = \frac{70\text{dB}}{20\text{dB}} = 3.5$$

应采用四阶低通滤波器。

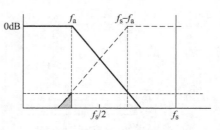

图 3.2-15　采样后的信号频谱

二阶以上的滤波器可以通过低阶滤波器级联而成，如四阶低通滤波器可以通过两个二阶低通滤波器串联得到；四阶高通滤波器可以通过两个二阶高通滤波器串联得到。

例 3.2-7　设计一四阶低通滤波器，$f_c = 3.4\text{kHz}$，通带增益 $A_0 = 1$。

解：四阶滤波器通常是由二阶滤波器级联而成，其示意图如图 3.2-16 所示。

（1）第 1 级低通滤波器参数计算

选电容 C_2 为 2200pF，则

基准电阻 $R_0 = 1/(2\pi f_c C_2) = 21.29\text{k}\Omega$

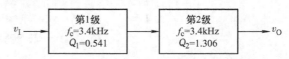

图 3.2-16　低通滤波器级联示意图

$C_1 = 4Q_1^2(1 + A_0)C_2 = 5151\text{pF}$，取标称值 5100pF

$R_1 = R_0/(2Q_1 A_0) = 19.67\text{k}\Omega$，取标称值 20kΩ

$R_2 = A_0 R_1 = 19.67\ \text{k}\Omega$，选择 20kΩ

$R_3 = R_0/[2Q_1(1 + A_0)] = 9.83\text{k}\Omega$，取标称值 10kΩ

（2）第 2 级低通滤波器参数计算

选电容 C_4 为 2200pF，则

基准电阻 $R_0 = 1/(2\pi f_c C_4) = 21.29\text{k}\Omega$

$C_3 = 4Q_2^2(1 + A_0)C_4 = 0.0313\mu\text{F}$，取标称值 0.033μF

$R_4 = R_0/(2Q_2 A_0) = 8.15\text{k}\Omega$，取标称值 8.2kΩ

$R_5 = A_0 R_4 = 8.2\text{k}\Omega$

$R_6 = R_0/[2Q_2(1 + A_0)] = 4.07\text{k}\Omega$，取标称值 3.9kΩ

四阶低通滤波器的原理图如图 3.2-17 所示。

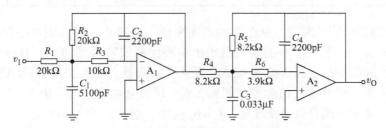

图 3.2-17　四阶低通滤波器原理图

四阶低通滤波器的仿真结果如图 3.2-18 所示。

当滤波器的实际电路制作完成以后，可采用信号发生器和示波器对滤波器进行测试。对滤波器输入峰-峰值为 2V 的正弦波，低通滤波器测试结果如图 3.2-19 所示。

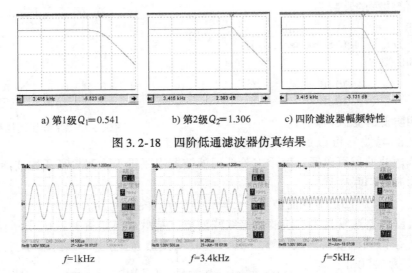

a) 第1级$Q_1 = 0.541$ b) 第2级$Q_2 = 1.306$ c) 四阶滤波器幅频特性

图 3.2-18   四阶低通滤波器仿真结果

$f = 1\text{kHz}$ $f = 3.4\text{kHz}$ $f = 5\text{kHz}$

图 3.2-19   低通滤波器测试结果

多级滤波器的设计应考虑以下几个问题:

1)每一级滤波器 Q 值的确定。在例 3.2-7 设计的四阶低通滤波器中,两级滤波器的 Q 值选择 $Q_1 = 0.541$,$Q_2 = 1.306$,其依据是表 3.2-6 所提供的参数。该表提供了设计多级巴特沃思滤波器时,每一级 Q 值的选取。

表 3.2-6   归一化 (对 1Hz) 多级巴特沃思滤波器 Q 值选取

n	f_{01}	Q_1	f_{02}	Q_2	f_{03}	Q_3	f_{04}	Q_4	f_{05}	Q_5	$2f_c$ 处的衰减/dB
2	1	0.707	1								13.30
3	1	1.000	1								18.13
4	1	0.541	1	1.306							24.10
5	1	0.618	1	1.620	1						30.11
6	1	0.518	1	0.707	1	1.932					36.12
7	1	0.555	1	0.802	1	3.247	1				43.14
8	1	0.510	1	0.601	1	0.900	1	3.563			48.16

2)各级滤波器级联的顺序。从数学的角度来说,各部分级联的顺序是没有关系的。然而对实际电路来说,由于在高 Q 的滤波器输出信号的幅值有可能超出运算放大器最大输出电压范围,为了避免动态范围的损失和滤波器精度的降低,可以把各级滤波器按 Q 值升高的顺序级联在一起,即把低 Q 值的滤波器放在整个滤波器电路的第一级上。

例 3.2-8   设计一四阶高通滤波器,$f_c = 6.8\text{kHz}$,通带增益 $A_0 = 1$。

解:四阶滤波器通常是由二阶滤波器级联而成,其示意图如图 3.2-20 所示。

选择电容 $C_5 \sim C_{10} = C_0 = 3300\text{pF}$,$R_0 = 1/(2\pi f_c C_0)$ $= 1/(2\pi \times 6.8 \times 10^3 \times 3300 \times 10^{-12})$ Ω $= 7.1\text{k}\Omega$

$R_7 = R_0/[Q_1(2 + 1/A_0)]$ $= 7.1/(0.541 \times 3)$ kΩ $= 4.37\text{k}\Omega$,取标称值 4.3kΩ

$R_8 = R_0 Q_1(1 + 2A_0)$ $= 7.1 \times 0.541 \times 3\text{k}\Omega = 11.52\text{k}\Omega$,取标称值 12kΩ

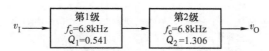

图 3.2-20　高通滤波器级联示意图

$$R_9 = R_0/[\ Q_2\ (2+1/A_0)\ ] = 7.1/(1.306\times3)\ \text{k}\Omega = 1.8\text{k}\Omega，取标称值 1.8\text{k}\Omega$$
$$R_{10} = R_0 Q_2(1+2A_0) = 7.1\times1.306\times3\text{k}\Omega = 27.8\text{k}\Omega，取标称值 27\text{k}\Omega$$

四阶高通滤波器的原理图如图 3.2-21 所示。

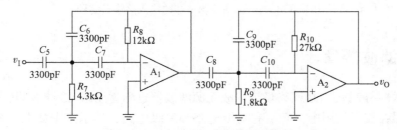

图 3.2-21　四阶高通滤波器的原理图

四阶高通滤波器的仿真结果如图 3.2-22 所示。

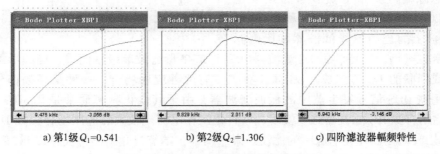

a) 第1级Q_1=0.541　　b) 第2级Q_2=1.306　　c) 四阶滤波器幅频特性

图 3.2-22　四阶高通滤波器仿真结果

当滤波器的实际电路制作完成以后，可采用信号发生器和示波器对滤波器进行测试。对滤波器输入峰-峰值为 2V 的正弦波，高通滤波器测试结果如图 3.2-23 所示。

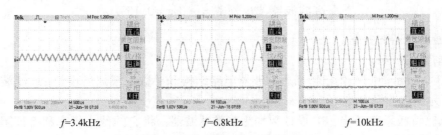

f=3.4kHz　　　　f=6.8kHz　　　　f=10kHz

图 3.2-23　高通滤波器测试结果

利用低通滤波器和高通滤波器可以将信号中不同的频率成分分离出来。假设输入信号由 1kHz 正弦信号、10kHz 正弦信号两种信号叠加而成，如图 3.2-24a 所示。将该信号同时加到例 3.2-7 设计的低通滤波器和例 3.2-8 设计的高通滤波器的输入端，其输出分别如图 3.2-24b、c 所示。

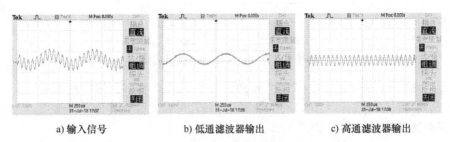

a) 输入信号   b) 低通滤波器输出   c) 高通滤波器输出

图 3.2-24　低通/高通滤波器的输入、输出信号

3.3　无源滤波器设计

　　无源滤波器一般基于 LC 网络设计，故无源滤波器也称为无源 LC 滤波器，简称 LC 滤波器。LC 滤波器在实际使用中，必然有前级电路和后级电路，其示意图如图 3.3-1 所示。图中 R_S 和 R_L 分别为源端阻抗和负载阻抗。与 RC 有源滤波器不同的是，LC 滤波器设计时，要考虑源端阻抗 R_S 和负载阻抗 R_L，也就是说，LC 滤波器的设计受 R_S 和 R_L 的制约。LC 滤波器有巴特沃思滤波器和椭圆滤

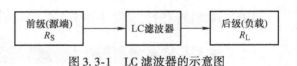

图 3.3-1　LC 滤波器的示意图

波器两种常见类型。巴特沃思 LC 滤波器由 Π 形或 T 形滤波节级联而成，椭圆形 LC 滤波器则由并联或串联的 LC 节组成。LC 滤波器主要有两种应用场合：一种是高频信号的滤波，例如，应用在 DDS 信号发生器中的低通滤波器，由于其截止频率通常是几 MHz 甚至几十 MHz，因此用有源 RC 滤波器难以实现；一种是工作电流比较大的应用场合，如 D 型功放的输出级滤波，DC/DC 开关电源中的滤波。限于篇幅，本节只介绍巴特沃思型 LC 低通滤波器的设计，椭圆形 LC 滤波器的设计请读者参阅相关书籍。

　　归一化 LC 低通滤波器的设计方法：

　　1）归一化低通滤波器设计数据，指的是特征阻抗为 1Ω，且截止频率为

$$基准滤波器截止频率 = \frac{1}{2\pi}\mathrm{Hz} = 0.159\mathrm{Hz}$$

的基准低通滤波器的数据。

　　2）选择电路结构

　　图 3.3-2 所示为归一化巴特沃思滤波器电路结构和参数。根据所设计 LC 滤波器的阶数和 R_S 是否为 0 来选择电路。

　　3）以巴特沃思归一化 LPF 设计数据为基准滤波器，将它的截止频率和特征阻抗变换为待设计滤波器的相应值。设待设计滤波器的截止频率为 f，待设计滤波器的特征阻抗为 Z，归一化滤波器的参数为 $L_{(\mathrm{OLD})}$ 和 $C_{(\mathrm{OLD})}$，待设计滤波器的参数为 $L_{(\mathrm{NEW})}$ 和 $C_{(\mathrm{NEW})}$，则

$$L_{(\mathrm{NEW})} = \frac{L_{(\mathrm{OLD})}Z}{2\pi f}, \quad C_{(\mathrm{NEW})} = \frac{C_{(\mathrm{OLD})}}{Z \times 2\pi f} \tag{3.3-1}$$

　　在 LC 滤波器的实际应用中，有两种情况，一种是 $R_S = 0$ 的情况，另一种是 $R_S \neq 0$ 的情况。当 LC 滤波器的前级电路为运放构成的电路时，R_S 可认为是 0。在本书 4.4 节将要介绍

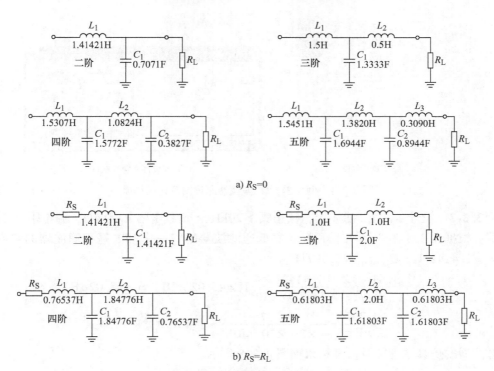

a) $R_S=0$

b) $R_S=R_L$

图 3.3-2　归一化巴特沃思低通滤波器参数

的 D 型功放中，LC 滤波器的前级电路为 MOSFET H 桥，其 R_S 就是 MOSFET 管的导通电阻，可近似认为 $R_S = 0$。图 3.3-3 给出了两种 $R_S \neq 0$ 的滤波器使用情况。图 3.3-3a 为了阻抗匹配，在运放的输出端串联一电阻 R_S；图 3.3-3b 中，R_S 用于将高速 D/A 输出的电流转化成电压，因此 R_S 不可能等于 0。

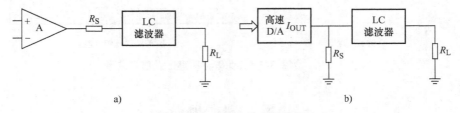

a)　　　　　　　　　　　　　　　b)

图 3.3-3　$R_S \neq 0$ 的两种情形

例 3.3-1　设计二阶 LC 滤波器，截止频率为 20kHz，负载电阻 R_L 为 4Ω，源电阻 R_S 为 4Ω。

解：根据图 3.3-2b 所示的二阶巴特沃思低通滤波器的归一化 LPF 基准滤波器的参数，$L_{1(OLD)} = 1.41421\text{H}$，$C_{1(OLD)} = 1.41421\text{F}$。

$$L_1 = \frac{1.41421Z}{2\pi f} = \frac{1.41421 \times 4}{2\pi \times 20 \times 10^3}\text{H} = 45.02 \times 10^{-6}\text{H} = 45.02\mu\text{H}$$

$$C_1 = \frac{1.41421}{Z \times 2\pi f} = \frac{1.41421}{4 \times 2\pi \times 20 \times 10^3}\text{F} = 2.81 \times 10^{-6}\text{F} = 2.81\mu\text{F}$$

滤波器的仿真原理图及仿真结果如图 3.3-4 所示。

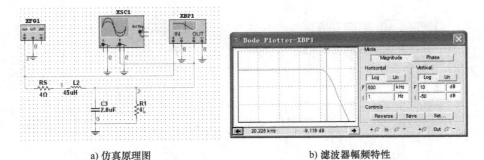

a) 仿真原理图　　　　　　　　b) 滤波器幅频特性

图 3.3-4　例 3.3-1 LC 滤波器原理图及仿真结果

例 3.3-2　设计二阶 LC 滤波器，截止频率 20kHz，负载电阻 R_L 为 4Ω，源电阻 R_S 为 0Ω。

解：根据图 3.3-2a 所示二阶巴特沃思低通滤波器的归一化 LPF 基准滤波器的参数，设 $L_{1(OLD)} = 1.41421\text{H}$，$C_{1(OLD)} = 0.7071\text{F}$。

$$L_1 = \frac{1.41421Z}{2\pi f} = \frac{1.41421 \times 4}{2\pi \times 20 \times 10^3}\text{H} = 45.02 \times 10^{-6}\text{H} = 45.02\mu\text{H}$$

$$C_1 = \frac{0.707}{Z \times 2\pi f} = \frac{0.707}{4 \times 2\pi \times 20 \times 10^3}\text{F} = 1.4 \times 10^{-6}\text{F} = 1.4\mu\text{F}$$

滤波器的仿真原理图及仿真结果如图 3.3-5 所示。

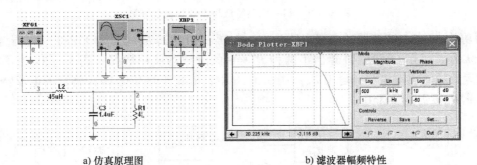

a) 仿真原理图　　　　　　　　b) 滤波器幅频特性

图 3.3-5　例 3.3-2 LC 滤波器原理图及仿真结果

思　考　题

1. 有源滤波器两种常见的拓扑结构是什么？两种滤波器各有什么特点？

2. 有源滤波器的参考电容值应如何选取？

3. 假设要求 $2f_c$ 处滤波器的衰减不小于 20dB，应选用几阶滤波器？

4. LC 滤波器和 RC 滤波器的主要区别是什么？

5. 设计截止频率 f 为 40kHz 的四阶巴特沃思 LC 低通滤波器，负载电阻 R_L 为 4Ω，源电阻 R_S 为 4Ω。

6. 设计截止频率为 40kHz 的四阶巴特沃思 LC 低通滤波器，负载电阻 R_L 为 4Ω，源电阻 R_S 为 0Ω。

第4章 模拟电子系统设计实例

4.1 常用电子元器件

在模拟电子系统设计中，除了模拟集成电路外，还需要一些分立元件。本章在介绍模拟电子系统设计之前，先介绍电阻、电容、电感、二极管、三极管等常用的电子元器件。

1. 电阻

根据制作材料不同，电阻器（简称电阻）可分为碳膜电阻、金属膜电阻、线绕电阻。根据电阻的外形，可以分为色环电阻、贴片电阻、水泥电阻、排阻等。色环电阻如图4.1-1a所示，贴片电阻如图4.1-1b所示。

水泥电阻通常是把电阻体放入方形瓷器框中，用特殊不燃性耐热水泥充填密封而成，水泥电阻的外形如图4.1-1c所示。水泥电阻具有功率高、散热性好、稳定性高的特点，主要用于大功率电路中，如用于功率放大电路的负载电阻。

a) 色环电阻　　　　　　b) 贴片电阻　　　　　　c) 水泥电阻

图4.1-1　色环电阻、贴片电阻和水泥电阻

排阻又称为网络电阻器，是将多个电阻集中封装在一起组合而成，有直插型封装和贴片式封装两种类型。常见的直插排阻如图4.1-2a所示。最常见的贴片排阻为8引脚4电阻（8P4R），如图4.1-2b所示。贴片电阻的焊盘不需要钻孔，而是直接在焊盘表面进行焊接，这样可缩小PCB的体积，提高电路稳定性。

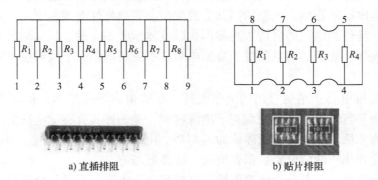

a) 直插排阻　　　　　　　　　b) 贴片排阻

图4.1-2　直插排阻和贴片排阻

可变电阻也称为电位器，有模拟电位器和数字电位器之分。模拟电位器其阻值可以连续

调节；数字电位器属于集成芯片，其阻值可以在外部脉冲作用下步进变化。图 4.1-3 所示为模拟电位器和数字电位器的实物图。

a) 3296型模拟电位器　　　b) 3362型模拟电位器　　　c) X9C102数字电位器

图 4.1-3　电位器的实物图

电阻上标注的电阻数值被称为标称电阻，如 510Ω、12kΩ、…。为了规范生产，降低成本，生产厂家并不是任意一种阻值的电阻都生产，而是按照一定的标准生产。

表 4.1-1 列出了精度为 5% 和精度为 1% 两种系列电阻的标称值。

表 4.1-1　电阻的标称值

允许偏差	标称电阻											
5%	1.0	1.1	1.2	1.3	1.5	1.6	1.8	2.0	2.2	2.4	2.7	3.0
	3.3	3.6	3.9	4.3	4.7	5.1	5.6	6.2	6.8	7.5	8.2	9.1
1%	100	102	105	107	110	113	115	118	120	121	124	127
	130	133	137	140	143	147	150	154	158	160	162	165
	169	174	178	180	182	187	191	196	200	205	210	215
	220	221	226	232	237	240	243	249	255	261	267	270
	274	280	287	294	300	301	309	316	324	330	332	340
	348	350	357	360	365	374	383	390	392	402	412	422
	430	432	442	453	464	470	475	487	499	510	511	523
	536	549	560	562	565	578	590	604	619	620	634	649
	665	680	681	698	715	732	750	768	787	806	820	825
	845	866	887	909	910	931	953	976				

电阻在低频工作时，呈现的是纯电阻特性。电阻工作在高频状态时，需要考虑电阻本身寄生电容和寄生电感的影响。电阻的高频等效模型和频率特性曲线如图 4.1-4 所示。

电阻的高频特性与电阻的材质、封装形式以及体积大小有关。从高频特性来看，金属膜电阻优于线绕电阻，表面贴装电阻优于直插电阻，小封装电阻大于大封装电阻。

2. 电容

电容器（简称电容）是最常用的电子元件。尽管电容种类繁多，但基本结构和原理是相同的，即两个平行导电极板中间填充了绝缘物质，是一种具有存储电荷能力的器件。电容的导电极板称为电极，中间的绝缘体称为电解质。电容只能通过交流电，不能通过直流电，在电子系统中主要用于滤波电路、耦合电路、振荡电路等。

电容按照介质材料，可分为电解电容、有机膜介质电容、无机膜介质电容、独石电容和空气介质电容。电容按有无极性，可分为有极性的电解电容和无极性的普通电容。

电解电容常见的有铝电解电容和钽电解电容。电解电容实物图如图 4.1-5a 所示。新出

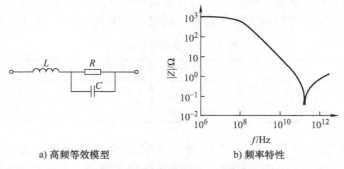

a) 高频等效模型   b) 频率特性

图 4.1-4 电阻的高频等效模型和频率特性

厂的电解电容的长脚为正极，短脚为负极，在电容的表面上还印有负极标志。电解电容在使用过程中要注意极性不能接反，否则将会出现发热甚至爆炸，图 4.1-5b 所示为爆炸损坏后的铝电解电容。

a) 铝电解电容   b) 损坏后的铝电解电容   c) 钽电容

图 4.1-5 电解电容实物图

钽电解电容简称钽电容，它是用金属钽做正极，用稀硫酸等配液做负极，用钽表面生成的氧化膜做介质制成的一种电解电容。贴片钽电容的实物图如图 4.1-5c 所示。钽电容的特点是寿命长、耐高温、高频滤波性能好，缺点是容量较小、耐压较低、价格较贵。

由于具有极性，因此电解电容一般用于直流或整流后脉动电压中滤波，以及在放大电路中作为去耦电容。

瓷介电容也称为陶瓷电容，陶瓷电容能够提供相当高的介电常数，因此体积虽小，但有相当高的电容值。陶瓷电容的电容量通常在 $10pF \sim 4.7\mu F$ 之间，额定电压在 $50 \sim 100V$ 之间，具有体积小、价格低的优点，常用于振荡、耦合、滤波电路中。陶瓷电容的实物图如图 4.1-6a 所示。

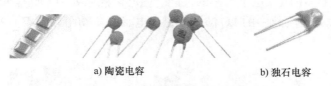

a) 陶瓷电容   b) 独石电容

图 4.1-6 陶瓷电容和独石电容

独石电容是多层陶瓷电容的别称，独石电容是以碳酸钡为主材料烧结而成的一种特殊瓷介电容。独石电容的实物图如图 4.1-6b 所示。独石电容比一般瓷介电容容量大（$10pF \sim 10\mu F$），且具有体积小、耐高温、绝缘性好、价格低的优点，因而得到广泛应用。

电容的主要参数为耐压值和标称容量。耐压值是指电容在电路中长期有效地工作而不被击穿所能承受的最大直流电压。耐压大小与介质材料有关，容量相同的电容，耐压越高，体积越大。电容上标注的电容值称为标称容量。固定电容常用的标称容量见表 4.1-2。

表 4.1-2　电容的标称值

允许偏差	标称电容											
5%	1.0	1.1	1.2	1.3	1.5	1.6	1.8	2.0	2.2	2.4	2.7	3.0
	3.3	3.6	3.9	4.3	4.7	5.1	5.6	6.2	6.8	7.5	8.2	9.1

电容的高频等效模型如图 4.1-7 所示。其中 C 为理想电容，L 为引线的寄生电感（ESL），R_1 为引线损耗等效电阻（ESR），R_2 为介质损耗电阻。在实际应用中，希望 R_2 越大越好，ESR 和 ESL 越小越好，这样才能获得更好的高频特性。

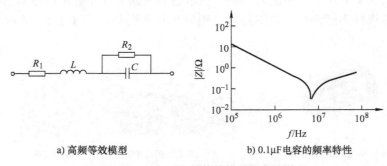

a) 高频等效模型　　　　b) 0.1μF电容的频率特性

图 4.1-7　电容的高频等效模型和频率特性

3. 电感

电感器（简称电感）是能够把电能转化为磁能而存储起来的元件。电感常见的有贴片叠层电感、色环电感、磁心电感 3 种。贴片叠层电感其外观与贴片陶瓷电容很相似，颜色为灰黑色，实物图如图 4.1-8a 所示。贴片叠层电感 Q 值低，电感量小，电感量范围为 0.01 ~ 200μH，额定电流最高为 100mA。贴片叠层电感具有磁路闭合、磁通量泄漏小、不干扰周围元器件的优点，主要应用在滤波、抗干扰电路中。

色环电感的外形与色环电阻相似，其实物图如图 4.1-8b 所示。色环电感属于小功率电感，主要用于高频电路中。

磁心电感由线圈和磁心（导磁材料）组成，通过在导磁材料上绕制导线而成。导磁材料的性能及导线的直流电阻决定了电感的性能。磁心电感主要用于储能和滤波，常用于 DC/DC 电路中的储能和 D 型功放中的 LC 滤波。磁心电感的实物图如图 4.1-8c 所示。

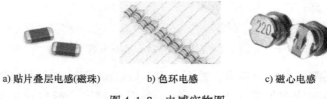

a) 贴片叠层电感(磁珠)　　　b) 色环电感　　　c) 磁心电感

图 4.1-8　电感实物图

电感和电容都属于储能元件，但实际应用中，实际电感与理想电感模型差别更大。电感不像电容那么普及，供货商也相对比较少。电感的高频等效模型如图 4.1-9a 所示。图中，L 为理想电感；R_1 是由于绕线和端子引起的串联电阻；R_2 是磁心损耗引起的等效并联电阻，它随频率、温度和电路变化；C 是绕组的固有电容，大小取决于电感的构造方法。

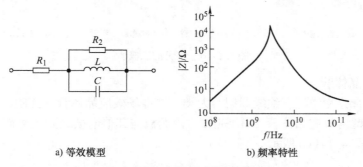

a) 等效模型　　　　　b) 频率特性

图 4.1-9　电感的高频等效模型和频率特性

4. 二极管

二极管是最常用的半导体器件之一，按用途不同，可分为整流二极管、稳压二极管、发光二极管、光电二极管等。

（1）整流二极管

整流二极管是将交流电源整流成脉动直流电的二极管。因为整流二极管正向电流较大，工艺上都采用面接触结构，由于结电容较大，因此整流二极管的工作频率一般小于 3kHz。由于整流电路通常为桥式电路，所以通常把 4 只整流二极管封装在一起构成整流桥（简称桥堆），如图 4.1-10a 所示。

（2）开关二极管

开关二极管是利用单向导电特性使其成为一个较理想的电子开关。开关二极管的特点是反向恢复时间短，能满足高频应用需要。常用的开关二极管是 1N4148，其实物图如图 4.1-10b 所示。

（3）稳压二极管

稳压二极管是利用二极管反向击穿特性来稳定直流电压的半导体器件。稳压二极管的击穿电压就是其稳压值，通常在稳压管上直接标注稳压值。常见稳压二极管的实物图如图 4.1-10c 所示。

（4）发光二极管

发光二极管是采用磷化镓、磷砷化镓等半导体材料制成。发光二极管除了具有单向导电性外，还可以将电能转化为光能。发光二极管的发光颜色主要有蓝色、绿色、黄色、红色、橙色、白色等。发光二极管的工作电压（正向电压）随着材料的不同而不同，通常在 1.7 ~ 2.5V 之间。工作电流在 2 ~ 25mA 之间，通常 5mA 即可满足亮度需要。发光二极管的实物图如图 4.1-10d 所示。

5. 晶体管

（1）双极型晶体管

双极型晶体管按极性分为 NPN 晶体管和 PNP 晶体管，按用途不同可分为大功率晶体管、小功率晶体管、低频晶体管、高频晶体管、达林顿管。晶体管的实物图如图 4.1-11a 所示。

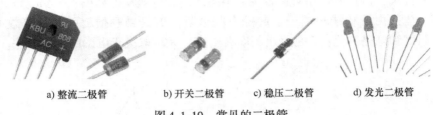

a) 整流二极管　　　b) 开关二极管　　　c) 稳压二极管　　　d) 发光二极管

图 4.1-10　常见的二极管

（2）场效应晶体管

场效应晶体管分为结型、绝缘栅型两大类。结型场效应晶体管（JFET）因有两个 PN 结而得名，绝缘栅型场效应晶体管（MOSFET）因栅极与其他电极完全绝缘而得名。场效应晶体管的实物图如图 4.1-11b 所示。

a) 双极型晶体管　　　　　　　b) 场效应晶体管

图 4.1-11　三极管的实物图

4.2　正弦信号产生电路设计

1. 设计题目

用一片 555 定时器和一片 TL082 双运放设计正弦信号产生电路，示意图如图 4.2-1 所示。实现以下功能：

1）采用 555 定时器设计多谐振荡器，产生频率为 1kHz、占空比为 50% 的方波信号 v_1。频率和占空比允许有 ±5% 误差。

2）采用运算放大器设计有源滤波器，将 v_1 转化为同频率的正弦信号 v_2，要求用示波器观测 v_2 无明显失真，峰–峰值不小于 4V，直流偏移量为 0V。

3）采用运算放大器设计移相电路，产生与正弦信号 v_2 相移 90° 的正弦信号 v_3，相位误差不大于 5°，v_3 电压峰–峰值不小于 4V。

4）±5V 电源供电。

图 4.2-1　正弦信号产生电路示意图

2. 单元电路设计

（1）多谐振荡器设计

多谐振荡器原理图如图 4.2-2a 所示。由于电路中加了二极管 VD_1 和 VD_2，电容的充电电流和放电电流经过不同的路径，即充电电流只通过 R_1，放电电流只通过 R_2，因此可得到：

$$T_1 = 0.7R_1C_1, \ T_2 = 0.7R_2C_1, \ T = 0.7(R_1 + R_2)C_1 \qquad (4.2\text{-}1)$$

$$f = \frac{1}{T} = \frac{1}{0.7(R_1 + R_2)C_1} \qquad (4.2\text{-}2)$$

$$q = \frac{T_1}{T} = \frac{R_1}{R_1 + R_2} \qquad (4.2\text{-}3)$$

令 $C_1 = 0.1\mu\text{F}$，根据式 (4.2-2) 得

$$R_1 + R_2 = 14.2\text{k}\Omega$$

上式计算的 R_1 和 R_2 的电阻值通常是偏大的，因为没有考虑二极管的导通电阻。另外，电容也存在 5% 的偏差。为了精确调节方波的频率和占空比，R_1 和 R_2 由一只 $3\text{k}\Omega$ 固定电阻、两只 $5\text{k}\Omega$ 电位器组成。RP_1 用于调节频率，RP_2 用于调节占空比。

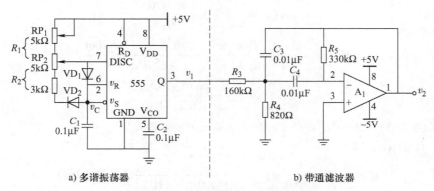

a) 多谐振荡器　　　　b) 带通滤波器

图 4.2-2　多谐振荡器和带通滤波器

（2）二阶带通滤波器设计

根据信号与系统的理论，对称方波的傅里叶级数由下式表示：

$$v(t) = \frac{V_s}{2} + \frac{2V_s}{\pi}\left(\sin\omega_0 t + \frac{1}{3}\sin 3\omega_0 t + \frac{1}{5}\sin 5\omega_0 t + \cdots\right) \qquad (4.2\text{-}4)$$

从式 (4.2-4) 可知，对称方波由直流分量、基波和奇次谐波组成。假设多谐振荡器输出方波的幅值 V_s 为 4V，则基波的峰-峰值为

$$V_{pp} = 2 \times \frac{2V_s}{\pi} = 2 \times \frac{2 \times 4.0}{\pi}\text{V} \approx 5.1\text{V}$$

通过设计一个二阶带通滤波器把式 (4.2-4) 中的基波提取出来，就可以得到与方波同频率的正弦信号。二阶带通滤波器采用多重反馈带通滤波器的电路结构，其主要指标确定为：$f_0 = 1\text{kHz}$、$Q = 10$ 和 $H_0 = 1$。

根据例 3.2-4 得到如图 4.2-2b 所示的二阶带通滤波器原理图。

（3）移相电路设计

移相电路原理图如图 4.2-3 所示。移相角度通过电位器 RP_3 调节。

移相电路传递函数推导如下：

$$v_P(s) = \frac{1}{C_5Rs + 1}v_2(s)$$

$$v_N(s) = \frac{v_3(s) - v_2(s)}{R_6 + R_7}R_6 + v_2(s) = 0.5v_3(s) + 0.5v_2(s)$$

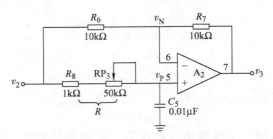

图 4.2-3　移相电路原理图

$$v_P(s) = v_N(s)$$

$$H(s) = \frac{v_3(s)}{v_2(s)} = \frac{1 - C_5 Rs}{1 + C_5 Rs}$$

$$H(j\omega) = \frac{1 - C_5 Rj\omega}{1 + C_5 Rj\omega} = \frac{(1 - C_5^2 R^2 \omega^2) - 2C_5 R\omega j}{1 + C_5^2 R^2 \omega^2}$$

$$\varphi = \tan^{-1}\left(\frac{2\omega R C_5}{\omega^2 R^2 C_5^2 - 1}\right) \tag{4.2-5}$$

根据式(4.2-5)，当 $\omega^2 R^2 C_5^2 - 1 = 0$ 时，移相角 $\varphi = 90°$。

取 $C_5 = 0.01\mu F$，则

$$R = \frac{1}{\omega C_5} = \frac{1}{2\pi f C_5} = \frac{1}{2\pi \times 10^3 \times 0.01 \times 10^{-6}}\Omega \approx 15.92k\Omega$$

调节 RP_3 使 R 的值为 $15.92k\Omega$，v_2 和 v_3 之间的移相角为 $90°$。

移相电路的仿真电路及仿真结果如图 4.2-4 所示。

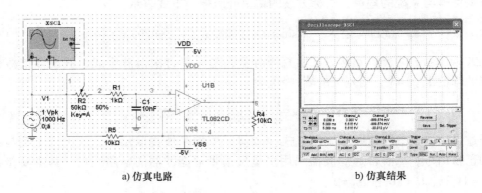

<table>
<tr><td>a) 仿真电路</td><td>b) 仿真结果</td></tr>
</table>

图 4.2-4　移相电路的仿真电路及仿真结果

3. 电路调试

图 4.2-5 所示为采用通用 PCB 焊接的正弦信号产生电路。将电路加上 ±5V 电源，用示波器观察 v_1、v_2、v_3 各点波形。v_1 和 v_2 的实测波形如图 4.2-6 所示。

移相电路的实测波形如图 4.2-7 所示。通过调节图 4.2-3 中的 RP_3，移相电路的相移可以在 $0° \sim 180°$ 之间调节。

图 4.2-5   正弦信号产生电路实物图

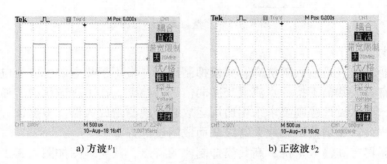

a) 方波 v_1 b) 正弦波 v_2

图 4.2-6 v_1 和 v_2 的实测波形

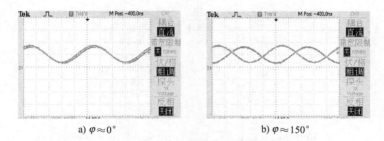

a) $\varphi \approx 0°$ b) $\varphi \approx 150°$

图 4.2-7   移相电路实测波形

4.3   测量放大器设计

1. 设计题目

用通用运算放大器设计并制作一个测量放大器，示意图如图 4.3-1 所示。输入信号 v_I 取自桥式电路的输出。当电阻桥 4 个电阻相等时，$v_I = 0$。R_x 改变时，产生 $v_I \neq 0$ 的电压信号。测量电路与放大器之间有 1m 长的连接线。设计要求如下：

1）差模电压放大倍数 $A_{vd} = 5 \sim 200$，可手动调节。

2）最大输出电压为 $\pm 3.5V$。

3）在输入共模电压 $-3.5 \sim +3.5 \text{V}$ 范围内，共模抑制比 $K_{\text{CMR}} > 10^5$。

4）在 $A_{\text{vd}} = 200$ 时，输出端噪声电压的峰–峰值小于 0.1V。

5）在 $A_{\text{vd}} = 200$ 时，通频带为 $0 \sim 10 \text{Hz}$。

6）测量放大器的差模输入电阻 $\geqslant 2 \text{M}\Omega$（可不测试，由电路设计予以保证）。

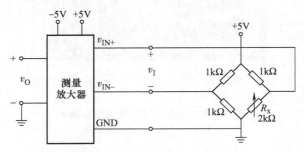

图 4.3-1　测量放大器示意图

2. 电路设计

测量放大器的特点是输入阻抗高、共模抑制比高，常用于热电偶、应变电桥、生物电测量以及其他具有较大共模干扰的直流缓变微弱信号的检测。在工程应用中，通常采用单片集成测量放大器，而本设计题则要求采用通用运放来实现测量放大器。根据设计要求，测量放大器采用仪表放大器和增益可调放大器级联而成的设计方案。

仪表放大器具有高输入阻抗、高共模抑制比的特点，其原理图如图 4.3-2 所示。

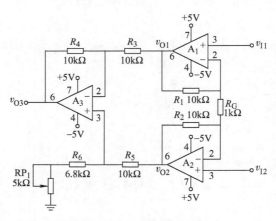

图 4.3-2　仪表放大器原理图

不难证明，图 4.3-2 所示仪表放大器的闭环增益和共模抑制比分别为

$$A_{\text{v1}} = \frac{v_{\text{O3}}}{v_{\text{I1}} - v_{\text{I2}}} = -\frac{R_4}{R_3}\left(1 + \frac{2R_1}{R_\text{G}}\right) \qquad K_{\text{CMR}} \approx A_{\text{C12}}K_{\text{CMR3}} \qquad (4.3\text{-}1)$$

式中，A_{C12} 为 A_1 和 A_2 组成的前置级的理想闭环增益；K_{CMR3} 为由 A_3 组成的基本差分放大电路的共模抑制比。通过调节 RP_1 来提高电阻匹配精度，从而提高 K_{CMR3}。为了提高输入电压范围，仪表放大器的增益不宜太大。综合考虑测量放大器技术指标，仪表放大器的增益设为 20 倍左右比较合适。

第 2 级电路采用 A_4 构成的增益可调反相放大器，其增益可在 0 ~-11 范围内调节。测量放大器的总体原理图如图 4.3-3 所示。$A_1 \sim A_4$ 采用通用运放 OP07，R_0 和 C 构成低通滤波电路，用于滤除输入信号的噪声。由于 v_{I1} 和 v_{I2} 连到运放的同相输入端，保证测量放大器的差模输入电阻 ≥2MΩ。

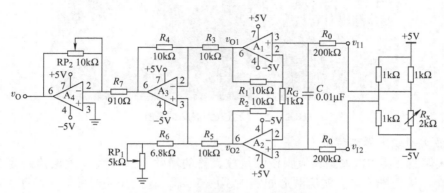

图 4.3-3　测量放大器的总体原理图

3. 电路焊接和测试

测量放大器采用通用元器件，可以采用通用 PCB 焊接。焊接时，首先要确定元器件的排布，然后用 0.5mm 的硬芯线连接。运放的电源输入端应加 0.1μF 的去耦电容。连接导线长短适宜。测量放大器焊接后的实物图如图 4.3-4 所示。

图 4.3-4　测量放大器实物图

测量放大器测试系统如图 4.3-5 所示。为了方便调试，用一只电阻箱代替电阻桥的 R_x，用 6 位半的台式万用表测量输入、输出电压。用 DDS 信号发生器提供低频的正弦信号，用示波器观测放大器的输出波形。

具体调试步骤如下：

（1）测量放大器调零

将图 4.3-3 中 v_{I1} 和 v_{I2} 两个输入端短接，使差模输入电压等于 0V。用万用表直流档测量 v_O 输出，调节 RP_1，使 v_O 接近 0V。

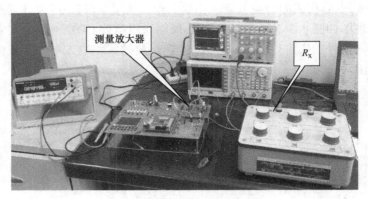

图 4.3-5　测量放大器测试系统

（2）放大器输出噪声测试

将输入短路，将 RP_2 调到最大，使测量放大器的增益达到最大（理论值约为 220），用示波器测量 v_O 输出端噪声，实测波形如图 4.3-6a 所示。输入短路时的噪声小于 100mV，达到了设计要求 4）的指标。

（3）放大器增益测试

v_{I1} 和 v_{I2} 两个输入端与电阻桥连接，改变 R_x 就可以改变输入电压。通过调节 RP_2，将测量放大器增益分别设为 200 和 5，测试结果分别见表 4.3-1 和表 4.3-2。从测量的数据可以看到，测量放大器增益的非线性误差小于 0.5%；测量放大器的最大输出电压大于 ±3.5V。测试结果表明，测量放大器达到了设计要求 1）和 2）的指标。

表 4.3-1　增益约为 200 时的测试结果

$v_{I1}-v_{I2}$/mV	− 11.4	− 8.88	− 3.08	1.060	6.00	13.38	15.83
V_O/V	− 2.282	− 1.781	− 0.617	0.213	1.203	2.681	3.170
增益	200.2	200.6	200.3	200.9	200.5	200.4	200.3

表 4.3-2　增益约为 5 时的测试结果

$v_{I1}-v_{I2}$/V	− 0.691	− 0.448	− 0.00882	0.01575	0.334	0.579	0.714
V_O/V	− 3.538	− 2.296	− 0.0442	0.08184	1.715	2.972	3.661
增益	5.12	5.13	5.01	5.20	5.13	5.13	5.13

（4）共模抑制比测试

用一个 10kΩ 电位器，两端分别接 +5V 和 −5V 电源，中间抽头输出 −5 ~ +5V 可调电压。将测量放大器的增益调到最大，将 v_{I1} 和 v_{I2} 短接，加 −3.5 ~ +3.5V 电压。用万用表测量输出电压，输出电压小于 5mV，共模增益小于 1.43×10^{-3}。当差模增益大于 150 时放大器的共模抑制比 $K_{CMR} > 10^5$，达到了设计要求 3）的指标。

（5）带宽测试

将测量放大器的增益调到最大，将 v_{I1} 输入峰−峰值为 40mV 的正弦信号，v_2 与信号发生器的地连接。正弦信号频率从 20Hz 增加，当频率升到 50Hz 时，输出信号幅值降到频率为 20Hz 时的 0.707 倍，可见，测量放大器的带宽约为 50Hz。测试波形如图 4.3-6b、c 所示。

测试结果表明，测量放大器达到了设计要求 5）的指标。

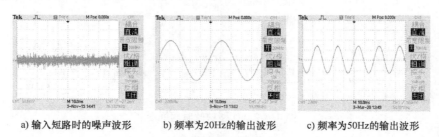

| a) 输入短路时的噪声波形 | b) 频率为20Hz的输出波形 | c) 频率为50Hz的输出波形 |

图 4.3-6　测量放大器输出波形

测量放大器属于一个高精度的模拟电子系统。虽然通过测试，上述测量放大器达到了设计题目要求的指标。需要指出的是，如果要进一步提高测量放大器的技术指标，则设计调试难度将显著增加。测量放大器的关键指标是共模抑制比，主要取决于由 A_3 构成的基本差分放大电路。A_3 采用更加精密的运放（如 OPA177 代替 OP07），RP_1 选用高质量的精密电位器，将有助于提高测量放大器的共模抑制比。

4.4　D 型功放的设计

1. 设计题目

制作功率放大电路，示意图如图 4.4-1 所示。设计要求如下：

1）当输入正弦信号 v_i 电压有效值为 100mV、功率放大器接 8Ω 电阻负载时，要求输出功率≥10W，输出电压波形无明显失真。

2）功率放大电路的 −3dB 通频带为 200Hz～20kHz。

3）末级功放管采用分立的大功率 MOS 晶体管。

4）功率放大电路输出最大功率时，效率≥80%。

5）采用 +24V 单电源供电。

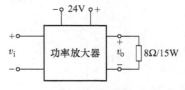

图 4.4-1　功率放大电路示意图

2. 方案设计

功率放大电路（以下简称功放）与普通的电压放大电路相比，有几个特殊之处，一是要求输出功率尽量大，二是效率尽可能高，三是非线性失真要小。目前，功率放大电路分为模拟功放和 D 型功放两大类。模拟功放又分为 A 类、B 类和 AB 类 3 种，其特点是晶体管工作在线性状态，保真度较高，多应用于一些高保真的音响系统里。模拟功放的缺点是效率低、能量消耗大、散热要求高。A 类功放的效率通常在 50% 以下，B 类或 AB 类功放的效率也在 75% 以下。D 型功放中的晶体管工作在开关状态，具有效率高、体积小、重量轻、输出功率大的特点，近几年得到了迅速的发展。由于本设计题要求功率放大器的效率达到 80% 以上，所以选用 D 型功放才能满足设计要求。

D 型功放的原理框图如图 4.4-2 所示。输入信号 v_i 经过放大后与三角波比较产生 PWM 信号。模拟信号的全部信息被调制在 PWM 信号中。MOSFET H 桥在 PWM 信号控制下，功率管工作在饱和、截止两种状态，实现了功率放大。由于功率管工作在开关状态，自身功率消耗极低，从而使 D 型功放获得了很高的效率。H 桥输出的信号经过 LC 滤波后恢复成模拟信号，驱动扬声器。

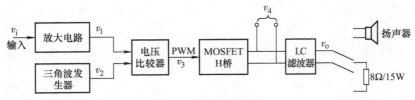

图 4.4-2　D 型功放原理框图

D 型功放各点工作波形如图 4.4-3 所示。

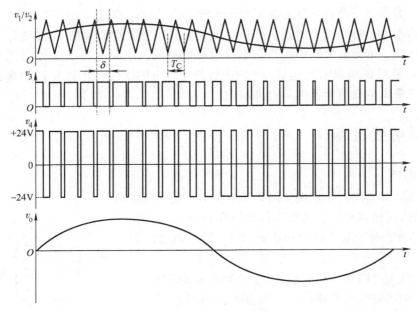

图 4.4-3　D 型功放工作波形

　　把时间连续的正弦信号转化成时间离散的 PWM 信号实际上是一个采样的过程，这个过程也称为调制。三角波的频率 f 是 D 型功放最重要的一个参数。根据采样定理，f 至少应该是输入信号最高频率的两倍，即 40kHz。但在工程实际中，为了保证 D 型功放输出信号的质量，f 的值应尽量取得大一些。从有关 D 型功放的文献资料可知，f 通常取 300kHz。但是，若 f 的值取得太大，将增加 H 桥开关的损耗，降低 D 型功放的效率，同时也增加电路实现的难度。综合考虑，将三角波频率 f 设为 150kHz 比较适宜。

　　PWM 信号的脉冲宽度 δ 与正弦信号的幅度成线性变化，即

$$\delta = \frac{T_C}{2}(1 + A\sin\omega t) \qquad (4.4\text{-}1)$$

式中，T_C 为三角波两个峰值之间的采样周期；ω 为正弦波的角频率；A 为调制度，即正弦波幅度与三角波幅度的比值。

　　在 D 型功放负载确定的前提下，最大输出功率取决于 H 桥的电源电压。H 桥的电压越高，最大输出功率越大。电源电压越高，功率管的导通压降越小，D 型功放的输出效率越

高。从图 4.4-3 的工作波形可知，由于 D 型功放采用 24V 电源，H 桥输出电压 v_4 的峰–峰值可达 48V，充分利用了电源电压，有效地提高了输出功率。H 桥开关管的选择也非常重要，对开关管的要求是高速、低导通电阻、低损耗。由于 MOSFET 管具有驱动电流小、低导通电阻及良好的开关特性的优点，因此有利于提高 D 型功放的效率，减小输出信号的失真。

图 4.4-2 所示原理框图中的各部分电路功能清晰，易于用通用集成电路和常用分立元件实现。D 型功放设计的主要任务是合理地选择元器件和计算元器件参数。

3. 电路设计

从图 4.4-2 所示原理框图可知，D 型功放由放大电路、三角波发生器、电压比较器、MOSFET H 桥、LC 滤波器和电源电路几部分组成。各部分的电路设计如下。

（1）放大电路设计

放大电路由两级交流反相放大器组成，其原理图如图 4.4-4 所示。第一级放大器增益为 -1，第二级放大器增益为 $-\mathrm{RP}_1/R_3$。C_2 用于消除输入信号中的高频噪声。C_1 和 C_3 为隔直电容，其值应根据 D 型功放的下限频率来确定，即

$$C_1 = \frac{1}{2\pi R_1 f_{\mathrm{L}}} = \frac{1}{2\pi \times 10 \times 10^3 \times 200}\mathrm{F} \approx 0.08 \times 10^{-6}\mathrm{F} = 0.08\,\mu\mathrm{F}$$

$$C_3 = \frac{1}{2\pi R_3 f_{\mathrm{L}}} = \frac{1}{2\pi \times 1 \times 10^3 \times 200}\mathrm{F} \approx 0.8 \times 10^{-6}\mathrm{F} = 0.8\,\mu\mathrm{F}$$

C_1 和 C_3 分别取标称值 $0.1\,\mu\mathrm{F}$ 和 $1\,\mu\mathrm{F}$。

U1A 和 U1B 选用宽带运放 MAX4016。由于采用单电源供电，所以 U1A 和 U1B 的同相输入端加了 $V_{\mathrm{CC}}/2 = 2.5\mathrm{V}$ 的偏置电压。

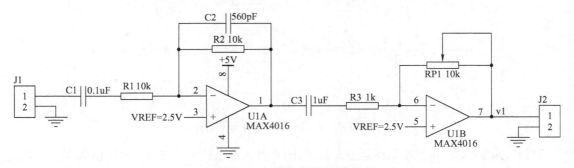

图 4.4-4　放大电路原理图

（2）三角波产生电路设计

三角波产生电路原理图如图 4.4-5 所示。运放 U2A 组成同相迟滞比较器，运放 U2B 构成积分器。由于运放采用单电源供电，U2A 的反相输入端和 U2B 的同相输入端加 2.5V 的偏置电压。

U2A 的输出 v_{20} 为方波信号，由于 MAX4016 为轨对轨输出运放，因此 v_{20} 的低电平为 0V、高电平为 5V。v_{20} 经过 U2B 构成的积分电路以后得到三角波 v_2。v_{20} 和 v_2 的时序关系如图 4.4-6 所示。

三角波 v_2 的峰–峰值为迟滞电压比较器阈值电压 $V_{\mathrm{T}+}$ 和 $V_{\mathrm{T}-}$ 的差。$V_{\mathrm{T}+}$ 和 $V_{\mathrm{T}-}$ 的计算公式分析如下。

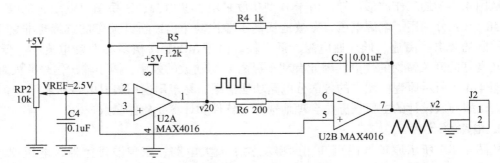

图 4.4-5　三角波产生电路

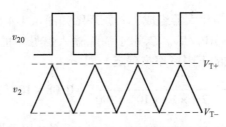

图 4.4-6　v_{20} 和 v_2 的时序关系

当 v_{20} 为 0V 时，v_2 增加到使运放 U2A 的同相输入端电压 v_1' 等于 2.5V 时的值为 V_{T+}。迟滞比较器等效电路如图 4.2-7a 所示。根据图 4.4-7a 所示电路，可得下式：

$$\frac{V_{T+} - 0V}{R_4 + R_5} R_5 = 2.5V, \quad V_{T+} = 2.5V \times \left(1 + \frac{R_4}{R_5}\right)$$

<table>
<tr><td>$V_{T+} \circ$</td><td>R_4</td><td>v_1'</td><td>R_5</td><td>$\circ$0V</td></tr>
</table>

a)

<table>
<tr><td>$V_{T-} \circ$</td><td>R_4</td><td>v_1'</td><td>R_5</td><td>$\circ$5V</td></tr>
</table>

b)

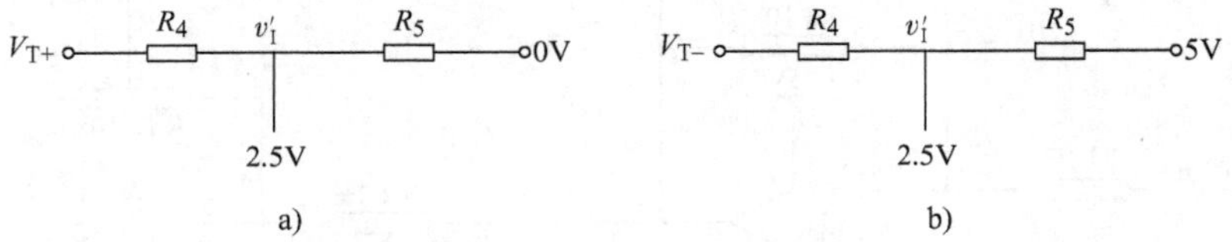

图 4.4-7　迟滞电压比较器等效电路

当 v_{20} 为 5V 时，v_2 减小到使运放 U2A 的同相输入端电压 v_1' 为 2.5V 时的值为 V_{T-}。等效电路如图 4.4-7b 所示。根据图 4.4-7b 所示电路，可得下式：

$$\frac{V_{T-} - 5V}{R_4 + R_5} \times R_5 + 5V = 2.5V, \quad V_{T-} = 2.5V \times \left(1 - \frac{R_4}{R_5}\right)$$

三角波 v_2 的峰–峰值为

$$v_{2pp} = V_{T+} - V_{T-} = \frac{R_4}{R_5} \times 5V \tag{4.4-2}$$

将 v_2 峰–峰值设为 4V 比较合适，根据式(4.4-2)，当 R_4 取值 1kΩ、R_5 取值 1.2kΩ 时，v_2 峰–峰值为

$$v_{2pp} = \frac{R_4}{R_5} \times 5V = \frac{1}{1.2} \times 5V \approx 4.167V$$

三角波的周期为积分电路充电和放电时间之和，即

$$T = T_1 + T_2 = \frac{C_5 v_{2\text{pp}}}{i_1} + \frac{C_5 v_{2\text{pp}}}{i_2} = \left(\frac{R_6}{5-2.5} + \frac{R_6}{2.5}\right) C_5 v_{2\text{pp}} = \frac{4 C_5 R_4 R_6}{R_5}$$

三角波的频率计算公式

$$f = \frac{1}{T} \approx \frac{R_5}{4 R_4 R_6 C_5} \tag{4.4-3}$$

根据设计方案，三角波的频率 f 设为 150kHz，取 $C_5 = 0.01\mu\text{F}$，根据式(4.4-3) 得

$$R_6 = \frac{R_5}{4 f C_5 R_4} = \frac{1.2 \times 10^3}{4 \times 150 \times 10^3 \times 0.01 \times 10^{-6} \times 1 \times 10^3} \Omega \approx 200\Omega$$

（3）电压比较器电路设计

电压比较器采用集成电压比较器 LM311，其原理图如图 4.4-8 所示。LM311 为集电极开路（OC）输出的电压比较器，输出端需要接上拉电阻 R_9，为了改善 PWM 信号的上升沿，R_9 的阻值不宜取得太大。

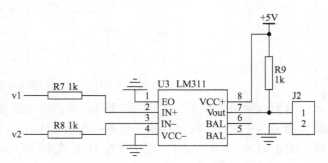

图 4.4-8　电压比较器原理图

（4）MOSFET H 桥设计

MOSFET 构成的 H 桥原理图如图 4.4-9 所示。IR2011 是专用的栅极驱动芯片，一片 IR2011 能驱动两只 MOS 管构成的半桥。U5 控制 Q1 和 Q2 两只管子，U6 控制 Q3 和 Q4。从 J1 输入的 PWM 信号经过反相器（U4）产生两路互补的 PWM 信号 v_3 和 v_4，确保两个半桥工作在互补状态。IR2011 的电源电压范围为 10～20V，这里采用 +11V 的电源。H 桥的高侧电源最高可以达到 200V，这里根据题目要求采用 +24V 电源。

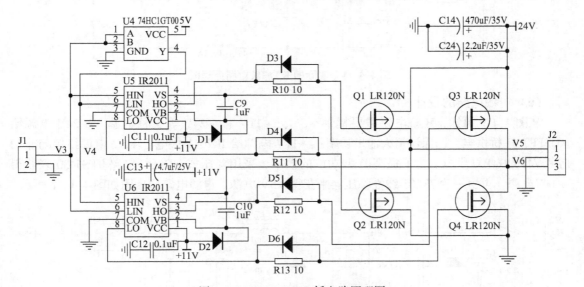

图 4.4-9　MOSFET H 桥电路原理图

（5）LC 滤波电路设计

输出滤波器选择二阶巴特沃思 LC 低通滤波器，其原理图如图 4.4-10 所示。根据设计要

求，LC 滤波器的截止频率为 20kHz。把 H 桥看成 LC 滤波器的源端，由于 H 桥 MOSFET 管的导通电阻很小，因此源电阻 R_S 可近似为 0Ω。由于扬声器采用差分驱动，扬声器的电阻一半为 LC 滤波器的负载电阻，即 R_L 为 4Ω。直接引用例 3.3-2 的设计结果，$L_1 = L_2 = 45\mu\text{H}$，$C_1 = C_2 = 1.4\mu\text{F}$。

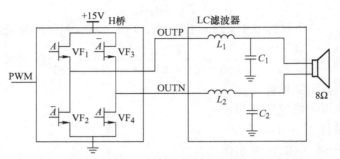

图 4.4-10　LC 滤波电路与 H 桥的连接

为了消除高频噪声，实际的全桥 LC 滤波器如图 4.4-11 所示。由两级滤波器构成：滤波器 A 由 $L_3 + L_4$ 和 C_{17} 构成，截止频率一般在 10MHz，用于 EMI 滤波；滤波器 B 由 L_1 和 C_{19} 构成，截止频率 20kHz 左右，用于滤除 H 桥输出信号中高于 20kHz 的频率成分。

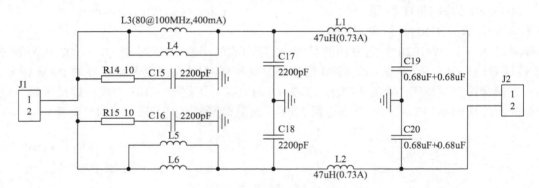

图 4.4-11　实际的 LC 滤波电路原理图

（6）电源电路的设计

从图 4.4-9 可知，H 桥电路需要提供 +5V、+11V 和 +24V 等 3 种电源。+24V 电源给 MOSFET H 桥供电，以保证最大输出功率；+11V 电源给 IR2011 供电；+5V 电源给单与非门芯片 74HC1GT00 供电。为了提高 D 型功放的效率，采用降压式 DC/DC 电路 TPS5430 来获得 +11V 电源，再由一片 78L05 线性稳压器来获得 +5V 电源。电源电路原理图如图 4.4-12 所示。

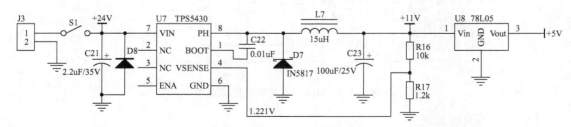

图 4.4-12　电源电路原理图

D 型功放总体原理图如图 4.4-13 所示。

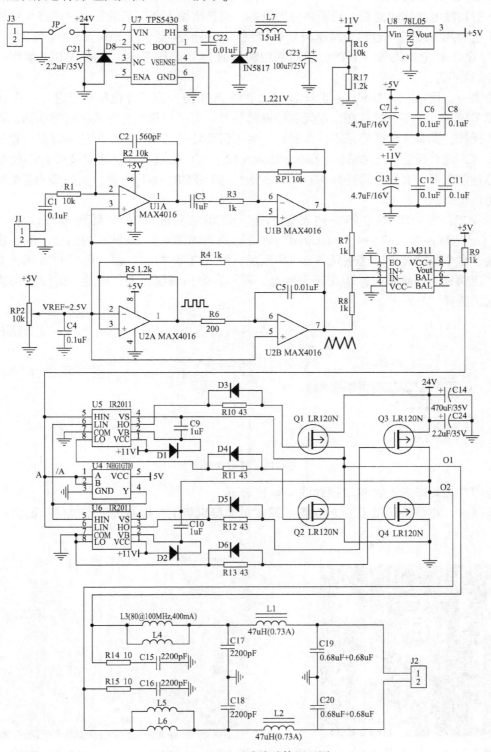

图 4.4-13　D 型功放总体原理图

4. D 型功放的制作

D 型功放电路比较复杂，元器件种类较多，而且市场上能买到的元器件很多是贴片封装的，不适宜用万用板（也称为洞洞板）焊接制作。一般需要借助 EDA 软件（如 Altium Designer）设计 D 型功放的 PCB 图，然后利用简易的 PCB 制作设备，完成 PCB 的制作。基本步骤介绍如下：

步骤一：用 Altium Designer 设计 D 型功放的 PCB 图。为了简化制作工艺，一般将 PCB 设计成单面板，对部分连线在顶层无法接通的情况，可采用跳线的方式将线路连通。除了电位器、插针，其余元器件都采用贴片封装。对于需要钻孔的焊盘，尽可能将焊盘的直径设置得大一些，通常设为 $70\sim80\mathrm{mil}$（$1\mathrm{mil}=25.4\times10^{-6}\mathrm{m}$）比较适宜。跳线的焊盘不能放置在集成芯片的底部；有些元器件如 TO-252 封装的 MOSFET、贴片电感，其底部不能敷设地平面，防止短路。

步骤二：将 PCB 图打印在热转印纸上。打印之前应对打印页面进行设置。单击"File"→"Page Setup"→"Advanced"命令，进入如图 4.4-14 所示的页面。PCB 设计图中包含了多个层的文件，这里只需要打印顶层，所以选择"Top"层。由于 PCB 图不是直接打印在覆铜板上，而是先打印在转印纸上，再热转印到覆铜板上，因此，需要采用镜像打印，这里选择"Mirror"。

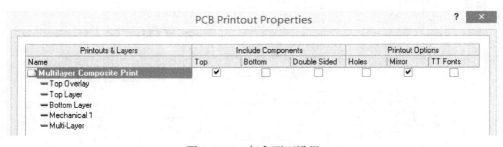

图 4.4-14 打印页面设置

打印在热转印纸上的 PCB 图如图 4.4-15 所示。

步骤三：将热转印纸上的 PCB 图紧贴在单面覆铜板上，用高温胶带绑住，如图 4.4-16 所示。

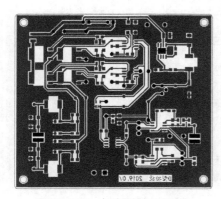

图 4.4-15 打印后的 PCB 图

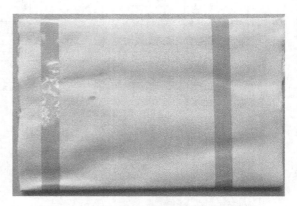

图 4.4-16 被热转印纸包裹的单面覆铜板

步骤四：用热转印机将热转印纸上的 PCB 图转印到单面覆铜板上。图 4.4-17 所示为热转印机的操作，热转印机的温度应升到 170℃左右。

步骤五：用刻蚀机去掉多余的覆铜，如图 4.4-18 所示。刻蚀机里面的溶液由环保刻蚀剂加水搅拌而成。通过加热棒将水温加到 55℃左右，经过约 20min 的时间就可以刻蚀完成，然后用去碳粉剂去除覆铜表面的碳粉。刻蚀液可以使用多次，失效后的刻蚀废液虽无毒但含有铜，如果不加处理直接排放，会对环境造成污染，因此应用烧碱或石灰等碱性物质处理后再丢弃，或者按照实验室的规定排放废液。

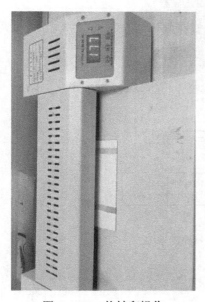

图 4.4-17　热转印操作

图 4.4-18　刻蚀机工作

步骤六：焊盘钻孔。用微型钻床在直插件的焊盘上钻一个直径 0.5mm 左右的孔。

步骤七：电路焊接和调试。焊接和调试可以结合起来，如为了避免电源电路工作不正常对其他电路的影响，可以在电路板上先焊接电源部分电路，等电源电路测试正常后，再焊接其余电路。完成焊接后的 D 型功放实物图如图 4.4-19 所示。需要指出的是，为了给出每个元器件的标识符，图 4.4-19 中的 D 型功放并没有采用自行制作的 PCB，而是采用由 PCB 生产厂家制作的 PCB。

5. D 型功放的测试

测试原理框图如图 4.4-20 所示。测试步骤如下：

步骤一：电源电路测试，用万用表直流档测量 +11V 和 +5V 电压。

步骤二：从信号发生器输出频率 1kHz、峰-峰值为 0.5V 的正弦信号作为 v_i，加到 D 型功放的输入端。调节 RP_1 使 v_1 的峰-峰值达到 2V 左右。用示波器观测 $v_1 \sim v_4$ 的波形，实测波形如图 4.4-21 所示。由于 H 桥的信号是双端输出，用示波器测试 v_4 波形时，示波器的探头地与 D 型功放的地连在一起，然后观测 H 桥其中一端输出。从图 4.4-21c 所示的实测波形可以看到，脉冲信号的峰值达到 24V 左右，可见 MOSFET 管的导通压降是很小的。

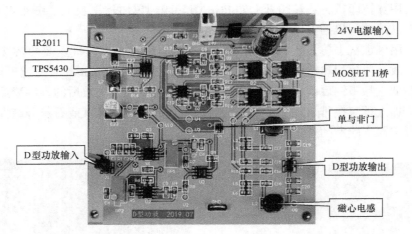

图 4.4-19　制作完成的 D 型功放（尺寸：93mm×85mm）

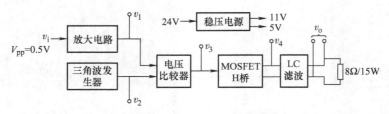

图 4.4-20　D 型功放测试原理框图

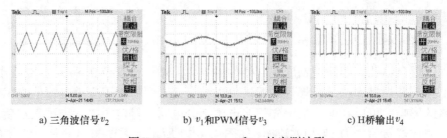

a) 三角波信号 v_2　　　　b) v_1 和 PWM 信号 v_3　　　　c) H 桥输出 v_4

图 4.4-21　v_1、v_2、v_3 和 v_4 的实测波形

步骤三：正弦信号 v_i 的频率从 300Hz 到 20kHz 变化。用示波器的探头地与负载电阻一端相连，示波器的探头与负载电阻的另一端相连来观察 v_o 波形，实测波形如图 4.4-22 所示。从测试波形可以看到，当输入信号的频率为 20kHz 时，输出信号的幅值降到通带幅值的 0.7 倍左右，说明 D 型功放的实际带宽达到 20kHz。

步骤四：测量最大输出功率和效率。逐渐增加 v_i 的幅值，用示波器观察负载电阻的输出信号，测得最大不失真输出信号的峰值 V_{om} 为 13V，由下式计算最大输出功率：

$$P_o = \frac{V_{om}^2}{2R_L} = \frac{13^2}{2 \times 8}W \approx 10.56W$$

用万用表直流电流档测量 24V 电源电流，测得 $I_{CC} = 0.54A$。电源的功耗

$$P_V = I_{CC}V_{CC} = 0.54 \times 24W = 12.96W$$

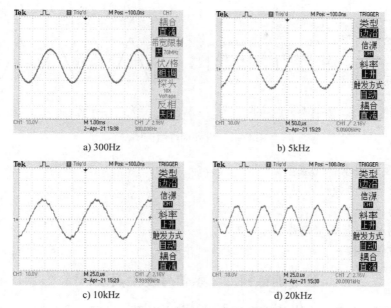

a) 300Hz b) 5kHz

c) 10kHz d) 20kHz

图 4.4-22 D 型功放输出波形

效率为

$$\eta = \frac{P_o}{P_V} \times 100\% = \frac{10.56}{15.04} \times 100\% = 81.5\%$$

测试表明，D 型功放的各项指标达到了设计要求。

思 考 题

1. 功率放大器可分为哪些类型？D 型功放有什么特点？
2. 如何测量 D 型功放的效率？
3. 如何选择 LC 滤波器中的电感？

设计训练题

设计训练题一 单电源运放应用电路设计

使用两片双运放芯片 TLC272 组成运放应用电路，框图如图 P4-1a 所示。实现下述功能：

1）设计振荡器产生图 P4-1b 所示的三角波信号 v_2，v_2 的峰-峰值为 4V，$f = 2$kHz。

2）使用信号发生器产生 $v_1 = 0.3\sin1000\pi t$ V 的正弦波信号，通过加法器实现输出电压 $v_3 = 10v_1 + v_2$。

3）v_3 经滤波器滤除 v_2 频率分量，选出 500Hz 正弦信号，要求正弦信号峰-峰值等于 12V，用示波器观测波形失真尽量小。

4）电源只能采用 +15V 单电源。要求预留 v_1、v_2、v_3、v_4 的测试端口。

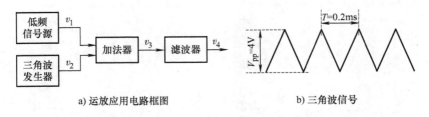

a) 运放应用电路框图　　　　　　　b) 三角波信号

图 P4-1　设计训练题一图

根据上述设计要求，完成：

1）电路设计和参数计算。

2）电路仿真。

3）在通用 PCB 上焊接电路。

4）用示波器观察 v_1、v_2、v_3、v_4 的波形，并记录。

设计训练题二　多信号发生器设计

使用一片 LM324AD、一片 SN74LS00D 以及若干电阻、电容，设计制作一个四路信号发生器，示意图如图 P4-2 所示。

设计任务及指标要求：

1）频率为 19～21kHz 连续可调的方波信号 v_{o1}，幅度不小于 3.2V。

2）与方波同频率的正弦信号 v_{o3}，输出电压失真度不大于 5%，峰–峰值 V_{pp} 不小于 1V。

3）与方波同频率、占空比 5%～15% 连续可调的窄脉冲信号 v_{o2}，幅度不小于 3.2V。

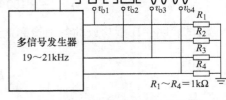

图 P4-2　多信号发生器示意图

4）与正弦波正交的余弦信号 v_{o4}，相位误差不大于 5°，输出电压峰–峰值 V_{pp} 不小于 1V。

5）完成设计报告。设计报告应给出设计方案、详细电路图、参数计算。

6）制作调试电路。将测量结果填入表 P4-1。占空比 D、失真度 K 和相位差 φ 均在频率 20kHz 时测。失真度可采用数字示波器频谱分析功能，用最大谐波幅度与基波幅度之比的平方近似获得。

表 P4-1　多信号发生器测试记录

序号	测试项目	波形记录	参数记录
1	方波		f_{min} =　　　kHz f_{max} =　　　kHz V_H =　　　V V_L =　　　V

（续）

序号	测试项目	波形记录	参数记录
2	正弦波	v_{o3}/V 波形，纵轴 V_m、$-V_m$，横轴 t/ms，刻度 O、$T/2$、T、$3T/2$、$2T$	$f_{min} =$ 　kHz $f_{max} =$ 　kHz $K =$ 　% $V_{pp} =$ 　V
3	窄脉冲	v_{o2}/V 波形，纵轴 V_H、V_L，横轴 t/ms，刻度 O、$T/2$、T、$3T/2$、$2T$	$f_{min} =$ 　kHz $f_{max} =$ 　kHz $D_{min} =$ 　% $D_{max} =$ 　% $V_H =$ 　V $V_L =$ 　V
4	余弦波	v_{o4}/V 波形，纵轴 V_m、$-V_m$，横轴 t/ms，刻度 O、$T/2$、T、$3T/2$、$2T$	$f_{min} =$ 　kHz $f_{max} =$ 　kHz $\varphi =$ 　 $V_{pp} =$ 　V

第 5 章　单片机电子系统设计

5.1　概述

单片机又称为单片微控制器，是电子系统的核心。单片机系统的基本组成如图 5.1-1 所示。

图 5.1-1　单片机系统的基本组成

单片机的主要技术指标：①指令集，是复杂指令集 CISC 还是精简指令集 RISC；②总线，是单总线（普林斯顿结构）还是多总线（哈佛结构）；③数据总线位宽；④寻址空间；⑤最高系统时钟频率；⑥片内外设；⑦I/O 引脚数量。

由于单片机应用范围十分广泛，因此世界上各大半导体厂商都推出了富有特色的单片机系列，同一系列又包含多个型号。丰富的单片机品种使设计者总能找到最合适的单片机，使得所设计的系统在满足性能的前提下所需要扩展的外围元器件最少，从而达到小型化、高性价比。以下列出了 3 种主流的单片机系列。

1. Cortex–M4 内核的 STM32 系列单片机

STM32 系列单片机是意法半导体（ST Microelectronics）生产的 32 位单片机，其应用范围包括：LED 和普通照明、交通运输、医疗保健、多媒体融合、家电和电动工具、楼宇自动化技术电动机控制、电源和功率转换器、能源和智能电网、自动化、计算机与通信基础设施。STM32 系列单片机包含多种型号，其中 STM32F407 单片机就是该系列单片机的典型芯片，其引脚排列如图 5.1-2 所示。STM32F407 单片机的主要片内资源及特点如下：

1）采用先进的 Cortex–M4 内核。带 32 位单精度硬件 FPU（Floating Point Unit），支持浮点指令集，支持 DSP 指令，可实现高效的信号处理和复杂的算法。

2）内含自适应实时存储器加速器（ART 加速器）。ART 加速器通过预取指令和分支缓存，在运行频率达到 168MHz 时，CPU 无须等待闪存，提高了系统的总体速度和能效。

3）丰富的资源。片内含有 192KB SRAM、512KB FlashROM、带摄像头接口（DCMI）、全速 USB OTG、真随机数发生器 RNG、3 个 12 位 ADC（2.4MSPS）、2 个 12 位 DAC、12 个 16 位定时器、2 个 32 位定时器、DMA、3 个 I^2C、4 个 UART、3 个 SPI、2 个 CAN、SDIO 接口、10/100Mbit/s Ethernet MAC 等。

4）并行总线接口 FSMC。

5）时钟系统。包括 4～26MHz 外部晶体、16MHz 内部 RC 振荡器（1% 精度）、32kHz 内部低频振荡器、32kHz 外部晶体振荡器。

6）更低的功耗。功耗为 238μA/MHz。

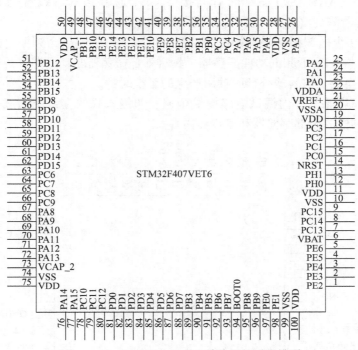

图 5.1-2　STM32F407VET6 单片机的引脚排列

2. 51 内核的 C8051F 系列单片机

该系列单片机由美国芯科公司（Silicon Laboratories）生产。C8051F 系列单片机内含高性能 51 内核，指令系统与传统 51 单片机完全兼容。片中含有丰富的模拟和数字资源，是目前功能最全、速度最快的 51 内核 SoC 单片机之一。C8051F 系列单片机包含多种型号。C8051F360 单片机是该系列单片机的典型芯片，其引脚排列如图 5.1-3 所示。C8051F360 单片机主要片内资源及特点如下：

1）高速 8051 微控制器内核。C8051F360 单片机使用 Silabs 公司的专利 CIP-51 微控制器内核。CIP-51 与 MCS-51 指令集完全兼容。CIP-51 采用流水线结构，机器周期由标准 8051 的 12 个系统时钟周期降为一个系统时钟周期，处理能力大大提高。CIP-51 工作在最大系统时钟频率 100MHz 时，它的峰值速度达到 100MIPS。CIP-51 内核 70% 的指令执行时间为 1 或 2 个系统时钟周期，只有 4 条指令的执行时间大于 4 个系统时钟周期。

2）10 位逐次逼近型 A/D 转换器，转换速率最高可达 200ksps。

3）10 位电流输出 D/A 转换器。

4）两个模拟电压比较器 CP1 和 CP0。

5）片内锁相环 PLL。PLL 通过对内部振荡器和外部振荡器时钟信号的倍频，使 CPU 的运行速度可达 100MIPS。

6）扩充中断处理系统。标准的 8051 单片机只有 7 个中断源，而 C8051F360 具有 17 个中断源，这些扩充的中断源对于构建多任务的实时系统是十分有效的。

7）存储器。256B 内部 RAM，1024B XRAM，32KB 闪速存储器。

8）数字资源。多达 39 个 I/O 引脚，全部为三态双向口，允许与 5V 系统接口。内部数字资源包括增强的 UART、SMBus、SPI 串行接口、4 个通用 16 位计数器/定时器、可编程的 16 位计数器/定时器阵列（PCA）、外部数据存储器接口（EMIF）。

9）时钟源。2 个内部振荡器：精度为 ±2% 的 24.5MHz 内部高频振荡器，可满足异步串行通信的要求；80kHz 低频低功耗振荡器。具有外部振荡器驱动电路，外部振荡器可以使用外部晶体、RC 电路、电容或外部时钟源产生的系统时钟。

10）片内调试电路。片内调试电路提供全速、非侵入式的在系统调试，支持断点、单步运行，可观察和修改内部存储器和寄存器内容。

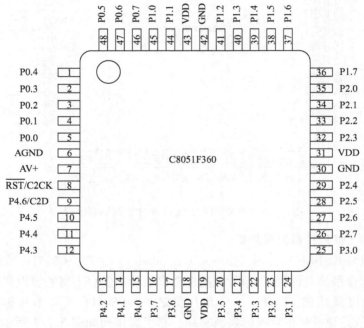

图 5.1-3　C8051F360 单片机引脚排列

3. MSP430 系列单片机

该系列单片机由美国德州仪器公司（Texas Instruments）生产，是低功耗的 16 位单片机。MSP430 系列单片机包含多种型号。MSP430F2618 单片机是该系列单片机的典型芯片，其引脚排列如图 5.1-4 所示。MSP430F2618 单片机具有以下特性：

1）16 位精简指令集（RISC）架构，62.5ns 指令周期时间（最大时钟频率为 16MHz）。

2）3 通道内部直接内存访问（DMA）。

3）带内部基准、采样与保持以及自动扫描功能的 12 位 A/D 转换器。

4）具有同步功能的双通道 12 位 D/A 转换器。

5）具有 3 个捕获/比较寄存器的 16 位 Timer_A。

6）具有 7 个捕获/比较及阴影寄存器的 16 位 Timer_B。

7）片上比较器。

8）4 个通用串行通信接口（USCI）。

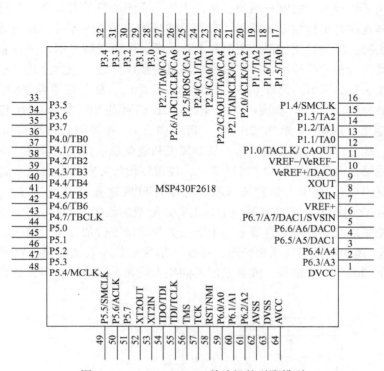

图 5.1-4　MSP430F2618 单片机的引脚排列

不同系列单片机的基本原理和功能都是大同小异，所不同的主要是其外围功能模块的配置及指令系统等。对于指令系统，虽然形式上看似千差万别，但实际上只是符号的不同，其所代表的含义、所要完成的功能和寻址方式基本上是类似的。在选择一款单片机时，需要知道的是其 ROM 空间、RAM 空间、I/O 引脚数量、定时器数量和定时方式、所提供的外围功能模块、中断源、工作电压及功耗等。本书在介绍电子系统设计时，一般不涉及具体的单片机型号，只需要单片机最基本的资源，如内部寄存器、定时器、中断系统、I/O 引脚，这些资源任何一款单片机都能满足。由于本书介绍的综合电子系统都是基于单片机和 FPGA 相结合的电子系统，而且单片机和 FPGA 之间采用并行总线接口，因此，所选择的单片机应该具有并行总线接口或者具有足够多的 I/O 引脚来模拟并行总线。图 5.1-2 ~ 图 5.1-4 所示的三款单片机都可以满足要求。

5.2　单片机最小系统设计

单片机最小系统是指用最少的元器件组成的可以独立工作的单片机系统，一般应该包括单片机、晶振电路、复位电路、键盘显示模块、扩展接口等。随着微电子技术的发展，单片机最小系统的内涵也在不断丰富。单片机最小系统不再是电路简单、功能有限的代名词，而是只要加上少量的外围电路，就可以构成各种典型的单片机应用系统。单片机最小系统是构成各种单片机应用系统的核心模块，是构成综合电子系统必不可少的子系统，是开展综合电子系统设计的基础。

为了能适用于各种不同的电子系统，单片机最小系统的设计有 3 个主要目标：一是通用性好，通用性体现在有足够数量的按键、具有足够分辨率的显示器件、有足够数量的可供用户使用的 I/O 引脚；二是扩展方便，能满足 I/O 扩展、串行总线扩展、并行总线扩展；三是将可编程逻辑器件与单片机相结合，使硬件电路可在系统修改。根据上述目标，单片机最小系统采用了如图 5.2-1 所示的设计方案。该系统由单片机、复杂可编程逻辑器件 CPLD、键盘显示模块 3 部分组成。显示模块可采用 480 × 320 像素的 TFT 模块或者 128 × 64 像素的 LCD 模块，键盘则采用 4 × 4 矩阵式键盘。CPLD 内含 4 × 4 编码式键盘接口、TFT（LCD）显示模块接口、地址译码器等功能电路，是单片机和键盘显示模块的桥梁。由于单片机最小系统的所有外围接口电路均由一片 CPLD 实现，使得该设计方案具有集成度高、占用单片机软硬件资源少的优点。例如，键盘显示模块与单片机通过并行总线连接，除了外部中断 INT0 占用一根 I/O 引脚外，不需要其他 I/O 引脚。键盘的编码、消抖、中断请求都由 CPLD 内部的硬件电路实现，单片机只需要通过中断服务程序读取键值即可，简化了单片机程序设计。CPLD 内部的逻辑电路可在系统修改，提高了单片机最小系统的灵活性。例如，单片机最小系统采用不同的单片机型号，或者采用不同类型的显示模块时，只需修改 CPLD 内部逻辑即可。

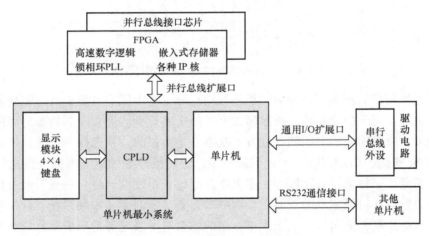

图 5.2-1　单片机最小系统设计方案

单片机最小系统的并行总线扩展接口主要用于扩展 FPGA、大容量并行存储器、专用 DDS 芯片（如 AD9854）等外部设备。其中，FPGA 作为单片机的外部设备，用于构成以单片机 + FPGA 为核心的电子系统，如本书将要介绍的脉冲信号参数测量仪、RLC 测量仪、红外通信系统等。FPGA 不但可实现复杂的高速数字逻辑，而且其内部可编程 RAM 模块可灵活配置成单口 RAM、双口 RAM、FIFO 等常用存储器结构，单片机可以通过并行总线访问 FPGA 内部的各种资源。将单片机和 FPGA 结合，充分发挥了单片机和 FPGA 的优势。

单片机最小系统的通用 I/O 扩展口既可以作为数字量 I/O 接口，也可以作为串行总线（SPI、I²C）扩展口。数字量 I/O 接口可通过驱动电路来控制微型继电器、步进电动机等执行机构。串行总线接口可以用于扩展外部串行接口器件，如串行 D/A 转换器、串行 A/D 转

换器、串行存储器等。为了实现双机通信或者多机通信，单片机最小系统还设置了 RS232
异步串行通信接口。

将图 5.2-1 所示的设计方案进一步细化，可得到如图 5.2-2 所示的单片机最小系统原理
框图。从原理框图可知，单片机最小系统分成键盘显示和 MCU 两个模块，两者之间通过并
行总线连接。在并行总线中，包括数据/地址总线、地址有效信号、读写控制信号。单片机
的并行总线除了与键盘显示模块连接之外，还连接到 MCU 模块上的并行总线扩展口。并行
总线是公共的信号线，连接在并行总线上的所有外设必须有唯一的地址，以防止总线冲突。
在系统设计时，应为每一个外设分配一个地址。

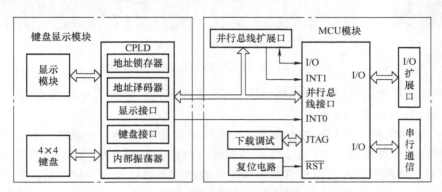

图 5.2-2 单片机最小系统原理框图

由 C8051F360 单片机和 128 × 64 LCD 模块构成的单片机最小系统如图 5.2-3 所示。由
STM32F407VET6 单片机和 480 × 320 TFT 模块构成的单片机最小系统如图 5.2-4 所示。

a) 背面的CPLD芯片

b) 正面实物图

图 5.2-3 C8051F360 单片机最小系统

尽管随着技术的发展，单片机的内部资源越来越丰富、性能越来越高，但受成本和技术
的限制，任何一款单片机都不可能将所有外设都集成到芯片内部，因此，单片机系统扩展技
术始终是单片机系统设计中重要的内容。

a) 背面的CPLD芯片　　　　　　　　　　　　　b) 正面实物图

图 5.2-4　STM32F407VET6 单片机最小系统

单片机需要扩展的外部设备种类很多，特性各不相同，根据与单片机连接方式的不同，外部设备可以分为以下 3 类：

1）I/O 驱动电路。I/O 驱动电路是单片机控制微型继电器、电磁阀、步进电动机、直流电动机等执行元件的接口。I/O 驱动电路通常与单片机 I/O 引脚直接相连。

2）串行总线接口芯片。串行总线接口芯片通过串行总线与单片机连接。常见的串行总线接口芯片有 A/D 转换器、D/A 转换器、实时时钟 RTC、数据存储器、具有串行总线接口的专用 DDS 芯片、单总线温度传感器等。

3）并行总线接口芯片。只要是通过并行总线与单片机连接的外部设备均可称为并行总线接口芯片，如并行数据存储器、具有并行总线接口的专用 DDS 芯片等。本书把 FPGA 也归入并行总线接口芯片，因为，在本书介绍的电子系统中，单片机通过并行总线与 FPGA 接口。

针对上述 3 类外部设备，单片机系统的扩展技术可分为 I/O 扩展技术、串行总线扩展技术、并行总线扩展技术。

5.3　I/O 扩展技术

所谓单片机的 I/O 扩展技术是指由单片机的 I/O 引脚输入、输出开关量来控制外部设备。常见的由 I/O 引脚控制的外部设备有模拟开关（Analog Switch）、可编程增益放大器（PGA）、继电器、蜂鸣器、电磁阀、步进电动机、直流电动机等。本节内容通过步进电动机调速系统和可编程增益放大器两个实例来介绍 I/O 扩展技术。

5.3.1　步进电动机调速系统设计

步进电动机是将电脉冲信号转变为角位移或线位移的开环控制元件。在非超载的情况下，电动机的转速、停止的位置只取决于脉冲信号的频率和脉冲数，而不受负载变化的影响。当步进电动机的定子绕组每改变一次通电状态，步进电动机按设定的方向转动一个固定的角度，称为"步距角"，它的旋转是以固定的角度一步一步运行的。单片机通过控制脉冲个数来控制角位移量，从而达到准确定位的目的；通过控制脉冲频率来控制电动机转动的速度，从而达到调速的目的。两相混合式步进电动机的绕组及驱动电路如图 5.3-1 所示。驱动电路为两个 MOSFET H 桥，分别控制两组线圈。

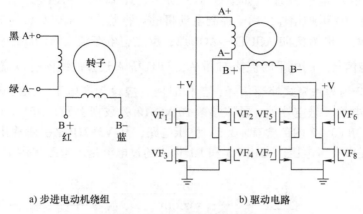

a) 步进电动机绕组　　　　　　　　　b) 驱动电路

图 5.3-1　步进电动机绕组和驱动电路

只要按一定规律控制两组线圈中电流的通断、电流的方向，就可以控制步进电动机的正转、反转。两相式步进电动机的工作方式分为单四拍工作方式、双四拍工作方式、单双八拍工作方式。步进电动机处于单双八拍工作方式时，每一拍线圈电流方向见表 5.3-1。在 T1、T3、T5、T7 拍，只有一相绕组通电；在 T2、T4、T6、T8 拍，有两相绕组通电。当线圈电流方向顺序从 T1 到 T8 时，电动机顺时针方向旋转；当电流方向顺序从 T8 到 T1 时，电动机逆时针方向旋转。

表 5.3-1　单双八拍工作时步进电动机线圈电流方向

脉冲顺序	T1	T2	T3	T4	T5	T6	T7	T8
电动机线圈电流方向	A+→A−	A+→A− B+→B−	B+→B−	A−→A+ B+→B−	A−→A+	A−→A+ B−→B+	B−→B+	A+→A− B−→B+

单片机通过驱动电路与步进电动机连接，其示意图如图 5.3-2 所示。由于步进电动机工作时，电动机的线圈需要较大的驱动电流，因此，需要专门的驱动电路来向电动机中的线圈提供电流。步进电动机的驱动电路包括由 MOS 管或 BJT 管构成的 H 桥、控制晶体管开关的驱动电路，以及驱动电流调节电路、过电流保护电路等。可见，步进电动机驱动电路是比较复杂的，通常采用专门的步进电动机驱动芯片来实现。

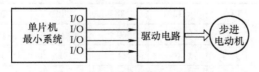

图 5.3-2　步进电动机调速系统示意图

步进电动机驱动芯片种类较多，应尽量选用集成度高、功能完善、需要外围元器件少的驱动芯片。DRV8812 是 TI 公司一款典型的步进电动机驱动芯片。该芯片将两组由 N 沟道 MOSFET 管组成的 H 桥集成在芯片内部，H 桥最大输出电流为 1.5A，同时还设置了过电流保护、短路保护、欠电压保护、过热保护等功能。一片 DRV8812 可驱动一台两相步进电动机或两台直流电动机。

　　步进电动机驱动电路原理图如图 5.3-3 所示。J1 口的 APHASE、AENBL、BPHASE、BENBL 与单片机 I/O 引脚相连，用于控制电动机的运行状态。APHASE 为 H 桥 A 的方向控制信号，高电平时，电流流向 AOUT1→AOUT2；反之，电流流向 AOUT2→AOUT1。AENBL 为 H 桥 A 的使能信号，高电平时使能 H 桥 A，与 H 桥 A 连接的线圈有电流流过。$\overline{\text{RESET}}$ 为复位信号、$\overline{\text{SLEEP}}$ 为睡眠模式控制信号，工作时两者应设为高电平。DECAY 引脚可根据需要作接地、接高电平、悬空处理，具体参考 DRV8812 的数据手册。DRV8812 需要由外部提供 +15V 电源。DRV8812 内部含有 +3.3V 稳压电路，从 V3P3OUT 引脚输出 3.3V 电压，用于向 DRV8812 提供参考电压，向由 R3 和 D1 构成的过电流指示电路提供工作电源。

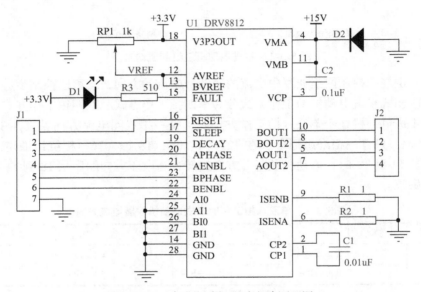

图 5.3-3　步进电动机驱动电路原理图

　　步进电动机的 A 绕组与 J2 口的 AOUT1 和 AOUT2 连接，B 绕组和 BOUT1 和 BOUT2 连接。单片机的 I/O 引脚与 APHASE、AENBL、BPHASE、BENBL 连接，参照表 5.3-2，单片机只要在 4 根 I/O 引脚依次输出相应的电平，就可以控制电动机的正转和反转。

表 5.3-2　单双八拍步进电动机脉冲顺序

脉冲拍数	T1	T2	T3	T4	T5	T6	T7	T8
APHASE	1	1	0	0	0	0	0	1
AENBL	1	1	0	1	1	1	0	1
BPHASE	0	1	1	1	0	0	0	0
BENBL	0	1	1	1	0	1	1	1

　　DRV8812 的驱动电流根据式（5.3-1）确定。式中，R1 为 1Ω/1W 的固定电阻。调节 RP1 就可以调节 V_{REF} 的大小，从而调节步进电机的驱动电流。过电流时，DRV8812 会进入自动保护状态，D1 指示灯亮。待过电流解除，重新复位，DRV8812 又可进入正常工作

状态。

$$I = \frac{V_{REF}}{5R_1} \quad (5.3\text{-}1)$$

在单双八拍的工作模式下，步进电动机每一拍的"步距角"为0.9°，转动1圈的总拍数为360/0.9＝400拍。只要控制每一拍的持续时间，就可以控制步进电动机的转速。假设每一拍的持续时间为T_C（单位为μs），则步进电动机的转速为

$$S = \frac{60 \times 10^6}{400 \times T_C} = \frac{150 \times 10^3}{T_C}(\text{r/min}) \quad (5.3\text{-}2)$$

为了控制步进电动机的运行状态，设置了5个功能键：正转键（K0）、反转键（K1）、加速键（K2）、减速键（K3）、停止键（K4）。为了控制步进电机的速度，需要使用一个单片机内部的定时器。单片机主程序流程图如图5.3-4所示。键盘中断和定时器中断服务程序如图5.3-5所示。

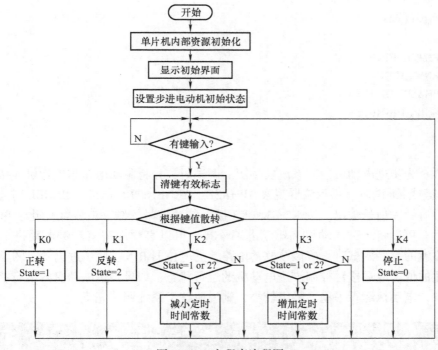

图5.3-4　主程序流程图

在定时器中断服务程序中，送脉冲的程序代码可根据表5.3-2编写，具体介绍如下。
（1）送T1拍脉冲程序

```
void STEP1(void)
{
    APHASE_HIGH();
    AENBL_HIGH();
    BPHASE_LOW();
    BENBL_LOW();
}
```

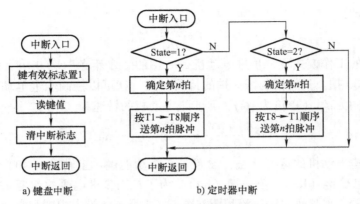

a) 键盘中断   b) 定时器中断

图 5.3-5 中断服务程序流程图

（2）送 T2 拍脉冲程序

```
void STEP8(void)
{
    APHASE_HIGH();
    AENBL_HIGH();
    BPHASE_ HIGH();
    BENBL_HIGH();
}
......
```

图 5.3-6 为步进电动机控制系统实物图。调试时，先将驱动电路与单片机连接，运行程序。按 K0 键或 K1 键时，用示波器观察 APHASE、AENBL、BPHASE、BENBL 对应的 I/O 引脚信号，应有脉冲信号输出。按 K2 键和 K3 键，脉冲信号的频率应发生变化。单片机程序基本正常后，可以将步进电动机和驱动电路连接。可以直观地观察步进电动机工作是否正常。需要注意的是，调试时，应调节驱动电路上的电位器 RP1，使步进电动机的驱动电路处于一个合适的值。通过按键控制步进电动机的运行状态，如果步进电动机的运行状态和按键的功能一致，电动机运行平稳，噪声较小，则说明整个系统调试完毕。

图 5.3-6 步进电动机控制系统实物图

5.3.2 可编程增益放大器设计

在具有宽动态范围的大多数数据采集系统中，通常在输入信号源和 A/D 转换器之间放一个可编程增益放大器（Programmable Gain Amplifier，PGA），如图 5.3-7 所示。通过程序调节 PGA 的放大倍数，最大限度地利用 A/D 转换器的满量程输入电压范围，从而大大提高测量精度。

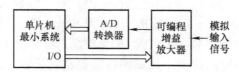

图 5.3-7　可编程增益放大器示意图

可编程增益放大器通常有 3 种设计方案：方案一，采用专用可编程增益放大器芯片；方案二，采用运放和模拟开关或微型继电器实现；方案三，采用乘法型 D/A 转换器和运放来实现。方案一和方案二用于有限几档增益控制的应用场合，方案三用于任意整数倍增益控制的应用场合。下面介绍方案一和方案二两种类型的可编程增益放大器，方案三描述的可编程增益放大器放在本章设计训练题中。

1. 专用可编程增益放大器

专用可编程增益放大器芯片种类很多，如 TI 公司生产的 PGA103（增益从 1、10、100 三档可调）、PGA113（增益从 1、2、5、10、20、50、100、200 八档可调），微芯（Microchip）公司生产的 MCP6S21（增益从 1、2、4、5、8、10、16、32 八档可调），都属于典型的可编程增益放大器。

专用可编程增益放大器的使用非常简单，如用单片机的两个 I/O 引脚与 PGA103 的 A_1 和 A_0 直接连接即可构成可编程增益放大器，如图 5.3-8 所示。单片机调节 PGA103 的增益非常方便，只需要将 I/O 引脚设成高电平或者低电平即可。

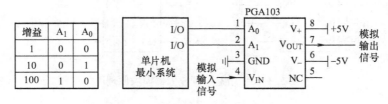

图 5.3-8　PGA103 与单片机的连接

2. 基于运放和模拟开关（微型继电器）的可编程增益放大器

（1）设计题目

用运放和模拟开关或者微型继电器设计可编程增益放大器，增益 1、10、100 三档可调。当增益为 100 时，带宽大于 100kHz。输出信号的最大峰–峰值应不小于 5V。

（2）设计方案

由两级同相放大器构成，采用直接耦合，既可以放大直流信号，也可以放大交流信号。每一级同相放大器增益 1、10 两档可调。设计方案示意图如图 5.3-9 所示。

图 5.3-9　可编程增益放大器设计方案

（3）电路设计

可编程增益放大器的原理图如图5.3-10所示。模拟信号从 J2 输入，R_1 和 R_2 构成分压电阻。如果输入信号幅值太大，可以经过 R_1 和 R_2 分压后送到同相放大器。如果不需要分压，那么，R_1 用一只 0Ω 电阻代替即可。第一级放大器是 U1 构成的同相放大器，U2 为单刀双掷（Single-pole Double Throw Switch，SPDT）的模拟开关，当 S0 = 0 时，其增益为 $A_{11} = 1 + R_3/R_5 = 1$；当 S0 = 1 时，其增益为 $A_{12} = 1 + R_4/R_5 \approx 10$。第二级放大器是 U3 构成的同相放大器，当 S1 = 0 时，其增益为 $A_{21} = 1 + R_6/R_8 = 1$，当 S1 = 1 时，其增益为 $A_{22} = 1 + R_7/R_8 \approx 10$。通过模拟开关控制，可得到 1、10、100 三档增益。需要指出的是，由于电阻采用标称值，所以每档增益都存在一定的误差。如果增益需要精确设置，则 R_4、R_7 改成精密电位器调节即可。

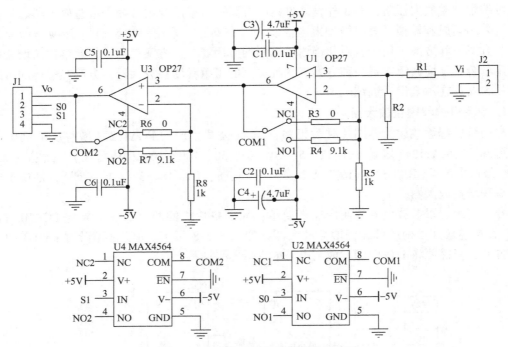

图 5.3-10　增益可调放大器模块原理图

在可编程增益放大器设计中，运放的选择非常重要。只有选择合适的运放，才能达到题目要求的技术指标。选择运放时，重点考虑单位增益带宽 GBW 和压摆率 SR 这两个参数。对于电压反馈运放来说，增益带宽积为常数。当可编程增益放大器处于最大增益时，对运放的 GBW 要求最高。当总的增益为 100 时，分配到每一级放大器的增益均为 10，则运放的GBW 至少为

$$\text{GBW} > f_{\max} A_{v1} = 100\text{kHz} \times 10 = 1\text{MHz}$$

运放的压摆率可根据式(2.3-17) 计算

$$\text{SR} > 2\pi f_{\max} V_{\text{om}} = 2\pi \times 0.1\text{MHz} \times 2.5\text{V} = 1.57\text{V/}\mu\text{s}$$

由于可编程增益放大器中的每一级放大器都可能工作在电压跟随状态，因此应选择具有单位增益稳定（Unity-Gain-Stable）的特性运放。

OP27 为精密运放，单位增益带宽 8MHz，压摆率为 2.8V/μs，满足可编程增益放大器的设计要求。

在选择模拟开关时，要求可传输双极性模拟信号，故选用 ±5V 双电源供电单刀双掷模拟开关 MAX4564。MAX4564 的导通电阻的典型值为 40Ω，使用时应注意该导通电阻对放大器增益的影响。

图 5.3-10 中的模拟开关也可以用微型继电器代替。微型继电器虽然体积比模拟开关大得多，但具有接触电阻小的优点。微型继电器的驱动电路原理图如图 5.3-11 所示。微型继电器有 6 个引脚，其中第 2 脚和第 9 脚为线圈两端的引脚，第 5 脚和第 6 脚内部连接在一起，第 1 脚为常闭触点（Normal Close，NC），第 10 脚为常开触点（Normal Open，NO）。微型继电器的主要参数有线圈电压、线圈电阻、额定电流等参数。以欧姆龙（OMRON）公司 G5V-1 微型继电器为例，其线圈额定电压为 5V，额定电流为 30mA，线圈电阻为 167Ω。继电器线圈需要几十毫安的驱动电流，单片机的 I/O 引脚一般不能直接驱动，因此，单片机 I/O 引脚与继电器之间应加驱动电路。在图 5.3-11c 所示的驱动电路中，I/O 引脚输出高电平时，晶体管 VT 饱和导通，继电器线圈流过额定电流，继电器 5（6）脚和 10 脚连通；I/O 引脚输出低电平时，晶体管 VT 截止，继电器线圈电流为零，继电器 5（6）脚和 1 脚连通。由于继电器线圈为电感性负载，当晶体管从导通到截止时，如果继电器线圈电流没有泄放回路，线圈两端将感应出几十伏电压，对电路系统产生很大的干扰。因此在线圈两端并接续流二极管 VD 用于线圈电流泄放。

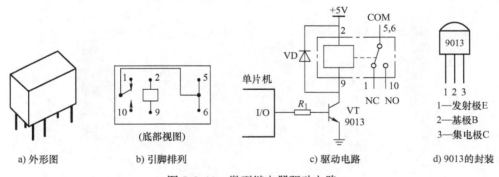

a) 外形图　　　b) 引脚排列　　　c) 驱动电路　　　d) 9013的封装

图 5.3-11　微型继电器驱动电路

（4）电路测试

可编程增益放大器的实物图如图 5.3-12 所示。

将增益设为 100，输入峰-峰值为 50mV 的正弦波，频率分别设为 1kHz、100kHz、200kHz、250kHz，用示波器观察放大器的输出信号，其测试结果如图 5.3-13 所示。

从测试波形可知，当输入信号的频率达到 100kHz 时，输出信号的峰-峰值没有明显下降，约为 5V，波形也没有失真，表明可编程增益放大器达到了设计要求。不过，从图 5.3-13c、d 所示的测试波形来看，随着频率的进一步增加，受运放压摆率的限制，输出波形出现了失真现象。

可编程增益放大器在测量系统中得到广泛应用。图 5.3-14 所示是交流电压表的原理框图。图中的 RMS-DC 为有效值（Root Mean Square）直流转换电路，可将交流信号的有效值转换成直流电压，便于测量。常用的 RMS-DC 芯片有 AD637、LT1966 等。图 5.3-15 所示

图 5.3-12　可编程增益放大器实物图

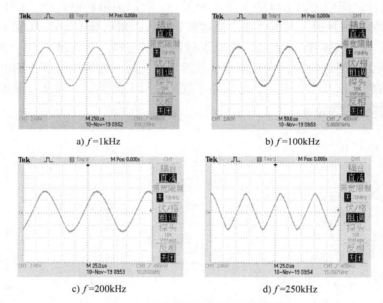

a) f=1kHz

b) f=100kHz

c) f=200kHz

d) f=250kHz

图 5.3-13　可编程增益放大器的测试波形

为 LT1966 构成的 RMS – DC 电路。

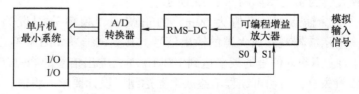

图 5.3-14　简易交流电压表原理框图

　　从 J1 输入 1kHz、幅值不同的正弦信号，用万用表直流档测量 J2 的输出电压。LT1966 的测试结果见表 5.3-3。表中的第 1 行为输入正弦信号的峰–峰值，第 2 行为 LT1966 输出的电压值。从表中测试数据可知，LT1966 具有良好的线性度。需要指出的是，当输入信号的

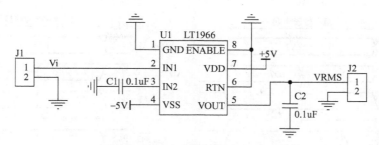

图 5.3-15　LT1966 构成的 RMS－DC 电路

频率低于 100Hz 时，LT1966 的输出电压明显出现波动；当输入信号的频率超过 100kHz 后，LT1966 的输出电压会下降。这说明，用 LT1966 测量的交流信号频率过低或者过高时，测量精度会下降。

表 5.3-3　LT1966 测试结果

v_{ipp}/V	0.1	0.1	0.3	0.4	0.5	1.0	1.5	2.0	2.5
V_{RMS}/V	0.082	0.157	0.232	0.307	0.384	0.766	1.151	1.530	1.919
v_{ipp}/V_{RMS}	1.22	1.27	1.29	1.30	1.30	1.31	1.30	1.31	1.30

5.4　并行总线扩展技术

5.4.1　并行总线时序及软件模拟

　　并行总线由数据总线、地址总线和控制总线组成，其特点是要传输的数据、地址、控制信息等都是并行传输。如果要传输 8 位数据，就需要 8 根数据信号线同时传输，如果要传输 16 位的数据，就需要 16 根数据信号线同时传输。除了数据线以外，还需要很多根地址线的组合来代表不同的地址空间。除此之外，还需要一些读写控制信号。

　　并行总线是单片机最早采用的总线结构。很多经典的处理器都采用了并行的总线结构，如 C8051F360 单片机就采用了 8 根并行数据线和 16 根地址线的并行总线；STM32F407 单片机也具有配置灵活的并行总线扩展接口 FSMC。如果单片机没有专门的并行总线接口，只要引脚数量足够多，也可以用软件模拟并行总线时序。

　　C8051F360 单片机并行总线读写时序如图 5.4-1 所示。在 ALE 高电平期间，P1 口先送出低 8 位地址，在 ALE 下降沿时刻，低 8 位地址处于稳定状态，通过地址锁存器在 ALE 下降沿时刻将地址锁存。随后，读写数据出现在 P1 口上，同时 $\overline{RD}$ 或 $\overline{WR}$ 信号有效。在 $\overline{RD}$ 或 $\overline{WR}$ 信号的上升沿前，数据被读入单片机或被写入寻址的数据存储单元。

　　STM32F407 单片机的并行总线接口有多种读写时序。在地址和数据复用模式下的 SRAM 读写时序如图 5.4-2 所示。地址/数据复用线 AD15 ~ AD0 分时送出地址和数据信息。NADV 为地址有效信号，在 NADV 的低电平期间，地址信息有效；在 NADV 的上升沿，地址信息处于稳定状态。NOE 和 NWE 分别为读写控制信号，低电平有效。

　　比较图 5.4-1 和图 5.4-2 给出的两种单片机的并行总线时序图，两者都采用了地址和数据分时复用的模式，其目的是为了减少单片机引脚数量。不同之处在于，C8051F360 单片机

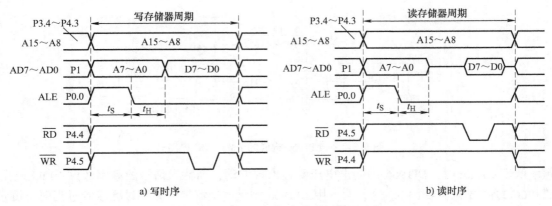

图 5.4-1 C8051F360 单片机的读写时序

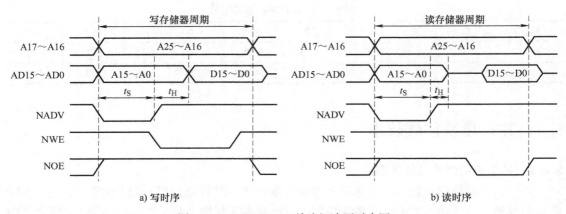

图 5.4-2 STM32F407 单片机读写时序图

的地址锁存信号 ALE 是高电平有效，而 STM32F407 单片机的地址锁存信号 NADV 是低电平有效，在使用地址锁存器时，应注意两者之间的区别。

对于没有专门的并行总线接口的单片机来说，可以采用软件来模拟并行总线时序。

例 5.4-1 MSP430 单片机与并行 SRAM 的原理图如图 5.4-3 所示。其中 P2.4 ~ P2.6 分别模拟 $\overline{WR}$、$\overline{RD}$、ALE，P4 口为数据位和低 8 位地址复用，P5 口为高 8 位地址。请编写相

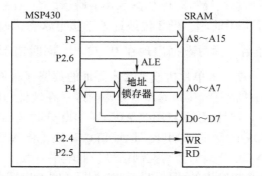

图 5.4-3 MSP430 单片机与并行 SRAM 的原理图

关读写程序。

解：由于 MSP430 单片机没有专门的并行总线接口，故并行总线采用软件模拟的方法。相关的程序代码介绍如下。

（1）引脚定义

```
#define   ALE_H   P2OUT| = BIT6
#define   ALE_L   P2OUT& = ~ BIT6
#define   RD_H    P2OUT| = BIT5
#define   RD_L    P2OUT& = ~ BIT5
#define   WR_H    P2OUT| = BIT4
#define   WR_L    P2OUT& = ~ BIT4
#define   ADDRH   P5OUT
#define   ADDRL   P4OUT
#define   DAT_OUT P4OUT
#define   DAT_IN  P4IN
#define   DAT_DIR_IN   P4DIR = 0x00
#define   DAT_DIR_OUT P4DIR = 0xFF
```

（2）端口初始化

```
void port_init( )            //端口初始化
{
    P4DIR = 0xFF;            //设 P4 口为输出
    P5DIR = 0xFF;            //设 P5 口为输出
    P2DIR| = 0x70;           //设 P2.4 ~ P2.6 口为输出
    ALE_L;                   //ALE 置低
    WR_H;                    //WR置高
    RD_H;                    //RD置高
}
```

（3）送 16 位地址

```
void set_addr( uint a)
{
    ADDRL = a;
    ADDRH = a >> 8;
    ALE_H;
    ALE_L;
}
```

（4）写 8 位数据

```
void write_data( uint a, uchar dat)
{
    set_addr(a);
    DAT_DIR_OUT;
```

```
    WR_L;
    DAT_OUT = dat;
    WR_H;
}
```

（5）读 8 位数据

```
uchar read_data(uint a)
{
    uchar dat;
    set_addr(a);
    DAT_DIR_IN;
    RD_L;
    dat = DAT_IN;
    RD_H;
    DAT_DIR_OUT;
    return dat;
}
```

用软件模拟并行总线时序的方法适用于任何型号的单片机，虽然与硬件产生并行总线时序相比，软件模拟的方法读写速度会慢一些，但随着单片机速度的提高，其读写速度是完全可以满足要求的。

5.4.2 语音存储与回放系统设计

1. 设计题目

设计一个数字化语音存储与回放系统，其系统框图如图 5.4-4 所示。该系统由单片机最小系统、A/D 转换电路、D/A 转换电路、SRAM 电路几部分组成，各外部设备通过并行总线与单片机连接。设计要求如下：

语音录放时间 $\geqslant 60\mathrm{s}$；语音输出功率 $\geqslant 0.5\mathrm{W}$，回放语音质量良好；设置"录音""放音"键，能显示录放时间。

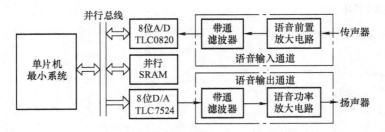

图 5.4-4　语音存储与回放系统原理框图

2. 硬件电路设计

（1）并行 SRAM 扩展

并行大容量存储器芯片选用 IS61WV5128BLL。IS61WV5128BLL 是由 ISSI 公司生产的高速 CMOS 静态随机存储器，其容量为 $512\mathrm{KB} \times 8$。假设语音信号的采样频率为 $8\mathrm{kHz}$，该存储器可以存放 64s 语音信号，满足题目要求的语音录放时间。

假设单片机并行总线的地址线为 16 位, 当外部数据存储器容量大于 64KB 时, 可采用存储器分页的方法进行扩展。其基本原理是: 将容量为 2^N 的存储器划分为多个容量 2^L ($L \leq 16$) 的存储页, 将存储器地址分为页地址 $AL \sim A(N-1)$ 和页内地址 $A0 \sim A(L-1)$ 两部分; 单片机对存储器进行访问时, 首先通过页地址选择其中一页, 再通过页内地址访问该页内的存储单元, 其原理图如图 5.4-5 所示。先将容量为 512KB 的存储器 IS61WV5128BLL 分成 256 页, 每页容量为 2KB。存储器的页内地址 $A0 \sim A10$ 直接与单片机的地址总线相连, 页地址 $A11 \sim A18$ 由 8 位并行寄存器 (以下称页寄存器) 提供。图中 74HC573 为地址锁存器, 通过地址锁存允许信号 ALE 将低 8 位地址锁存。74HC574 为页寄存器, 用于存放页地址。读者要注意 74HC573 和 74HC574 之间的区别。74HC573 属于 8 位锁存器, 在时钟信号的高电平期间接收输入信号, 而 74HC574 属于 8 位寄存器, 在时钟信号的上升沿时刻接收输入信号。SRAMCS 和 PAGECS 来自地址译码器。为了可靠锁存数据, 片选信号 PAGECS 与 $\overline{\text{WR}}$ 相或后作为页寄存器的时钟信号。

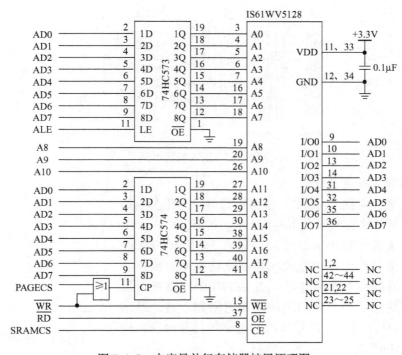

图 5.4-5 大容量并行存储器扩展原理图

(2) A/D 转换电路

A/D 转换电路原理图如图 5.4-6 所示。A/D 转换器采用 8 位半闪烁型 A/D 转换器 TLC0820。TLC0820 采用外部参考电压, 由反相放大器 (U2B) 提供约 +3.3V 的参考电压。TLC0820 的模拟信号从 J2 口输入, 电压范围为 0 ~ 3.3V。

TLC0820 的工作过程由启动转换和读取数据两个步骤构成。通过向 TLC0820 写一随机数启动 A/D 转换, TLC0820 在转换结束后发出中断信号, 单片机执行外部中断服务程序读取 A/D 转换值。

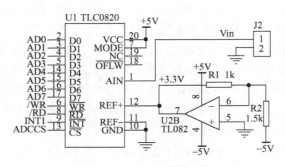

图 5.4-6　A/D 转换电路

（3）D/A 转换电路

D/A 转换电路由 8 位 D/A 转换器 TLC7524 和 I/V 电路组成，其原理图如图 5.4-7 所示。TLC7524 的参考电压为 -3.3V，由 R_4、R_3 电阻对 -5V 电源分压得到。

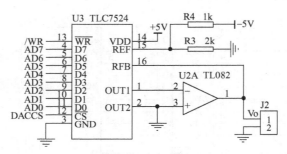

图 5.4-7　D/A 转换电路

（4）语音输入通道设计

传声器（俗称麦克风，MIC）是将声音信号转化为电信号的传感器，其电路模型如图 5.4-8 所示。传声器由一个电容元件和场效应晶体管构成的放大器组成。电容随机械振动发生变化，从而产生与声波成比例的变化电压。传声器在使用时需要通过一个外接电阻 R_1 连接到电源对其进行偏置。R_1 的阻值决定了传声器电路的输出电阻和增益，通常取值在 1 ~ 10kΩ 之间。传声器输出的电信号比较微弱，信号幅值在 1 ~ 20mV 之间。

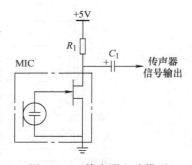

图 5.4-8　传声器电路模型

由于传声器输出的电信号比较微弱，需要设计前置放大电路对传声器输出的电信号进行放大。前置放大电路原理图如图 5.4-9 所示。R_1、R_2 和 MIC 组成的电路相当于一个内阻很大、信号比较微弱的信号源。为了获得理想的放大效果，前置放大器应采用高输入阻抗的同相放大器，图中由 U1B 运放构成，增益约为 40。由于前置放大器增益较大，因此电源中的噪声也会随声音信号被前置放大器放大。为了提高信噪比，将 MIC 的上拉电阻分成 R_1、R_2 两部分，其中 R_1 与 C_1、C_2 构成低通滤波器，以滤除电源中的高频噪声。C_3 为隔直电容，R_3 为前置放大电路的输入电阻。R_3 的阻值不宜太大，以免放大电路的低频截止频率太低而影响隔直效果。

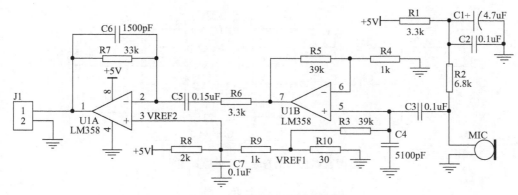

图 5.4-9 语音输入通道原理图

语音输入通道需要带通滤波器,一方面滤除通带外的低频信号,减少 50Hz 的工频干扰;另一方面滤除通带外的高频噪声,避免采样后引起的混叠失真。由于对音质没有太高的要求,语音信号的频率范围选为 300Hz ~ 3.4kHz,这也是带通滤波器的通带范围。带通滤波器电路有多种设计方案。例如,可以直接采用例 3.2-3 设计的带通滤波器。为了简化电路,这里采用了单个运放构成的带通滤波电路,由图 5.4-9 中 U1A 组成。为了对前置放大器输出的信号进一步放大,带通滤波器通带增益设为 10。通带增益由 R_6、R_7 的比值决定。低频截止频率由 C_5、R_6 确定,其估算公式为

$$f_L = \frac{1}{2\pi R_6 C_5} = \frac{1}{2\pi \times 3.3 \times 10^3 \times 0.15 \times 10^{-6}} \text{Hz} \approx 322\text{Hz}$$

高频截止频率由 C_6、R_7 确定,其估算公式为

$$f_H = \frac{1}{2\pi R_7 C_6} = \frac{1}{2\pi \times 33 \times 10^3 \times 1500 \times 10^{-12}} \text{Hz} \approx 3.2\text{kHz}$$

图 5.4-9 所示的电路采用 +5V 单电源供电,一方面要选择单电源运放,这里选择通用双运放 LM358;另一方面,需要给运放提供合适的偏置电压。R_8、R_9 和 R_{10} 构成的分压电路可提供两路偏置电压输出:V_{REF1} 约为 0.05V、V_{REF2} 约为 1.7V。不难分析,U1B 运放的静态输出电压约为 2V,U1A 运放的静态输出电压约为 1.7V,保证语音前置放大电路有较大的动态范围。

(5) 语音输出通道设计

当语音回放时,语音信号从图 5.4-7 所示的 D/A 转换器输出。D/A 转换器输出的语音信号既包含了直流分量,也包含由于最小分辨电压产生的高频噪声,因此在语音输出通道应设置带通滤波电路。为了能提供 0.5W 的输出功率,语音输出信号还需通过功放电路进行功率放大。

为了简化电路设计,语音输出通道采用了将滤波电路和功放电路合二为一的设计方案,其原理图如图 5.4-10 所示。

TPA701 为 TI 公司生产的 700mW 低电压音频功率放大器,采用 +5V 单电源供电,输出级不需要耦合电容。语音输出通道电路的增益由电阻 R_1 和 R_2 决定,其关系如式(5.4-1)所示。

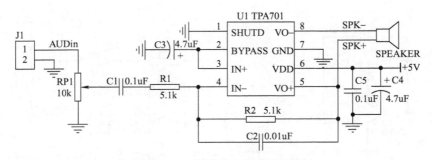

图 5.4-10　语音输出通道原理图

$$G = -2 \times \frac{R_2}{R_1} \tag{5.4-1}$$

低频截止频率由 C_1、R_1 确定，其估算公式为

$$f_L = \frac{1}{2\pi R_1 C_1} = \frac{1}{2\pi \times 5.1 \times 10^3 \times 0.1 \times 10^{-6}}\text{Hz} \approx 312\text{Hz}$$

高频截止频率由 C_2、R_2 确定，其估算公式为

$$f_H = \frac{1}{2\pi R_2 C_2} = \frac{1}{2\pi \times 5.1 \times 10^3 \times 0.01 \times 10^{-6}}\text{Hz} \approx 3.12\text{kHz}$$

RP1 用于调节音量大小。

3. 程序设计

由于语音信号的频率范围为 300Hz ~ 3.4kHz，根据采样定理，语音信号的采样频率采用 8kHz。

语音存储与回放系统的人机接口功能比较简单。按照功能要求只需要"录音"键和"放音"键两个功能键。"录音"键的功能是启动 A/D 转换，以 8kHz 的频率采集语音信号，并将数据写入 SRAM 中。"放音"键的功能是从 SRAM 中读出数据，依次送 D/A 转换器输出语音信号。

为了精确控制采样频率，A/D 转换器和 D/A 转换器由定时器控制。其中 A/D 转换器由定时器 1 启动，通过 ADC 中断服务程序读取 A/D 转换值。D/A 转换器由定时器 0 控制，在定时器 0 中断服务程序中向 D/A 转换器写 1B 语音数据，将数字化的语音信号转换成模拟信号。为了显示录音和放音时间，采用定时器 2 实现软件计时。

根据上述分析。语音存储与回放系统的软件由主程序、键盘中断服务程序、ADC 中断服务程序、定时器 0 ~ 定时器 2 中断服务程序组成。其中键盘中断服务程序可参考图 5.3-5a 所示的流程图。

主程序流程图如图 5.4-11 所示。

中断服务程序流程图如图 5.4-12 所示。

4. 系统调试

语音存储与回放系统包括模拟部分的调试和单片机部分的调试。两部分的调试可分开进行。

（1）语音前置放大器测试

调试时将声音播放器对准传声器播放音乐或直接对准传声器讲话，用示波器观测语音前

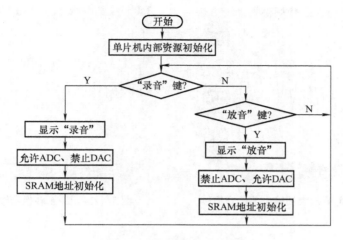

图 5.4-11　主程序流程图

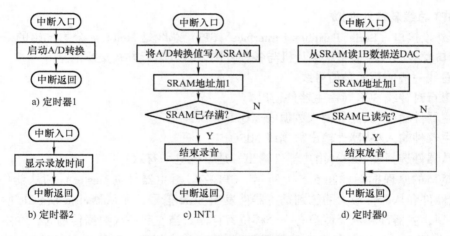

图 5.4-12　中断服务程序流程图

置放大电路的输出信号。由于语音前置放大电路的增益无法调节，因此可以通过调整声音播放器与传声器之间的距离，使语音信号的电压范围处在 0～3.3V 之间。图 5.4-13 为语音输入通道输出的语音信号。

（2）单片机软件调试

先调试键盘显示程序。将程序下载到单片机，观察显示模块显示的初始界面是否正确。分别按"录音"和"放音"键，对应的显示界面是否改变，录音或放音的时间显示是否正确。

1）当处于录音状态时，可用示波器观测 A/D 转换器 TLC0820 第 9 脚的中断信号。正常时，应观察到频率为 8kHz 的窄负脉冲。当处于放音状态时，通过示波器观察 D/A 转换器的输出信号，正常工作时，应能观察到图 5.4-14 所示的语音信号。

2）将 D/A 转换器的输出信号送功放电路，应从扬声器听到清晰的回放声音。

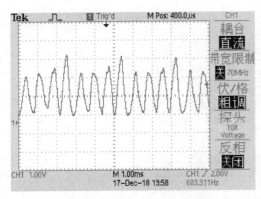
图 5.4-13　语音前置放大器输出的语音信号

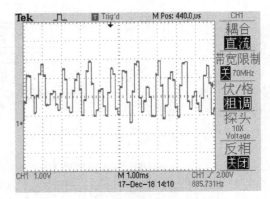
图 5.4-14　D/A 转换器输出的语音信号

5.5　SPI 总线扩展技术

5.5.1　SPI 总线及软件模拟

串行外设接口（Serial Peripheral Interface，SPI）总线是 Motorola 公司推出的一种同步串行外设接口总线，广泛应用于单片机与各种外围设备以串行方式交换信息。

SPI 总线一般使用 4 条信号线：

1）串行时钟线 SCK（由主器件输出）。

2）主器件输出/从器件输入数据线 MOSI。

3）主器件输入/从器件输出数据线 MISO。

4）从器件选择线 NSS（由主器件输出，通常低电平有效）。

SPI 接口的原理框图如图 5.5-1 所示。SPI 接口由主器件（Master）和从器件（Slave）构成。主器件和从器件最大的区别是主器件发出 SCK 信号，而从器件接收 SCK 信号。从图中可以看到，主器件和从器件都有一个移位寄存器。当发起一次数据传输时，在主器件时钟信号 SCK 作用下，移位寄存器 A 的数据通过 MOSI 线串行地送到移位寄存器 B，同时，移位寄存器 B 中的数据通过 MISO 线送到移位寄存器 A。对从器件的写操作和读操作是同步完成的。如果主器件只对从器件进行写操作，则只需忽略接收到的数据；如果主器件只对从器件进行读操作，则需要发送一个空字节来引发从器件的传输。

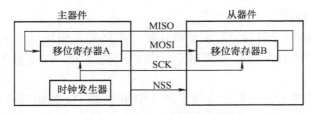

图 5.5-1　SPI 接口的原理框图

SPI 总线系统一般是单主系统，即系统中只有 1 个主器件，其余的外围器件均为从器件。以图 5.5-2 所示的 SPI 总线系统为例，图中单片机作为主器件，外围器件 1～n 为从器件。任何时刻，主器件只能与一个从器件交换数据。由于 SPI 总线系统中的从器件不设器件地址，主器件是通过从器件选择线来选择其中的一个从器件进行数据传输，因此，每个从器件必须有一根独立的从器件选择线。主器件在访问从器件时，不需要发送从器件的地址字节，简化了软件设计。由于从器件共享 SPI 总线，因此从器件的数据输出线 MISO 必须具有三态输出功能。当从器件未被主器件选中时，从器件的 MISO 引脚输出高阻态。如果主器件和从器件之间的数据只需单向传输，如 D/A 转换器只需数据写入，则可省去一根数据输入线 MISO。

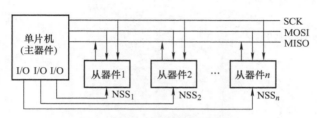

图 5.5-2　SPI 总线系统扩展图

单片机产生 SPI 总线时序有两种方法：一种是通过软件模拟的方法在通用 I/O 引脚上产生 SPI 总线时序；另一种是通过单片机内部的 SPI 接口由硬件产生 SPI 总线时序。采用软件模拟 SPI 总线时序的方法移植性强，适用于各种单片机，但软件开销较大；由单片机内部的硬件 SPI 接口产生 SPI 总线时序控制简单，运行效率高。两种方法各有优缺点，本节主要介绍 SPI 总线软件模拟的方法。

例 5.5-1　某单片机与 M25P16 接口原理图如图 5.5-3a 所示。M25P16 为大容量串行存储器，其时序图如图 5.5-3b 所示。请编写向 M25P16 写一个字节数据和读一个字节数据的子程序。

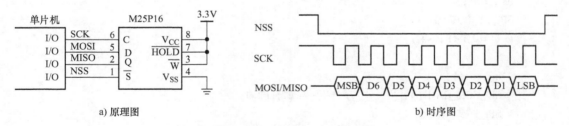

a) 原理图　　　　　　　　　　　　　　　　　b) 时序图

图 5.5-3　例 5.5-1 原理图及时序图

解：（1）为了增加程序可读性，对 SPI 信号的操作指令进行如下定义：

SPI_SCK_LOW( )：时钟信号置低

SPI_SCK_HIGH( )：时钟信号置高

SPI_MOSI_LOW( )：输出数据线置低

SPI_MOSI_HIGH( )：输出数据线置高

SPI_MISO：读输入数据线

SPI_CS_LOW( )：片选信号置低

SPI_CS_HIGH( )：片选信号置高

（2）根据图 5.5-3b 所示的时序图，向 M25P16 写一个字节的子程序如下：

```
void SPI_SendByte(u8 byte)
{
    u8 i;
    SPI_CS_LOW();                    //将片选信号置成低电平
    for(i=0;i<8;i++)                 //向 M25P16 写入 8 位数据
    {
        SPI_SCK_LOW();
        if((byte&0x80)==0x80)
        {
            SPI_MOSI_HIGH();
        }
        else
        {
            SPI_MOSI_LOW();
        }
        byte<<=1;
        SPI_SCK_HIGH();              //产生时钟信号上升沿
    }
    SPI_CS_HIGH();
}
```

(3) 根据图 5.5-3b 所示的时序图，向 M25P16 读一个字节的子程序如下：

```
u8 SPI_ReceiveByte(void)
{
    u8 i,byte;
    SPI_CS_LOW();
    for(i=0;i<8;i++)
    {
        byte<<=1;
        SPI_SCK_HIGH();             //产生一个时钟脉冲
        SPI_SCK_LOW();
        if(SPI_MISO==0x01)          //从 MISO 引脚读数据
        {
            byte|=0x01;
        }
    }
    SPI_CS_HIGH();
    return byte;
}
```

用软件模拟 SPI 总线时序的方法十分灵活，构成 SPI 总线的单片机 I/O 引脚可以任意，每次传送的数据位数也可以任意。编程时应严格参照从器件数据手册提供的时序图，避免出错。

5.5.2 数控稳压电源设计

1. 设计题目

设计一数控稳压电源，其原理框图如图 5.5-4 所示。数控电压源的基准电压 V_{REF} 由 12 位 D/A 转换器 DAC7512 产生。设计要求如下：

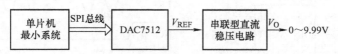

图 5.5-4　数控稳压电源原理框图

1）输出电压范围为 0 ~ 9.99V 步进可调，调整步距为 0.01V。
2）最大输出电流 $I_{O\,max}$：500mA。
3）用"增加""减少""步进选择" 3 个键设置给定电压值。

2. 硬件电路设计

（1）串行 D/A 转换电路设计

根据数控稳压电源的设计指标，输出电压 V_O 的最大值为 9.99V，输出电压分辨力为 0.01V，刚好有 1000 个不同输出电压值，因此，需要采用分辨率 10 位以上的 D/A 转换器来控制输出电压。这里选用 TI 公司生产的低功耗、电压输出型 12 位 D/A 转换器 DAC7512，其功能框图和引脚排列如图 5.5-5 所示。DAC7512 具有与 SPI 总线兼容的 3 线式串行总线接口，内部含有一个轨对轨（Rail to Rail）输出缓冲放大器。DAC7512 没有参考电压输入引脚，也没有内部参考电压源，参考电压直接来自外加电源 V_{DD}，使输出信号的电压范围达到 0 ~ V_{DD}。内部上电复位电路确保上电时 D/A 转换器的输出电压为 0V。DAC7512 输入的数字量和输出模拟电压的关系如式(5.5-1) 所示。

$$V_{OUT} = V_{DD}\frac{D}{4096} \tag{5.5-1}$$

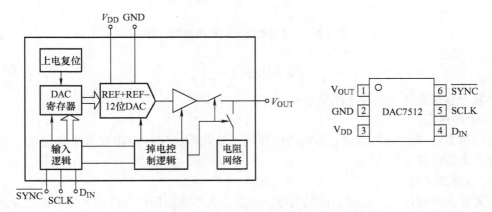

图 5.5-5　DAC7512 功能框图和引脚排列

单片机与 DAC7512 的接口原理图如图 5.5-6a 所示。由数据手册提供的 DAC7512 时序图如图 5.5-6b 所示。从时序图可知，当 $\overline{SYNC}$ 由高电平变为低电平时，启动一次写操作。在时钟信号 SCLK 下降沿的作用下，16 位数据从数据输入端 DIN 逐位送入 DAC7512 内部的 16 位移位寄存器。当16位数据送入后，$\overline{\text{SYNC}}$恢复为高电平。注意，16位数据中只有低12位 D11 ~ D0才是待转换的数据，高4位D15 ~ D12在正常操作模式下置成0000。DAC7512的时钟信号SCLK的频率可以达到30MHz。

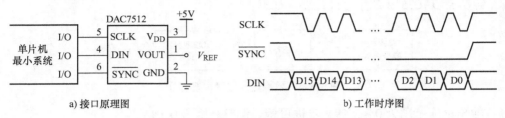

a) 接口原理图   b) 工作时序图

图 5.5-6   DAC7512接口原理图及工作时序图

（2）串联型稳压电路设计

数控稳压电源是对串联型直流稳压电路改进得到的。串联型直流稳压电路原理图如图 5.5-7 所示。在输入直流电压和负载之间串入一个晶体管 VT，当 V_I 或 R_L 波动引起输出电压 V_O 变化时，V_O 的变化将反映到运算放大器的反相输入端形成电压串联负反馈，运算放大器的输出电压控制晶体管 VT 的 V_{BE}，引起 V_{CE} 的变化，从而保持输出电压 V_O 基本稳定。输出电压 V_O 与输入基准电压 V_{REF} 的关系是

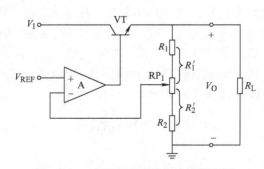

图 5.5-7   串联型直流稳压电路原理图

$$V_O = V_{REF}\left(1 + \frac{R_1'}{R_2'}\right) \tag{5.5-2}$$

串联型直流稳压电路由4部分组成。

1）采样电阻。

由电阻 R_1、R_2 和 RP$_1$ 组成。当输出电压发生变化时，采样电阻取其变化量的一部分送到运算放大器的反相输入端。

2）运算放大器。

运算放大器构成电压串联负反馈电路。运算放大器将稳压电路输出电压的变化量进行放大，然后再送到调整管 VT 的基极。由于运算放大器的放大倍数非常大，所以只要输出电压产生一点微小的变化，即能引起调整管的基极电压发生较大的变化，提高了稳压效果。

3）基准电压。

基准电压 V_{REF} 是稳压电路的一个重要组成部分，它直接影响到稳压电路性能。要求基准电压源输出电压稳定性高、温度系数小、噪声低。在数控稳压电源中，基准电压源由串行

D/A 转换器的输出电压提供。

4）调整管。

调整管 VT 接在输入直流电压 V_I 和输出端的负载电阻 R_L 之间，若输出电压 V_O 由于电网电压或负载电流等的变化而发生波动时，其变化量经采样、比较、放大后送到调整管的基极，使调整管的集-射电压也发生相应的变化，最终调整输出电压使之基本保持稳定。

VT 管选择时主要考虑极限参数 I_{CM}、$V_{(BR)CEO}$ 和 P_{CM}。这些参数应分别满足

$$I_{CM} > I_{Omax}, \ V_{(BR)CEO} > V_I - V_{Omin}, \ P_{CM} \geqslant I_{Omax}(V_I - V_{Omin})$$

考虑一定的余量，VT 管选用大功率管 TIP41C。

由于 TIP41C 为达林顿管，$V_{CE(sat)}$ 在 2V 左右，数控稳压电源的最大输出电压为 9.99V，因此，V_I 必须大于 12V，考虑一定的余量，输入电源电压 V_I 取 15V。

运算放大器选用可单电源供电的通用运放 LM358。当 LM358 采用 +15V 电源供电时，最大输出电压为 13.5V。

数控稳压电源总体原理图如图 5.5-8 所示。在运算放大器的输出端接一只 NPN 晶体管 VT1 实现扩流。为了给串行 D/A 转换器 DAC7512 提供电源，采用了一片集成稳压芯片 78L05。数控稳压电源的输出电压可以通过 RP1 调节，可通过调节 RP1 使输出电压与单片机设定的电压一致。需要注意的是，当负载电流较大时，VT2 管子功耗较大，温度较高，需要采取散热措施。

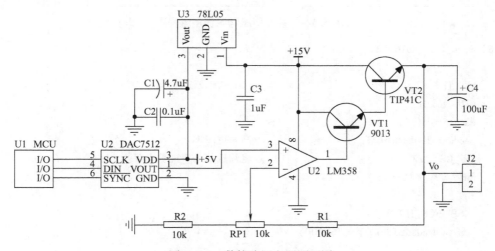

图 5.5-8　数控稳压电源原理图

3. 程序设计

为了通过键盘设定输出电压值，采用 3 个功能键：增加键、减少键、步进值选择键。步进值分为 0.01V、0.1V、1V 三档，通过步进值选择键设定。设定 $D = 4000$ 时，对应输出电压为 10.00V，因此三档电压步进值分别对应数字量 4、40、400。根据设定的输出电压值，换算成数字量，再乘以校准系数 K，送 DAC7512。K 的具体数值通过电路实际调试确定。

程序流程图如图 5.5-9 所示。将 16 位数据写入 DAC7512 的程序如下：

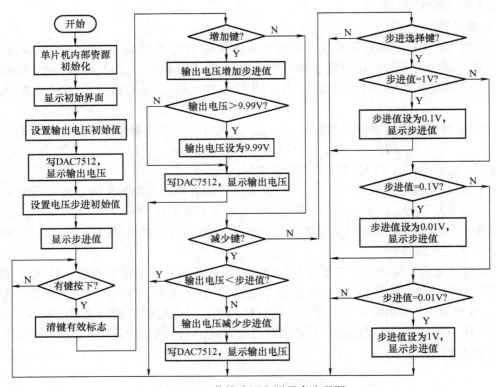

图 5.5-9　数控稳压电源程序流程图

```c
void Write_DAC ( u16 dat)
    {
    u8   i;
    u16 dacdat;
    dacdat = dat;
    dacdat = dacdat&0x0fff;                //高 4 位清零
    SPI_CS_LOW();                          //将片选信号置成低电平
    for( i = 0 ; i < 16 ; i ++ )
      {
      SPI_SCK_HIGH();
      if ( ( dacdat&0x8000) == 0x8000)
        {
        SPI_MOSI_HIGH();
        }
      else
        {
        SPI_MOSI_LOW();
        }
      dacdat <<= 1;
      SPI_SCK_LOW();                       //产生时钟信号下降沿
      }
```

```
        SPI_CS_HIGH( );                    //片选信号恢复成高电平
    }
```

数控稳压电源测试结果见表 5.5-1。测试结果表明，数控稳压电源达到了设计要求。

表 5.5-1　数控稳压电源测试结果

设定输出电压/V	0.10	1.00	3.00	5.00	8.00	10.00
实测输出/V（空载）	0.104	1.004	3.002	5.001	8.001	10.002
实测输出/V（负载电流 0.5A）	0.103	1.004	3.002	5.002	8.001	10.001

5.6　I²C 总线扩展技术

5.6.1　I²C 总线及软件模拟

1. I²C 总线的定义和特点

I²C（Inter-Integrated-Circuit）总线是由 Philips 公司开发的简单、高性能的芯片间串行传输总线。I²C 总线仅用一根数据线（SDA）和一根时钟线（SCL）实现了在单片机和外围设备之间进行双向数据传送。图 5.6-1 所示为典型的单片机 I²C 总线系统结构图。

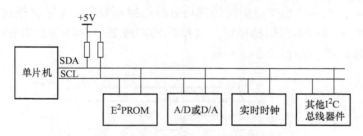

图 5.6-1　单片机 I²C 总线系统结构图

I²C 总线系统具有以下特点：

1）所有 I²C 总线接口器件都包含了一个片上接口，使器件之间直接通过 I²C 总线通信。I²C 总线的器件接口如图 5.6-2 所示，接口设有数据输入/输出引脚 SDA 和时钟输入/输出引脚 SCL，每个引脚内部含有一个漏极开路的 MOSFET 管和一个 CMOS 缓冲器。挂在总线上的每个器件可以通过 CMOS 缓冲器来读入信号，也可以通过 MOSFET 管将每一条线的电平置成高或低，实现信号输出。因此，I²C 总线的每条线既是输入线，又是输出线。由于 I²C 总线的每个引脚是漏极开路输出，因此可以实现线与功能，不过在使用时，两条通信线应通过上拉电阻接到 +5V 电源。当总线空闲时，I²C 总线的两条通信线都是高电平。

2）挂在 I²C 总线上的器件有主器件和从器件之分。主器件是指主动发起一次传送的器件，它产生起始信号、终止信号和时钟信号；从器件是指被主器件寻址的器件。在单片机系统中，主器件一般由单片机担当，从器件则为其他器件，如存储器、A/D 或 D/A 转换器、实时时钟等。在实际应用中，大多数的单片机系统采用单主结构的形式，即系统中只有一个主器件，其余均为从器件，图 5.6-1 所示就是典型的单主结构单片机系统。需要指出的是，一个 I²C 总线系统可以有多个主器件，它是一个真正的多主器件总线，I²C 总线有一套完善的总线冲突检测和仲裁机制，当有两个以上的主器件同时启动数据传输时，通过冲突检测和仲裁，I²C 总线最终只允许一个主器件继续占用总线完成数据传输，其余主器件退出总线。

3）每个连接到 I²C 总线的器件都有唯一的地址。主器件在发出起始信号以后，传送的第一个字节总是地址字节，以指示由哪个器件来接收该数据。由于 I²C 总线采用了器件地址的硬件设置、软件寻址，因此不需要片选信号，使得硬件系统的扩展更简单、更灵活。

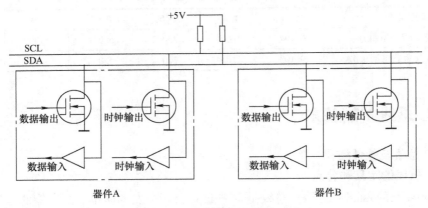

图 5.6-2　I²C 总线接口原理图

2. I²C 总线的基本时序

在 I²C 总线上，每一位数据位的传送都与时钟脉冲相对应。在数据传送时，SDA 线上的数据在时钟的高电平期间必须保持稳定。数据线的高或低电平状态只有在 SCL 线的时钟信号是低电平时才能改变，如图 5.6-3 所示。

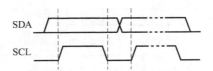

图 5.6-3　I²C 数据位的有效性规定

根据 I²C 总线协议的规定，当 SCL 线处于高电平时，SDA 线从高电平向低电平切换表示起始条件；当 SCL 线处于高电平时，SDA 线由低电平向高电平切换表示终止条件。数据传送的起始信号和终止信号如图 5.6-4 所示，起始信号和终止信号由主器件产生。总线在起始条件后被认为处于忙的状态，在终止条件的某段时间后总线被认为再次处于空闲状态。连接到 I²C 总线上的器件可以很容易地检测到起始信号和终止信号。

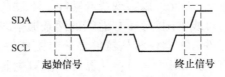

图 5.6-4　数据传送的起始信号和终止信号

利用 I²C 总线进行数据传送时，传送的字节数是没有限制的，但是每一个字节必须保证是 8 位长度，先送高位后送低位。每传送一个字节数据以后都必须跟随一个应答位，其数据传送的时序如图 5.6-5 所示。

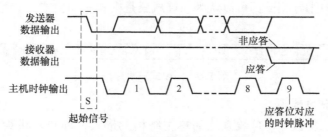

图 5.6-5　I²C 总线数据传送时序

从图 5.6-5 的时序图中可以看到，应答位在第 9 个时钟位上出现。与应答位对应的时钟总是由主器件产生，而应答位是由接收器件产生。如果主器件接收数据，则应答位由主器件产生；如果从器件接收数据，则应答位由从器件产生。接收器件如果在应答位输出低电平的应答信号，则表示继续接收；若输出高电平的非应答信号，则表示结束接收。

当主器件接收数据时，它收到最后一个数据字节后，必须向从器件发送一个非应答信号，使从器件释放 SDA 线，以便主器件产生终止信号，从而终止数据传送。

3. I²C 总线的 3 种传输模式

模式一：主器件发送，从器件接收，而且传输方向始终不变，其时序图如图 5.6-6 所示。主器件先发出起始信号 S，再发出 7 位的从器件地址。从器件地址后跟 1 位方向位 R/$\overline{\text{W}}$。当 R/$\overline{\text{W}}$ =1 时，表示主器件对从器件进行读操作；当 R/$\overline{\text{W}}$ =0 时，表示主器件对从器件进行写操作。由于模式一属于写操作，因此方向位 R/$\overline{\text{W}}$ 应置 0（图中用 $\overline{\text{W}}$ 表示）。当从器件接收到一个字节以后，应发出低电平的应答信号 A。主器件发送完数据以后，应发送一个终止信号 P。在时序图中用阴影表示的部分表示由从器件产生的信号。

图 5.6-6　模式一时序图

模式二：主器件发送地址字节后立即读从器件数据，其时序图如图 5.6-7 所示。主器件先发出起始信号，再发出 7 位的从器件地址。从器件地址后跟 1 位方向位，由于模式二为读操作，因此方向位 R/$\overline{\text{W}}$ 应置 1（图中用 R 表示）。从器件接收到地址字节后，送出应答信号 A。然后，主器件改为接收、从器件改为发送。主器件接收到从器件的数据以后，应向从器件发出一个低电平的应答信号 A。从器件接收到低电平的应答信号以后，将继续向主器件发送数据。当主器件接收到最后一个数据以后，必须向从器件发送一个非应答信号 $\overline{\text{A}}$（高电平），使从器件释放数据线，以便主器件发出一个终止信号。

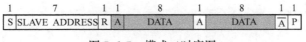

图 5.6-7　模式二时序图

模式三：主器件先向从器件写数据，再向从器件读数据，其时序图如图 5.6-8 所示。模式三在一次数据传送过程中需要改变传送方向的操作，此时，起始位和器件地址都会重复一次，但两次读写方向刚好相反。可以认为，模式三是模式一和模式二的组合。

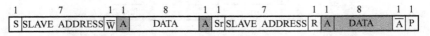

图 5.6-8　模式三时序图

4. I²C 总线的软件模拟

在实际应用中，多数 I²C 总线系统为单主结构的形式，即单片机为系统中唯一的主器件，其他串行接口芯片均为从器件。在单主结构的系统中，由于不需要总线的仲裁，I²C 总线的数据传送要简单得多，因此利用软件模拟 I²C 总线完全可以实现主器件对从器件的读写。软件模拟 I²C 总线具有很强的实用意义，它只需要两根 I/O 引脚，能应用在任何型号的单片机系统中，可以省去一些繁杂的 I²C 总线接口的初始化工作。根据 I²C 总线的基本时序，典型的模拟子程序介绍如下。

（1）启动信号子程序

在 SCL 高电平期间 SDA 发生负跳变。

```
void I2Cstart( )
    {
        SDA_HIGH( );
        delay( );
        SCL_HIGH( );
        delay( );
        SDA_LOW( );
        delay( );
        SCL_LOW( );
        delay( );
        SDA_HIGH( );
    }
```

（2）终止信号子程序

在 SCL 高电平期间 SDA 发生正跳变。

```
void I2Cstop( )
    {
        SDA_LOW( );
        delay( );
        SCL_HIGH( );
        delay( );
        SDA_HIGH( );
    }
```

（3）发送应答位子程序

在 SDA 低电平期间 SCL 发生一个正脉冲。

```
void ack( )
```

```
        {
           SDA_LOW();
           delay();
           SCL_HIGH();
           delay();
           SCL_LOW();
           delay();
           SDA_HIGH();
           delay();
        }
```

（4）发送非应答位子程序

在 SDA 高电平期间 SCL 发生一个正脉冲。

```
void nack()
        {
           SDA_HIGH();
           delay();
           SCL_HIGH();
           delay();
           SCL_LOW();
           delay();
        }
```

（5）检查应答位子程序

在检查应答位子程序中，设置了标志位 F0，当检查到正常应答位时 F0 = 0，否则，F0 = 1。

```
void I2Ccheck()
        {
           F0 = 0x00;
           SDA_HIGH();
           delay();
           SCL_HIGH();
           delay();
           if(SDA == 1)F0 = 0x01;
           SCL_LOW();
           delay();
        }
```

（6）写一个字节数据子程序

该子程序完成发送一个字节数据操作。

```
void I2Cwrbyte(u8 byte)
{
    u8 i;
```

```
    for( i = 0 ; i < 8 ; i ++ )
  {
    if( ( byte&0x80 ) == 0x80 )
      {
       SDA_HIGH( ) ;
      }
      else
      {
         SDA_LOW( ) ;
      }
      byte = byte << 1 ;
      delay( ) ;
      SCL_HIGH( ) ;
      delay( ) ;
      SCL_LOW( ) ;
      delay( ) ;
    }
   SDA_HIGH( ) ;
 }
```

(7) 读一个字节子程序

该子程序完成接收一个字节数据操作。

```
u8 I2Crdbyte( )
  {
    u8 i, q , byte = 0 ;
    for( i = 0 ; i < 8 ; i ++ )
    {
        SDA_HIGH( ) ;
        SCL_HIGH( ) ;
        delay( ) ;
      q = SDA ;
      delay( ) ;
      SCL_LOW( ) ;
        byte = byte << 1 ;
        if( q == 0x01 )
        {
           byte = byte | 0x01 ;
        }
        delay( ) ;
      }
    return byte ;
  }
```

（8）延时子程序

```
void delay(void)
{
    u16 time;
    time = 1000;
      while (time --);
}
```

5.6.2 短路故障点位置测量装置设计

1. 设计题目

设计短路故障点位置测量装置，其示意图如图 5.6-9 所示。检测装置通过两个连接端子与两根导线连接。导线上 A、B 两点距离各自连接端子约 5cm，远端 30cm 范围内为连接负载和故障区域。两根导线上的短路故障点与各自的 A 点或 B 点距离相等。测量短路故障点与 A 点（或 B 点）的距离并稳定显示，误差的绝对值不大于 1.0cm。导线采用网线（直径 0.51～0.58mm）内的铜芯。

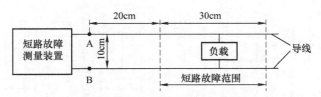

图 5.6-9　短路故障点位置测量装置

2. 方案设计

当负载发生短路故障时，A、B 之间的电阻就是导线的电阻。通过测量负载短路时 A、B 间的导线电阻，根据阻值计算 A、B 间的线路长度，线路长度的一半就是短路故障点与 A 点（B 点）的距离。短路时 A、B 间线路的长度可以由下式得到：

$$R_x = \rho L + R_0 \qquad\qquad L = (R_x - R_0)/\rho \qquad\qquad (5.6\text{-}1)$$

式中，ρ 为铜芯网线的线路电阻系数；L 为 A、B 间导线长度；R_x 为单片机测出的导线电阻；R_0 为除 A、B 间导线外的其他电阻，如接触电阻、短路连接线的电阻等。由于短路故障的距离与导线电阻成正比，测量故障点的位置就转化为测量导线的电阻。图 5.6-10 就是测量 R_x 的原理框图。先用一个基本恒定的电流流过 R_x，得到与之成正比的电压 V_{IN}。V_{IN} 经过仪表放大器放大后得到 V_{OUT}，用高分辨率 A/D 转换器将 V_{OUT} 转化成数字量，由单片机根据数字量计算故障距离。

图 5.6-10　短路故障点位置测量装置原理框图

3. 硬件电路设计

硬件电路由仪表放大器 INA129、16 位 $\Sigma-\triangle$ 型 A/D 转换器 ADS1115、单片机最小系统构成，其原理图如图 5.6-11 所示。铜芯网线的电阻用 R_x 表示，与两只 51Ω 的电阻 R_1 和 R_2 串联，由于 R_x 的阻值非常小，因此流过的电流 I_0 基本是恒定的，即

$$I_0 = -\frac{5V - 0V}{51\Omega + 51\Omega} \approx 49mA$$

R_x 两端的电压

$$V_{IN} = R_x I_0 = 0.049 R_x$$

仪表放大器 INA129 的增益为

$$G = 1 + \frac{49.4k\Omega}{R_G}$$

仪表放大器的输出电压为

$$V_{OUT} = 0.049 \times \left(1 + \frac{49.4k\Omega}{0.1k\Omega}\right) \times R_x = 24.255 R_x \tag{5.6-2}$$

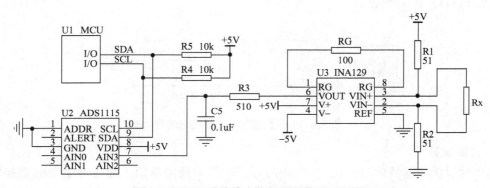

图 5.6-11　短路故障点位置测量装置原理图

ADS1115 的功能框图和引脚排列如图 5.6-12 所示，其内部包括模拟开关、一个 $\Sigma-\triangle$ 型 A/D 转换器核、可编程增益放大器 PGA、基准电压源、时钟振荡器和 I^2C 总线接口。ADS1115 由于精度高、体积小、使用方便，因此在高精度测量、工业过程控制等方面获得广泛应用。

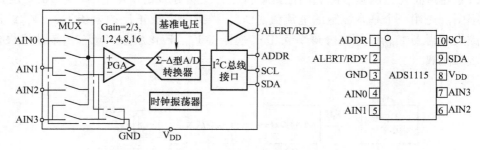

图 5.6-12　ADS1115 功能框图和引脚排列

ADS1115 的引脚说明见表 5.6-1。

表 5.6-1　ADS1115 引脚说明

引脚号	引脚符号	特性	功能描述
1	ADDR	数字输入	I²C 从器件地址选择
2	ALERT/RDY	数字输出	数字比较器输出或转换完成
3	GND	模拟	模拟地
4	AIN0	模拟输入	差分通道 1 的同相输入端，单端通道 1 输入
5	AIN1	模拟输入	差分通道 1 的反相输入端，单端通道 2 输入
6	AIN2	模拟输入	差分通道 2 的同相输入端，单端通道 3 输入
7	AIN3	模拟输入	差分通道 2 的反相输入端，单端通道 4 输入
8	V_{DD}	模拟	模拟电源
9	SDA	数字输入输出	I²C 总线数据线
10	SCL	数字输入	I²C 总线时钟线

ADS1115 内部 PGA 的增益设置与满量程输入、差分输入电阻的关系见表 5.6-2。

表 5.6-2　PGA 的增益设置与满量程输入和差分输入电阻的关系

PGA 设置	满量程输入/V	差分电阻/MΩ	PGA 设置	满量程输入/V	差分电阻/MΩ
2/3	±6.144	22	4	±1.024	2.4
1	±4.096	15	8	±0.512	0.71
2	±2.048	4.9	16	±0.256	0.71

ADS1115 以二进制补码格式提供 16 位数据，正满量程输入产生 7FFFH 的输出代码，负满量程输入产生 8000H 的输出代码。

$$转换码 = 0x7FFF \times PGA \times \frac{AIN_P - AIN_N}{4.096} \tag{5.6-3}$$

ADS1115 有一个地址引脚 ADDR 配置器件的 I²C 地址。当 ADDR 引脚接地时，器件地址为 1001000。

4. 软件设计

单片机软件由主程序和定时器中断服务程序构成，软件流程图如图 5.6-13 所示。从流程图可以看到，软件设计的关键是单片机对 ADS1115 的操作程序的设计，即启动 A/D 转换和读取 A/D 转换值。

无论是启动 A/D 转换还是读取 A/D 转换值，单片机都是通过 I²C 接口访问 ADS1115 内部寄存器实现的。与本设计相关的寄存器有以下 3 个：

（1）指针寄存器（Pointer Register Byte）

该寄存器只能写，用最低两位 D1、D0 来选择后续要访问的寄存器：

00—转换寄存器；01—配置寄存器；10—低阈值寄存器；11—高阈值寄存器。

（2）转换寄存器

该寄存器只能读，用于存放 16 位转换结果。

（3）配置寄存器

该 16 位寄存器可读、可写，复位值为 8583H，每一位的功能介绍如下：

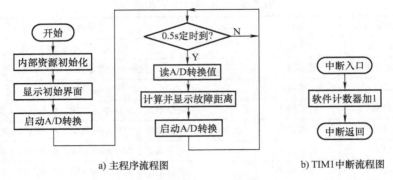

a) 主程序流程图　　　　　　　b) TIM1中断流程图

图 5.6-13　程序流程图

D15—OS 位，操作状态或者单次转换开始。

该位决定设备的运行状态。OS 位只能在掉电状态写入。写入时，0—无效果，1—启动一次转换；读出时，0—器件正在转换，1—器件没有执行转换。

D14 ~ D12：MUX [2：0] 位，该位用于 输入模拟开关配置。

000—AIN$_P$ = AIN0，AIN$_N$ = AIN1；001—AIN$_P$ = AIN0，AIN$_N$ = AIN3；

010—AIN$_P$ = AIN1，AIN$_N$ = AIN3；011—AIN$_P$ = AIN2，AIN$_N$ = AIN3；

100—AIN$_P$ = AIN0，AIN$_N$ = GND；101—AIN$_P$ = AIN1，AIN$_N$ = GND；

110—AIN$_P$ = AIN2，AIN$_N$ = GND；111—AIN$_P$ = AIN3，AIN$_N$ = GND。

D11 ~ D9：PGA [2：0] 位，该位用于 PGA 配置。

000—FS = ±6.144V；001—FS = ±4.096V；010—FS = ±2.048V；011—FS = ±1.024V；

100—FS = ±0.512V；101 ~ 111—FS = ±0.256V。

D8：MODE 位，器件运行模式。该位控制器件的当前运行模式。

0—连续转换模式；1—掉电模式或单次转换模式。

D7 ~ D5：DR [2：0] 位，该位选择数据速率。

000—8SPS；001—16SPS；010—32SPS；011—64SPS；100—128SPS；101—250SPS；110—475SPS；111—860SPS。

D4 ~ D0：用于设置 A/D 转换器内部串口比较器工作模式。

根据图 5.6-11 所示的原理图和图 5.6-13 所示的程序流程图，配置寄存器的每一位配置值，见表 5.6-3。从表中可知，16 位配置字为 0xF983。

表 5.6-3　配置寄存器配置值

配置字位	配置值	功能说明
D15	1	启动一次 A/D 转换
D14 ~ D12	111	AIN$_P$ = AIN3，AIN$_N$ = GND
D11 ~ D9	100	PGA = 8，满量程电压 = 0.512V
D8	1	单次转换
D7 ~ D5	100	转换速率 = 128SPS
D4 ~ D0	00011	禁止内部窗口比较器，降低功耗

ADS1115 的基本操作子程序介绍如下。

（1）启动 A/D 转换子程序

启动 A/D 转换子程序的设计可参考图 5.6-6 所示的模式一时序图，即先发送 1 字节的从器件地址，然后连续发送 3 字节的数据。具体代码如下所示：

```
void Write_AD_AIN3( )
{
    I2Cstart( );                    //发送起始位
    I2Cwrbyte(0x90);                //发送器件地址(写)
    I2Ccheck( );                    //等待应答
    I2Cwrbyte(0x01);                //写指针寄存器,指向配置寄存器
    I2Ccheck( );                    //等待应答
    I2Cwrbyte(0xF9);                //写配置字高字节
    I2Ccheck( );                    //等待应答
    I2Cwrbyte(0x83);                //写配置字低字节
    I2Ccheck( );                    //等待应答
    I2Cstop( );                     //发送停止位
}
```

（2）读 A/D 转换值子程序

读 A/D 转换值子程序的设计可参考图 5.6-8 所示的模式三时序图。先写指针寄存器，然后分两次读取 A/D 转换结果。具体代码如下所示。

```
void Read_AD( )
{
    u8 adcdath,adcdatl;
    I2Cstart( );
    I2Cwrbyte(0x90);                //发送器件地址(写)
    I2Ccheck( );                    //等待应答
    I2Cwrbyte(0x00);                //写配置寄存器指针,指向转换寄存器
    I2Ccheck( );                    //等待应答
    I2Cstop( );
    I2Cstart( );                    //再次发起始位
    I2Cwrbyte(0x91);                //发送器件地址(读)
    I2Ccheck( );
    adcdath = I2Crdbyte( );         //读转换结果高字节
    ack( );
    adcdatl = I2Crdbyte( );         //读转换结果低字节
    nack( );
    I2Cstop( );
    ADCdata = adcdath * 256 + adcdatl;    //将 16 位转换结果存在 ADCdata 寄存器中
}
```

短路故障点位置测量装置的测试结果见表 5.6-4。从测试结果可以看出，误差值最大为 0.3cm，满足题目要求的不大于 1cm 的要求。

表 5.6-4　短路故障点距离测量

短路故障点距离/cm	25	30	35	40	45	50
测量值/cm	24.7	29.7	34.7	39.8	44.8	49.7
误差/cm	0.3	0.3	0.3	0.2	0.2	0.3

思　考　题

1. 什么是单片机最小系统？
2. CPLD 在单片机最小系统中实现了哪些功能？
3. 在图 5.3-10 所示的可编程增益放大器中，用 OP07 或者 OP37 代替 OP27 是否可以？并说明理由。

设 计 训 练 题

设计训练题一　直流电动机调速系统设计

实验任务：直流电动机调速系统设计原理框图如图 P5-1 所示。要求通过按键控制直流电动机正转、反转、加速、减速。

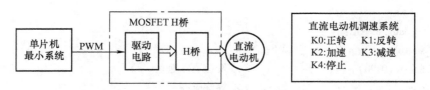

图 P5-1　直流电动机控制系统原理框图

设计训练题二　16×16 LED 显示屏设计

设计并制作一 16×16 点阵 LED 显示屏，其示意图如图 P5-2a 所示。

16×16 LED 显示屏为由 LED 发光二极管构成的小型显示屏，可显示一个 16×16 的汉字或其他信息。

1) 开机时，依次循环显示"电""子""设""计" 4 个汉字，每个汉字显示停留时间为 1s，显示亮度符合视觉要求，无明显闪烁。

2) 通过键盘 K0 ~ K3 分别显示图 P5-2b 所示的箭头。

设计训练题三　简易交流电压表设计

设计一简易交流电压表，实现对峰-峰值为 0.1 ~ 10V、频率范围为 1 ~ 10kHz 正弦信号有效值的测量。原理框图如图 P5-3a 所示，电压表的显示格式如图 P5-3b 所示，测量值每隔 0.5s 刷新一次。测量值分辨力为 0.01V，误差小于 0.01V。

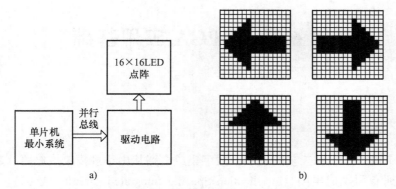

图 P5-2 16×16 点阵 LED 显示屏示意图

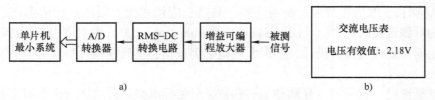

图 P5-3 简易数字电压表原理框图

设计训练题四 程控放大器设计

设计一程控放大器，其示意图如图 P5-4 所示。主要技术指标如下：

1）增益范围 1~1000，可通过键盘设置，增益误差小于 1%。

2）输出信号电压峰–峰值 $V_{pp} \geqslant 8V$。

3）带宽 0~10kHz。

4）采用 ±5V 供电。

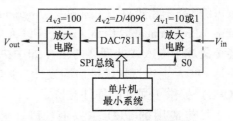

图 P5-4 程控放大器示意图

设计训练题五 数控电流源设计

设计一数控电流源，原理框图如图 P5-5 所示。单片机通过 SPI 总线扩展 12 位串行 D/A 转换器 DAC7512，D/A 转换器的输出电压 V_{REF} 送 V/I 变换电路，V/I 变换电路输出与 V_{REF} 成正比的电流信号。主要技术指标如下：

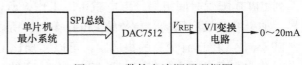

图 P5-5 数控电流源原理框图

1）输出电流范围 0~20mA。

2）可设置并显示输出电流给定值，给定电流分辨力为 0.01mA。

3）改变负载电阻，输出电压在 8V 以内变化时，要求输出电流变化的绝对值小于 0.05mA。

第6章 FPGA 应用基础

6.1 概述

随着微电子设计技术和工艺的发展，数字集成电路从中小规模集成电路、超大规模集成电路逐步发展到专用集成电路（Application Specific Integrated Circuit，ASIC）。ASIC 是为特定用户或特定电子系统制作的集成电路。ASIC 采用了优化设计，减少了元器件数量，缩短了布线，缩小了设计的物理尺寸，提高了系统的可靠性，降低了产品的生产成本。但是，ASIC 设计周期长、改版投资大、灵活性差，只适合应用在大批量生产的成熟产品中。本章将要介绍的可编程逻辑器件（Programmable Logic Device，PLD）弥补了 ASIC 的不足，使设计人员可根据需要在实验室设计、实现大规模数字逻辑，而且在设计阶段可以不断修改，直到满意为止。

PLD 将逻辑门、触发器、存储器等一些数字电路标准模块都放在一个集成芯片上，用户可以根据不同的应用自行配置内部电路。经过 20 多年的发展和创新，PLD 的产品从早期的只能完成简单逻辑功能的可编程只读存储器（PROM）、能完成中大规模数字逻辑功能的可编程阵列逻辑（PAL）和通用阵列逻辑（GAL），发展到可完成超大规模数字逻辑功能的复杂可编程逻辑器件（Complex Programmable Logic Device，CPLD）和现场可编程门阵列（Field Programmable Gate Array，FPGA）。随着工艺技术的发展和市场需要，新一代的 FPGA 甚至集成了嵌入式处理器内核［如中央处理器（CPU）或者数字信号处理器（DSP）］，在一片 FPGA 上进行软硬件协同设计，为实现可编程片上系统（System On Programmable Chip，SOPC）提供了强大的硬件支持。

目前常用的 PLD 主要有 CPLD 和 FPGA 两大类。一般地说，把基于乘积项技术、E^2PROM工艺的可编程逻辑器件称为 CPLD；把基于查找表技术、SRAM 工艺，要外挂配置用 FlashROM 的可编程逻辑器件称为 FPGA。随着技术的发展，一些厂家推出了新的 PLD 产品，模糊了 CPLD 和 FPGA 的区别。例如，Intel 公司推出的 MAX Ⅱ 系列 CPLD 就是一种基于查找表结构的可编程器件，在本质上它就是一种在内部集成了配置芯片的 FPGA。由于 MAX Ⅱ 系列 CPLD 配置时间极短，上电就可以工作，所以对用户来说，感觉不到与传统 CPLD 的差异，加上容量及应用场合与传统 CPLD 类似，所以 Intel 公司仍然将它称作 CPLD。

FPGA 比 CPLD 有更高的集成度，可以实现比 CPLD 更复杂的设计，同时也具有更复杂的布线结构和逻辑实现。CPLD 比 FPGA 有较高的速度和较大的时间可预测性。CPLD 的编程工艺采用 E^2PROM 或 FlashROM 技术，无需外部存储器芯片，使用简单，保密性好。而基于 SRAM 编程的 FPGA，其编程信息需存放在外部存储器上，使用方法较为复杂，保密性差。尽管 FPGA 与 CPLD 在硬件结构上有一定差异，但对用户而言，它们的设计流程是相似的，使用 EDA 软件的设计方法也没有太大的区别。

FPGA /CPLD 的主要生产厂商有 Intel、Xilinx、Lattice 等。2015 年，Intel 公司收购 Altera

公司后，Altera 公司的 FPGA/CPLD 产品全部更名为 Intel 公司的产品。Intel 公司的 FPGA/CPLD 产品具有品种多、性价比高、拥有功能强大的 EDA 软件和丰富的 IP 核支持的特点，是当今 FPGA/CPLD 应用领域的主流产品，也是国内高校 EDA 教学领域应用最广的产品。本章将以 Intel 公司的 Cyclone Ⅳ 系列 FPGA 为例介绍 FPGA 的基本结构、原理和应用。

随着半导体和嵌入式系统应用技术的高速发展，FPGA 已经被广泛地应用于各行各业。无论是家用电器、数码产品，还是通信行业、工业自动化、汽车电子、医疗器械等领域，FPGA 无处不在。在电子系统设计中，尽管单片机的内部资源和性能逐步提高，FPGA 仍具有不可替代的作用。单片机和 FPGA 有各自的优点，单片机适合用于人机接口、系统功能选择、低速计数、简单浮点运算、低速 A/D 和 D/A 控制、外围数据交换等；FPGA 适合用于高速计数、高速 A/D 和 D/A 控制、数据缓存、控制状态机实现、I/O 扩展、数字信号处理等。将单片机和 FPGA 相结合，可充分发挥两者的优点，这也是本书将要介绍的综合电子系统的主要特色。

6.2 FPGA 的结构和原理

Intel 公司的 FPGA 产品分为 Stratix、Arria、Cyclone 等几大系列。其中 Cyclone 系列 FPGA 具有最低的成本和功耗，其性能水平使得该系列器件成为大批量应用的理想选择。目前 Cyclone 系列 FPGA 已经发展到第五代，具体说明如下。

Cyclone：2003 年推出，0.13μm 工艺，1.5V 内核供电。

Cyclone Ⅱ：2005 年开始推出，90nm 工艺，1.2V 内核供电，增加了硬件乘法器单元。

Cyclone Ⅲ：2007 年推出，采用 65nm 低功耗工艺技术制造，比前一代产品每逻辑单元成本降低 20%。

Cyclone Ⅳ：2009 年推出，60nm 工艺，面向对成本敏感的大批量应用。Cyclone Ⅳ 系列又分为两种不同的系列，一种适用于多种通用逻辑应用的 Cyclone Ⅳ E 系列，另一种是具有 8 个集成 3.125Gbit/s 收发器的 Cyclone Ⅳ GX 系列。

Cyclone Ⅴ：2011 年推出，28nm 工艺，实现了业界最低的系统成本和功耗，与前几代产品相比，它具有高效的逻辑集成功能，提供集成收发器，总功耗降低了 40%，静态功耗降低了 30%。

本书选用的器件就是 Cyclone Ⅳ E 系列 FPGA，型号为 EP4CE6E22C8。Cyclone Ⅳ E 系列 FPGA 芯片的命名规则如图 6.2-1 所示。它由工艺、型号、LE 数量、封装、引脚数目、温度范围、器件速度几部分组成。

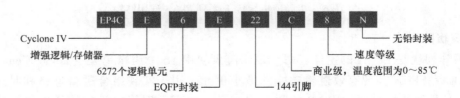

图 6.2-1 Cyclone Ⅳ E 系列 FPGA 芯片命名规则

Cyclone IV E 系列 FPGA 包括多种型号，每种型号的内部资源见表 6.2-1。

表 6.2-1　Cyclone IV E 系列芯片资源

资源	EP4CE6	EP4CE10	EP4CE16	EP4CE22	EP4CE30	EP4CE40	EP4CE55	EP4CE75	EP4CE115
逻辑单元（LE）	6272	10320	15408	22320	28848	39600	55856	75408	114480
嵌入式存储器/Kbit	270	414	504	594	594	1134	2340	2745	3888
嵌入式 18 × 18 乘法器	15	23	56	66	66	116	154	200	266
通用 PLL	2	2	4	4	4	4	4	4	4
全局时钟网络	10	10	20	20	20	20	20	20	20
用户 I/O 块	8	8	8	8	8	8	8	8	8
最大用户 I/O	179	179	343	153	532	532	374	426	528

Cyclone IV E 系列 FPGA 的通用结构如图 6.2-2 所示。它包含了 5 类主要资源：逻辑阵列块（Logic Array Block，LAB）、可编程互连（Interconnects）、可编程输入/输出单元（I/O Element，IOE）、嵌入式存储器（Embedded Memory）、底层嵌入功能单元（如锁相环、乘法器等）。逻辑阵列排列成二维结构，可编程互连为逻辑阵列提供行与列之间的水平布线路径和垂直布线路径。这些布线路径包含了互连线和可编程开关，使得逻辑阵列可以使用多种方式互相连接。

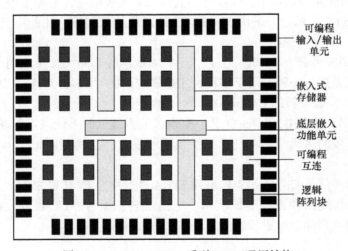

图 6.2-2　Cyclone IV E 系列 FPGA 通用结构

1. 逻辑阵列块（LAB）

逻辑阵列块是 FPGA 的主体，每个逻辑阵列块由 16 个逻辑单元（Logic Element，LE）组成。LE 是 FPGA 实现有效逻辑功能的最小单元，用于实现组合逻辑电路和时序逻辑电路。FPGA 器件的规模通常用 LE 的数量来表示，而不是用等效门的数量来表示规模（参见表 6.2-1）。LE 由查找表（Look-Up Table，LUT）和 D 触发器（也称为寄存器）构成，LE 的简化示意图如图 6.2-3 所示。LUT 用于实现组合电路，其原理是将组合电路的函数真值表存入 LUT 来实现逻辑功能。D 触发器用于实现时序逻辑电路。LUT 的输出和 D 触发器的输出送 2 选 1 数据选择器。当 LE 只是用来实现组合逻辑电路时，就可以通过选通信号将触发器旁路。

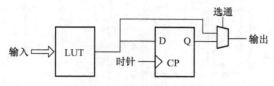

图 6.2-3　LE 的简化示意图

LUT 本质上是一个小规模的 SRAM，它包含了存储单元和地址译码器。LUT 可以具有不同的规模，其规模由输入的数量来定义。Cyclone IV E 系列 FPGA 芯片采用 4 输入 LUT，如图 6.2-4 所示。4 输入 LUT 具有 16 个存储单元，可存放一个 4 变量逻辑函数的真值表。只要改变存储单元中的数据，就可以改变所要实现逻辑函数的功能，因此 4 输入 LUT 可实现任何 4 变量的组合逻辑电路。由于 LUT 由 SRAM 实现，掉电以后数据丢失，所以 FPGA 芯片每次上电后需要重新配置。

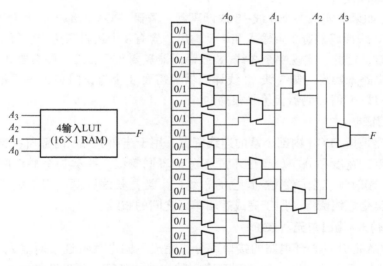

图 6.2-4　4 输入 LUT

实际 LE 要比图 6.2-3 所示的简化 LE 复杂得多。图 6.2-5 所示为 Cyclone IV E 系列 FPGA 在正常模式（Normal Mode）下的 LE 逻辑图。从图中可以看到，LUT 输入除了来自互连阵列，也来自触发器的输出。触发器的输出反馈到 LUT 的输入端，用于构成计数器、状态机等时序电路。LUT 的输出可以直接送到互连阵列，也可以送到触发器的输入端；触发器的输入既可以来自 LUT 的输出，也可以来自触发器链输入。不难理解，LUT 和触发器可以独立工作，这意味着一个 LE 可以同时实现组合电路和时序电路。这一特性，大大提高了 LE 的灵活性和利用率。

LE 中的可编程触发器可以配置成 D、T、JK 或 SR 等各种功能的触发器。触发器上有数据、时钟、时钟使能和清零输入。触发器的时钟信号和异步清零信号可由全局时钟网络、通

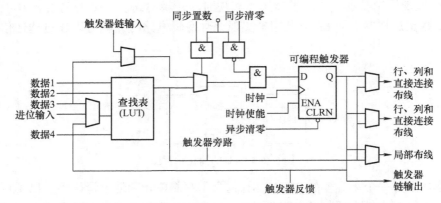

图 6.2-5 Cyclone IV E 系列 FPGA 在正常模式下 LE 逻辑图

用 I/O 引脚、任何内部逻辑驱动；触发器的时钟使能信号可由通用 I/O 引脚或内部逻辑驱动。

当用户设计的逻辑电路需要多个 LE 来实现时，EDA 软件会自动地将用户电路转换成适用于 FPGA 结构的形式。

例 6.2-1　如果要实现一个 3 线-8 线译码器，需要 FPGA 内部多少个 LE？

解： 3 线-8 线译码器有 3 个输入和 8 个输出，含有 8 个逻辑表达式。每个逻辑函数表达式需要一个 LUT，因此，实现一个 3 线-8 线译码器需要 8 个 LUT，即需要 8 个 LE。如果用中小规模的门电路来实现，则 3 线-8 线译码器只需要 8 个与非门和 3 个反相器，可见，用 FPGA 来实现 3 线-8 线译码器代价是很高的。

2. 可编程互连

可编程互连是指 FPGA 内部丰富的连线资源，用于连通 FPGA 内部所有单元。布线资源根据工艺、长度、宽度和分布位置的不同划分为不同等级。一类是全局性的布线资源，如 FPGA 内部的全局时钟、全局复位/置位的布线；一类是长线资源，用于完成逻辑阵列块之间的布线；一类是短线资源，用于完成逻辑单元之间的布线。

3. 可编程输入/输出单元（IOE）

IOE 是 FPGA 芯片和外部电路的接口部分，完成不同电气特性下对输入/输出信号的驱动和匹配。IOE 位于"行互连"和"列互连"的末端，其简化原理图如图 6.2-6 所示。IOE 可以配置成输入、输出和双向口。IOE 从结构上包含一个双向 I/O 缓冲器和 3 个寄存器：输入寄存器、输出寄存器、输出允许寄存器。由于寄存器的存在，因此输入和输出数据可以存储在 IOE 内部。当需要直接输入和输出时，可以将寄存器旁路。I/O 引脚上还设置了可编程的内部上拉电阻。当上拉电阻允许时，上拉电阻就会被连接到 I/O 引脚上。上拉电阻可以解决 FPGA 输入引脚悬空时电平状态不定的问题。

例 6.2-2　如何用 FPGA 实现 RC 振荡器？

解： 根据数字电路课程的相关知识，RC 振荡器由两个反相器和 R、C 分立元件构成。由此得到由 FPGA 构成的 RC 振荡器内部电路原理图如图 6.2-7 所示。

实际上，根据图 6.2-6 所示的原理图，FPGA 的每个 IO 引脚都有一个三态缓冲器，因此，图 6.2-7 所示的 RC 振荡器原理图可进一步简化为如图 6.2-8 所示的 RC 振荡器原理图。

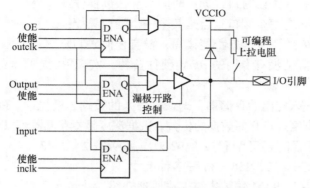

图 6.2-6　IOE 简化原理图

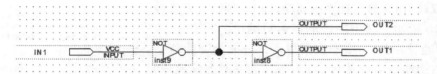

图 6.2-7　由 FPGA 构成的 RC 振荡器内部电路原理图

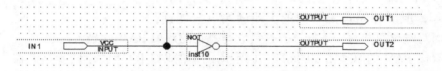

图 6.2-8　简化后的 RC 振荡器原理图

图 6.2-8 所示 RC 振荡器的工作原理可用图 6.2-9 所示的示意图来分析。图中两个三角形的符号表示 IOE 单元中的缓冲器。通过对电容周期性地充放电，CLK 产生方波信号。

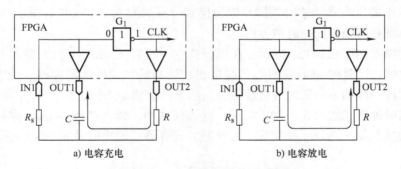

图 6.2-9　RC 振荡器工作原理分析图

4. 嵌入式存储器

大多数 FPGA 都有嵌入式存储器，大大拓展了 FPGA 的应用范围和使用灵活性。Cyclone IV E 系列 FPGA 的嵌入式存储器由 M9K 存储器块组成。M9K 存储器块是除逻辑单元之外使用率最高的内部资源，每个 M9K 存储器块包含 8192 存储位。M9K 存储器块可构成不同类型的存储器，包括单口 RAM、简单双口 RAM、真正双口 RAM、ROM 和 FIFO。

1）单口 RAM 只有一个读写口，同一时间只能做读操作或写操作。

2）简单双口 RAM 有两个端口，但是其中一个端口只能读，另一个端口只能写。

3）真正双口 RAM 的两个端口都能读写，没有任何限制。

4）FPGA 内部实际上没有专用的 ROM 硬件资源，实现 ROM 的方法是对 RAM 赋初值，并保持该初值。

5）FIFO 是一种先入先出的存储器，即最先写入的数据，最先读。FIFO 的参数有数据深度和数据宽度。数据宽度是指存储数据的位数。数据深度是指存储器可以存储多少个数据。

M9K 存储器块根据需要可配置成 8192×1、4096×2、2048×4、1024×8、1024×9、512×16、512×18、256×32、256×36 等多种尺寸。

下面通过对简单双口 RAM 的结构与工作原理介绍，让读者了解嵌入式存储器结构上的特点以及使用方法。

简单双口 RAM 含有独立的读端口和写端口，其符号如图 6.2-10 所示。图中左边端口为写端口，其中 wraddress[]为写地址，data[]用于数据写入，wren 为写使能信号。图中右边端口为读端口，其中 rdaddress[]为读地址，q[]为读数据输出端口，rden 为读使能信号。简单双口 RAM 读端口和写端口都有独立的地址输入口，允许同时读和写操作，但读写端口是单向的，即读端口只能读，不能写，而写端口只能写，不能读，这是它与真正的双口 RAM 的最大区别。

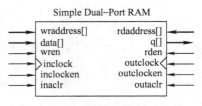

图 6.2-10　简单双口 RAM 符号

简单双口 RAM 的原理图如图 6.2-11 所示。简单双口 RAM 属于同步存储器，与常用的异步存储器相比，在结构和工作原理上有较大的差别。简单双口 RAM 的输入端口都通过寄存器输入，而数据输出端口可以通过寄存器输出（同步输出），也可直接输出（异步输出）。

寄存器的同步时钟可以利用 Quartus II 软件中的 MegaWizar Plug-In Manager 工具配置成单时钟、输入输出时钟或读写时钟。

单时钟异步输出模式和单时钟同步输出模式分别如图 6.2-12a 和 b 所示。在该模式中，所有输入输出寄存器都由同一时钟控制。

读写时钟模式如图 6.2-12c 所示。在该模式中，写时钟 wrclock 控制数据输入、写地址和写使能寄存器，读时钟 rdclock 控制数据输出、读地址和读使能寄存器。处于读写时钟模式时，如果对同一存储单元同时进行读写，则读出的数据是未知的。

输入输出时钟模式如图 6.2-12d 所示。在该模式中，输入时钟 inclock 控制存储器块的所有输入（包括数据、地址、读使能、写使能）寄存器；输出时钟 outclock 控制数据输出寄存器。

简单双口 RAM 的写操作时序如图 6.2-13 所示。当 wren 为高电平时，进行写操作，data 端口的数据写入 wraddress 端口指示的存储单元中。在写操作的过程中，必须使用同步时钟 clock，将写使能、数据、地址等信息送入寄存器。

简单双口 RAM 的读操作时序如图 6.2-14 所示。当双口 RAM 工作在异步输出模式时，输出端口没有寄存器，其时序图如图 6.2-14a 所示，数据在地址有效后第一个上升沿送出。当双口 RAM 工作在同步输出模式时，输出端口有寄存器，其时序图如图 6.2-14b 所示，这时，数据在地址有效后的第二个时钟上升沿送出。

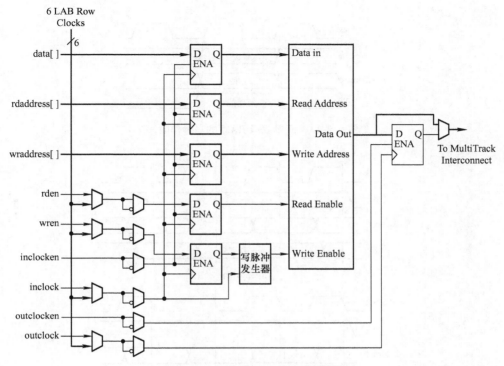

图 6.2-11　简单双口 RAM 原理图

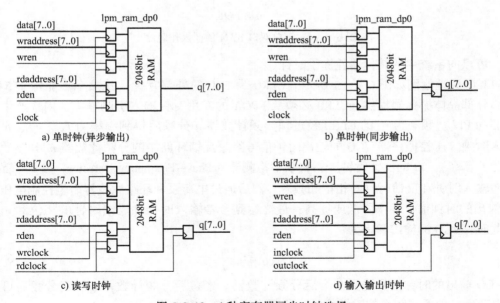

a) 单时钟(异步输出)　　　　　　　　b) 单时钟(同步输出)

c) 读写时钟　　　　　　　　d) 输入输出时钟

图 6.2-12　4 种寄存器同步时钟选择

5. 锁相环（PLL）

Cyclone IV 系列 FPGA 根据不同型号通常内部含有 2～4 个 PLL。PLL 提供了很强的定时管理能力，如频率合成、可编程相移、可编程占空比等功能。每个 PLL 具有一个外部时钟

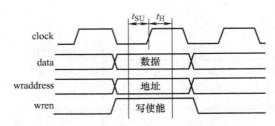

图 6.2-13　简单双口 RAM 的写操作时序

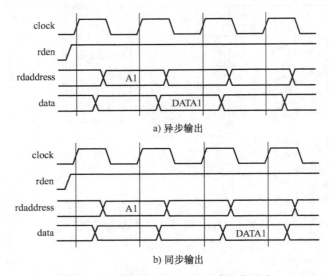

图 6.2-14　简单双口 RAM 的读操作时序

输出，可以向系统中的其他器件提供时钟。

PLL 的原理框图如图 6.2-15 所示。CLK0 为 PLL 的外部时钟，其频率不能低于 5MHz，一般由外部晶体振荡器提供。CLK0 必须从 FPGA 的专用时钟输入引脚输入，内部产生时钟无法驱动 PLL。频率为 f_{IN} 的 CLK0 经过预分频计数器 n 分频后得到频率为 $f_{REF} = f_{IN}/n$ 的参考输入时钟，压控振荡器 VCO 的输出时钟信号经过反馈环路中的分频计数器 m 分频后得到频率为 $f_{FB} = f_{VCO}/m$ 的反馈时钟。相位频率检测器（Phase-Frequency Detector，PFD）首先比较参考输入时钟和反馈时钟的相位和频率，然后通过电荷泵和环路滤波器产生控制电压，使 VCO 输出的时钟信号频率降低或提高，最终达到参考输入时钟和反馈时钟的相位和频率一致，此时，VCO 的输出频率为

$$f_{VCO} = f_{IN}\frac{m}{n} \tag{6.2-1}$$

VCO 输出的时钟信号送到 5 个后分频计数器。经过后分频计数器 $c_0 \sim c_4$ 分频后可以在 PLL 中产生 5 种不同频率的时钟信号。各频率之间的关系如下：

$$f_{C0} = \frac{f_{VCO}}{c_0} = f_{IN}\frac{m}{nc_0} \quad f_{C1} = \frac{f_{VCO}}{c_1} = f_{IN}\frac{m}{nc_1} \quad f_{C2} = \frac{f_{VCO}}{c_2} = f_{IN}\frac{m}{nc_2}$$

$$f_{C3} = \frac{f_{VCO}}{c_3} = f_{IN}\frac{m}{nc_3} \quad f_{C4} = \frac{f_{VCO}}{c_4} = f_{IN}\frac{m}{nc_4} \tag{6.2-2}$$

根据上述分析，通过改变 n、m、$c_0 \sim c_4$ 的取值，就可以得到不同频率的时钟信号。n、m、$c_0 \sim c_4$ 的取值范围为 $1 \sim 512$。

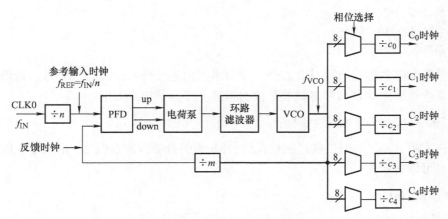

图 6.2-15　PLL 原理框图

FPGA 内部 PLL 的使用是通过调用 Quartus II 软件中的宏功能模块 altpll 实现的，具体操作见第 6.4.3 节相关内容。

6.3　Verilog HDL 语言基础

6.3.1　Verilog HDL 模块的基本结构

模块是 Verilog HDL 的基本描述单位，用于描述某个设计的功能或结构及其与其他模块连接的外部端口。模块的基本结构如图 6.3-1 所示。模块以关键词 module 开头，在 module 右侧是模块名，模块名由设计者自定。由于模块名代表当前设计的电路，所以最好根据设计电路的功能来命名，如 2 选 1 数据选择器的模块名可取名为 MUX21，4 位加法器的模块取名为 ADD4B 等。但应注意，模块名不能用数字或中文，也不能用 EDA 软件工具库中已定义好的关键词或元件名，如 and2、latch 等。

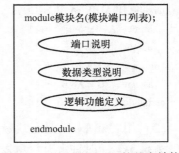

图 6.3-1　Verilog HDL 的基本结构

模块名右侧的括号称为模块端口列表，列出了此模块的所有输入、输出或双向端口名。端口名间用逗号分开，右侧括号外加分号。

endmodule 是模块结束语句，旁边不加任何标点符号。

1. 端口说明

端口是模块与外部电路连接的通道，相当于芯片的外部引脚。端口包括以下 3 种类型：

1）input：输入端口，即规定数据只能由此端口被读入模块实体中。

2）output：输出端口，即规定数据只能由此端口从模块实体向外输出。

3）inout：双向端口，即规定数据既可以从此端口输出，也可以从此端口输入。

上述 3 类端口中，input 端口只能是连线（wire）型数据类型；output 端口可以是连线型或寄存器（reg）型数据类型；由于 inout 端口同时具备了 input 和 output 端口的特点，因此，也只能申明为连线型数据类型。端口说明的格式如下：

> input 端口名1,端口名2,…;
> output 端口名1,端口名2,…;
> inout 端口名1,端口名2,…;

端口关键词旁的端口名可以有多个，端口名间用逗号分开，最后加分号。如果要描述总线端口，则应该采用端口信号逻辑矢量位的描述方式。其格式如下：

> input [msb:lsb] 端口名1,端口名2,…;

上述格式中，msb 为矢量端口的最高位，lsb 为矢量端口的最低位。例如，4 位二进制计数器的输出可以表示为：

> output [3:0] QQ;

2. 数据类型说明
数据类型是用来指定模块内用到的数据对象的类型。常用的有连线型和寄存器型。

```
wire A,B,C,D;          //定义信号 A～D 为连线型
reg [3:0]  OUT;        //定义信号 OUT 的数据类型为 4 位寄存器型
```

3. 逻辑功能定义
模块中有以下 2 种常用方法描述逻辑功能。

（1）用 "assign" 连续赋值语句定义

例 6.3-1　半加器的 Verilog HDL 描述。

```
module H_ADD (A,B,S,CO);
  input   A,B;
  output  S,CO;
  assign  S = A^B;
  assign  CO = A&B;
endmodule
```

（2）用 "always" 过程块赋值

例 6.3-2　时钟上升沿触发的 D 触发器。

```
module D_FF(Q,D,CLK);
output  Q;
input   D,CLK;
reg Q;
always @ (posedge CLK)
    begin
      Q = D;
    end
endmodule
```

从例 6.3-1 和例 6.3-2 所示的代码段可知，Verilog HDL 描述由如下 3 部分组成：

1）以 Verilog HDL 语言的关键词 module 和 endmodule 引导的完整的电路模块，模块对应着硬件电路上的逻辑实体。关键词 module 和 endmodule 就像一对括号，任何一个功能模块的描述都必须放在此"括号"中。module 旁的标识符（如 H_ADD、D_FF）是设计者为模块所取的名字，通常称为模块名，是模块唯一的标识符。模块名旁的括号及其内容称为端口列表，是由输入、输出和双向端口按一定的次序组成的一个列表，它用来指明模块所具有的端口，这些端口用来与其他模块进行连接。

2）以 input 和 output 等关键词引导的语句，用来描述电路器件的端口情况及各信号的性质，如信号流动的方向和信号的数据类型等。

3）关键词 assign 或 always 引导的赋值语句，用于描述模块内部的逻辑功能和电路结构。

6.3.2 Verilog HDL 语言要素

1. 词法

（1）标识符

Verilog HDL 中的标识符可以是任意一组字母、数字以及"$"符号和"_"（下画线）的组合，但是标识符的第一个字符必须是字母或下画线。另外，标识符是区分大小写的。

合法标识符：addr、_H1c2、ADDR、R35_47。

非法标识符：

```
01 addr          //标识符不允许以数字开头
count *          //标识符中不允许包含 *
```

（2）空白符

空白符包括：空格、tab、换行符及换页符。空白符使代码层次分明、阅读方便。综合时，空白符被忽略。但是，在字符串中空白和制表符会被认为是有意义的字符。

（3）注释

有两种注释形式：单行注释，以//开始到本行结束。多行注释，以/ * 开始到 * /结束。

（4）数字与字符串

Verilog HDL 有 4 种基本数值，或者说任何变量都可能有 1、0、x 和 z 等 4 种不同逻辑状态的取值。

0：含义有 4 个，即二进制数 0、逻辑 0、低电平、事件为伪的判断结果。

1：含义有 4 个，即二进制数 1、逻辑 1、高电平、事件为真的判断结果。

z 或 Z：高阻态。

x 或 X：不确定或者未知的逻辑状态。

常数按照其数值类型可以划分为整数和实数两种。整数有 4 种进制表示形式：二进制整数（b 或 B）、十进制整数（d 或 D）、十六进制整数（h 或 H）、八进制整数（o 或 O）。常数的常见表达方式为：

　＜对应的二进制数的位宽'＞　＜进制＞　＜数字＞

例：

```
8 ' b01011100    //位宽为 8 位的二进制数
8 ' hd4          //位宽为 8 位的十六进制数 d4H
5 ' o72          //位宽为 5 位的八进制数 72O
```

```
4'B1X_10          //位宽为4位的二进制数1X10
4'hz              //位宽为4位的十六进制数z
2'b1?             //位宽为2位的二进制数,其中一位是高阻状态
```

数值常量中的下画线"_"是为了增加可读性,可以忽略。如8'b1100_0110表示8位二进制数。数值常量中的"?"表示高阻状态。

如果没有定义一个整数的长度,则整数的长度为相应值中定义的位数。例如:

```
'o438             //位宽为9位的八进制数
'Hf4              //位宽为8位的十六进制数
```

如果定义的位宽比实际的位数大,则通常在左边填0补位。但是如果数最左边一位为x或z,就相应地用x或z在左边补位。例如:

```
9'b11 左边添0占位,000000011
8'bx1x0 左边添x占位,xxxxx1x0
```

如果定义的位宽比实际的位数小,则最左边的位相应地被截断:

```
3'b1100_0110       //与3'b110相等
5'h0DDD            //与5'h1D相等
```

实数有两种表示方法:一种是十进制表示方法,如3.0、7.98等;另一种是科学计数法,如23_5.12e2(等于23512.0)、9.6E2(960.0)、5E-4(0.0005)等。

字符串是双引号内的字符序列,不能分成多行书写。例如:

"counter"

若字符串用作Verilog HDL表达式或赋值语句中的操作数,则字符串被看作8位ASCII值序列,每一个字符对应8位ASCII值。

（5）关键字

Verilog HDL内部已经使用的词称为关键字或保留字,这些关键字用户不能随便使用。在编写程序时,变量的定义不要与这些关键词冲突。所有的关键字都是小写。

2. 数据类型

数据类型是用来表示数字电路硬件中物理连线、数据储存对象和传输单元等。Verilog HDL中共有19种数据类型。这里主要介绍其中3种最基本的数据类型。

（1）连线（wire）型

连线型变量的特点是输出的值紧跟输入值的变化而变化。连线型变量不能存储值,而且必须受到驱动器的驱动。连线型变量的驱动方式有两种:①在结构描述中将它连接到一个逻辑门或模块的输出端。②用连续赋值语句assign对其进行赋值。当没有驱动源对其驱动时,它将保持高阻态。Verilog HDL模块中的输入/输出信号没有明确指定数据类型时都被默认为连线型。

wire型变量的格式:

wire [n-1:0] 数据名1,数据名2,…,数据名n;

wire——wire型数据确认符;

[n－1：0]——代表该数据的位宽。缺省状态，位宽默认值为1。这里的位是二进制的位。

若一次定义多个数据，数据名之间用逗号隔开。

声明语句的最后用分号表示语句的结束。

例：

```
wire[7:0]   DI;      // 定义 8 位 wire 型向量
wire[15:0]  DO;      //定义 16 位 wire 型向量
wire   A;            //定义了一个 1 位的 wire 型数据
```

可以只使用多位数据中的几位，但要注意位宽，如：

```
assign   DO[15:8] = DI;
```

（2）寄存器（reg）型

寄存器型变量对应的是具有状态保持作用的硬件电路，如触发器、锁存器等。寄存器型变量和连线型变量的区别：寄存器型变量保持最后一次的赋值，而连线型变量需有持续的驱动。

寄存器型数据的格式：

reg [n－1:0] 数据名1,数据名2,…,数据名n;

例：

```
reg   A,B;                //定义了两个 reg 型变量
reg [7:0]   QOUT;         //定义 QOUT 为 8 位宽的 reg 型变量
```

说明：

1）reg 型数据常用来表示"always"模块内的指定信号，常代表触发器。在"always"模块内被赋值的每一个信号都必须定义成 reg 型。

2）对于 reg 型数据，其赋值语句的作用就如同改变一组触发器的存储单元的值。

3）若 reg 型数据未初始化（即缺省），则初始值为不定状态。

实际上，用 reg 定义的寄存器型变量并非一定会在 Verilog HDL 程序中综合出时序电路，综合后究竟得到组合电路还是时序电路取决于过程语句的描述方式。

（3）参数型（parameter）

在 Verilog HDL 中，用 parameter 来定义常量。

格式：

parameter   参数名1＝表达式1, 参数名2＝表达式2,…;

例：parameter   S0＝0, S1＝1;   //定义两个常数参数

3. 运算符

（1）算术运算符

Verilog HDL 语言参考了 C 语言中大多数运算符的语义和句法，但没有 C 语言中的增1（i＋＋）和减1（i－－）运算符。算术运算符见表 6.3-1。

表 6.3-1　算术运算符

符号	名称	举 例
+	加法运算符或正值运算符	S1 + S2；+7
-	减法运算符或负值运算符	A - B；-5
*	乘法运算符	S1 * 5
/	除法运算符	S1/5
%	取模运算符	S1 % 2

说明：

1）两个整数相除，结果值要略去小数部分，只取整数部分。

2）取模运算时，结果的符号位采用模运算式里第一个操作数的符号位，如 $10 \% 4 = 2$；$-15 \% 2 = -1$。

3）在进行算术运算操作时，如果某个操作数有不确定的值 X 或 Z，那么整个结果为 X。如' b10x1 + ' b01111 =' bxxxxx。

4）算术表达式结果的位宽由位宽最大的操作数决定。在赋值语句下，算术操作结果的位宽由操作符左端目标位宽决定。如：

```
reg [3:0] A, B, C;
reg [4:0] F;
A = B + C;              //同位宽操作,会造成数据溢出
F = B + C;              //扩位操作,可保证计算结果正确
```

（2）逻辑运算符

逻辑运算符有 3 种：&&：逻辑与；||：逻辑或；!：逻辑非。

&& 和 || 为二目运算符，要求有两个操作数。如：

（A > B）&&（B > C）；A && B；（A < B）||（B < C）；A || B；

! 是单目运算符，只要求一个操作数。如：!（A > B）；!A。

在一个逻辑表达式中，如果包含多个逻辑运算符，如：!A&&B || （X > Y） &&C，则按以下优先次序：!→&& → ||。

（3）位运算符

作为一种针对数字电路的硬件描述语言，Verilog HDL 语言用位运算来描述电路信号中的与、或、非操作。

~：按位取反；|：按位或；&：按位与；^：按位异或；~^：按位同或。

若 A = 5' b11001，B = 5' b10101，则：~ A = 5' b00110，A&B = 5' b10001，A | B = 5' b11101，A^B = 5' b01100。

说明：

1）按位运算符中，除了"~"为单目运算符外，其余均为双目运算符。

2）对于双目运算符，如果操作数长度不相等，则长度较小的操作数在最左侧添 0 补位。

3）无论单目按位运算符还是双目按位运算符，经过按位运算后，原来的操作数有几位，所得结果仍为几位。

4）不要将逻辑运算符和按位运算符相混淆。

（4）关系运算符

关系运算符总共有以下 8 种： >：大于； <：小于； <=：小于或等于； >=：大于或等于； ==：等于；!=：不等于； ===：全等；!==：不全等。

说明：

1）在进行关系运算时，若声明的关系为"假"，则返回值是"0"；若声明的关系为"真"，则返回值是"1"。

2）若某个操作数的值不定，则关系是模糊的，返回值是不定值。

3）所有关系运算符有着相同的优先级别。关系运算符的优先级别低于算术运算符。

4）" == "与" === "的区别如图 6.3-2 所示。

==	0	1	x	z
0	1	0	x	x
1	0	1	x	x
x	x	x	x	x
z	x	x	x	x

===	0	1	x	z
0	1	0	0	0
1	0	1	0	0
x	0	0	1	0
z	0	0	0	1

a) 相等运算符真值表　　　b) 全等运算符真值表

图 6.3-2　相等运算符和全等运算符的区别

5）" === "和"!== "仅用于仿真，在综合时则将其按照" == "和"!= "来对待。

例 6.3-3　关系运算符应用示例。

```
module  RELATION  (A,B,Y);
input  [7:0]  A,B;
output[7:0] Y;
reg[7:0] Y;
always @  (A,B)
begin
    Y[0] = (A > B) ? 1:0;
    Y[1] = (A >= B) ? 1:0;
    Y[2] = (A < B) ? 1:0;
    Y[3] = (A <= B) ? 1:0;
    Y[4] = (A! = B) ? 1:0;
    Y[5] = (A == B) ? 1:0;
    Y[6] = (A === B) ? 1:0;
    Y[7] = (A! == B) ? 1:0;
    end
endmodule
```

仿真结果如图 6.3-3 所示。从仿真结果可以看到，其运算规则和 C 语言的运算规则是一致的。

（5）缩位运算符

缩位运算符属于单目运算符，包括下面几种： &：与； ~&：与非； |：或； ~|：或

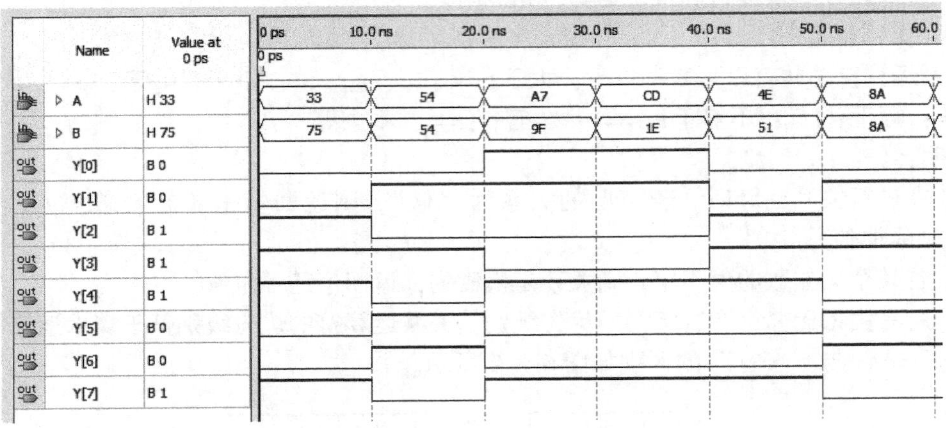

图 6.3-3　例 6.3-3 仿真结果

非；^：异或；~^：同或。

具体运算过程：

第一步：先将操作数的第 1 位与第 2 位进行与、或、非运算；

第二步：将运算结果与第 3 位进行与、或、非运算，依次类推，直至最后一位。

若 A = 5'b11001，则：&A = 0；| A = 1。

缩位运算规则类似于位运算符的运算规则，但其运算过程不同。位运算对操作数的相应位进行与、或、非运算，操作数是几位数，则运算结果是几位。缩位运算对单个操作数进行与、或、非递推运算，最后的运算结果是 1 位的二进制数。

（6）移位运算符

移位运算符只有两种：<<：左移；>>：右移。左移 1 位相当于乘 2，右移 1 位相当于除 2，其格式为 a >> n 或 a << n。

a——代表要进行移位的操作数；

n ——代表要移几位。

这两种移位运算都用 0 来填补移出的空位。

（7）条件运算符

条件运算符 "?:" 有 3 个操作数，第 1 个操作数是 TRUE，算子返回第 2 个操作数，否则返回第 3 个操作数。

格式：信号 = 条件 ? 表达式 1：表达式 2；

当条件成立时，信号取表达式 1 的值，反之取表达式 2 的值。例：

assign Y = S ? A:B;　　　//完成 2 选 1 数据选择功能

（8）位拼接运算符

拼接运算可以将两个或多个信号按二进制位拼接起来，作为一个信号来使用。其使用方法是把某些信号的某些位详细地列出来，中间用逗号分开，最后用大括号括起来表示一个整体信号。并接运算的操作符为 { }。格式：

{信号 1 的某几位,信号 2 的某几位,…,信号 n 的某几位}

例 6.3-4 位拼接运算符应用示例。

```
wire [7:0] D;
wire [11:0] A;
assign D [7:4] = {D [0],D [1],D [2],D [3]};     //以反转的顺序将低端 4 位赋给高端 4 位
assign D = {D [3:0],D [7:4]};                    //高 4 位与低 4 位交换
```

（9）运算符优先级排序

各运算符的优先级从高到低依次为：

{!， ~}，{ * ， / ,%}，{ + ， -}，{ << ， >>}，{ < ， <= ， > ， >=}，{ == ,! = ，
=== ,! == }，{&， ~&}，{^, ^~}，{|， ~|}，{&&}，{||}，{?:}。

6.3.3 Verilog HDL 行为语句

数字电路可以完成不同抽象级别的建模，一般分为系统级、算法级、RTL 级、门级和晶体管级 5 种不同模型。系统级、算法级、RTL 级属于行为描述；门级属于结构描述；晶体管级涉及模拟电路，在数字电路设计中一般不予考虑。相应地，Verilog HDL 有以下 3 种描述方式：一种是从电路结构的角度来描述电路模块，称为结构描述方式；一种是对连线型变量进行操作，称为数据流描述方式；一种是只从功能和行为的角度来描述一个电路模块，称为行为描述方式。其中行为描述方式是 Verilog HDL 中最重要的描述形式，也是本小节将主要介绍的内容。

行为描述语句包括过程语句、赋值语句、条件语句等，下面介绍这 3 种常用的语句。

1. 过程语句

Verilog HDL 语言有 initial 和 always 两种常用的过程语句。initial 语句常用于仿真中的初始化，只执行一次，不可综合。而 always 过程语句后跟着的过程块可以不断重复执行，只要触发条件满足就可以，即满足一次执行一次，而且是可综合的，因此 always 过程语句在实际电路设计中广泛采用。

always 过程语句的格式：

```
always @ (敏感信号表达式)
begin
//过程赋值
//if-else、case、casex、casez 选择语句
//while、repeat、for 循环
//task、function 调用
end
```

（1）敏感信号

只要表达式中某个信号发生变化，就会引发块内语句的执行。

```
@ （A）                                    //当信号 A 的值发生变化时
@ （A or B）                               //当信号 A 或 B 的值发生变化时
@ （posedge   CLK）                        //当 CLK 上升沿到来时
@ （negedge   CLK）                        //当 CLK 下降沿到来时
@ （posedge   CLK   or   negedge   RST）    //当 CLK 的上升沿或 RST 的下降沿到来时
```

关键词"or"表明事件之间是"或"的关系，在 Verilog HDL 2001 规范中，可以用标点符号","来代替"or"。

（2）posedge 与 negedge 关键字

上升沿用 posedge 来描述，下降沿用 negedge 来描述。

（3）用 always 过程块实现组合逻辑功能

敏感信号表达式内不能包含 posedge 与 negedge 关键字；组合逻辑的所有输入信号都要作为"信号名"出现在敏感信号表达式中。

例 6.3-5 4 选 1 数据选择器的描述。

```
module   MUX_41(Y,A,B,C,D,SEL);
output   Y;
input A,B,C,D;
input [1:0] SEL;
reg   Y;
always @ (A or B or C or D or SEL)
    case (SEL)
    2'b00:Y = A;
    2'b01:Y = B;
    2'b10:Y = C;
    2'b11:Y = D;
    endcase
endmodule
```

（4）用 always 过程块实现时序逻辑功能

敏感信号表达式内可以有 posedge 与 negedge 关键字，也可以只有信号名；不要求所有输入信号都出现在敏感信号列表的"信号名"中。

例 6.3-6 同步置数、同步清零的计数器。

```
module   COUNT(Q,D,LD,CLR,CLK);
output[7:0]   Q;
input [7:0]   D;
input   LD,CLR,CLK;
reg [7:0] Q;
always @ (posedge   CLK)          //CLK 上升沿触发
    begin
      if  (!CLR)   Q = 8'h00 ;   //同步清零,低有效
        else  if (!LD)Q = D ;   //同步置数,低有效
        else   Q = Q + 1 ;        //8 位二进制加法计数器
    end
endmodule
```

说明：

1）always 过程语句后面可以是一个敏感事件列表，该敏感事件列表的作用是用来激活 always 过程语句的执行。

2）敏感事件列表由一个或多个"事件表达式"构成，事件表达式说明了启动块内语句执行时的触发条件，当存在多个事件表达式时要用关键词 or 或","将多个触发条件组合起来。Verilog 规定：只要这些事件表达式所代表的多个触发条件中有一个成立，就启动块内语句的执行。

2. 赋值语句

（1）持续赋值语句

持续赋值语句只能对连线型变量进行赋值，不能对寄存器型变量进行赋值。

格式：

连线型变量类型 ［连线型变量位宽］ 连线型变量名
assign 连线型变量名 = 赋值表达式

1）标量连线型

wire A,B;
assign A = B;

2）向量连线型

wire[7:0] A,B;
assign A = B;

3）向量连线型变量中的某一位

wire[7:0] A,B;
assign A[3] = B[3];

4）向量连线型变量中的某几位

wire [7:0] A,B;
assign A[3:2] = B[1:0];

5）上面几种类型的任意拼接运算

wire A, C;
wire[1:0] B;
assign {A,C} = B;

说明：

① 持续赋值用来描述组合逻辑。

② 持续赋值语句驱动连线型变量，输入操作数的值一发生变化，就重新计算并更新它所驱动的变量。

③ 连线型变量没有数据保持能力。

④ 若一个连线型变量没有得到任何连续驱动，则它的取值将为不定态"x"。

例 6.3-7 用持续赋值语句实现 4 位全加器。

module ADDR_4(A,B,CI,SUM,CO);
input [3:0] A,B;
input CI;

```
output    [3:0] SUM;
output    CO;
assign    {CO,SUM} = A + B + CI;
endmodule
```

（2）过程赋值语句

过程赋值是在 always 语句内的赋值，它只能对寄存器数据类型的变量赋值。过程赋值语句分为阻塞赋值和非阻塞赋值两种。

格式：

<被赋值变量>　＝　<赋值表达式>　　——阻塞赋值

<被赋值变量>　<=　<赋值表达式>　　——非阻塞赋值

1）阻塞赋值方式。

阻塞赋值在该语句结束时就立即完成赋值操作。如"Y = B;"，则 Y 的值在该条语句结束后立即改变。如果在一个语句块中有多条阻塞赋值语句，则前面赋值语句没有完成之前，后面赋值语句不能被执行，仿佛被阻塞一样。阻塞赋值语句的特点与 C 语言十分类似，都属于顺序执行语句。顺序语句都具有类似阻塞式的执行方式，即当执行某一条语句时，其他语句不能同时被执行。

例 6.3-8　阻塞赋值举例。

```
module   BLOCK(C,B,A,CLK);
output   C,B;
input    CLK,A;
reg  C,B;
always  @(posedge   CLK)
    begin
        B = A;
        C = B;
    end
endmodule
```

前面语句执行完，才可执行下一条语句，即前面语句的执行（B = A）阻塞了后面语句的执行（C = B）。即 always 块内的两条语句顺序执行。上述代码编译后的 RTL 图如图 6.3-4 所示。

2）非阻塞赋值方式。

非阻塞赋值在整个过程块结束时，才完成赋值操作。非阻塞的含义可以理解为，在执行当前语句时，对其他语句的执行一律不加限制，不加阻塞。

例 6.3-9　非阻塞赋值举例。

```
module   NON_BLOCK(C,B,A,CLK);
output   C,B;
input    CLK,A;
reg  C,B;
always   @(posedge   CLK)
```

```
        begin
            B <= A;
            C <= B;
        end
    endmodule
```

在 always 块内，2 条语句并行执行，即前面语句的执行（B <= A）不会阻塞后面语句的执行（C <= B）。其编译后的 RTL 图如图 6.3-5 所示。

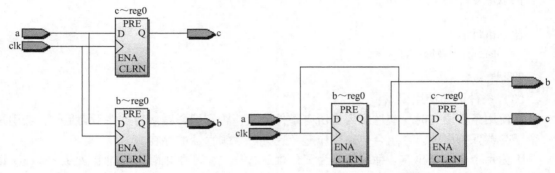

图 6.3-4　阻塞赋值时 RTL 图　　　　　　图 6.3-5　非阻塞赋值时 RTL 图

说明：

① 阻塞赋值语句可以理解为语句的顺序执行，因此语句的执行顺序很重要。

② 非阻塞赋值语句可以理解为语句的并行执行，因此语句的执行不考虑顺序。

③ 在 assign 的结构中，必须使用阻塞赋值。

3. 条件语句

（1）if-else

1）if（表达式）　语句1；

2）if（表达式）　语句1；

　　else　语句2；

3）if（表达式1）　语句1；

　　else if（表达式2）语句2；

　　else　if（表达式3）语句3；

　　　　……

　　else　if（表达式n）语句n；

　　else　　语句 n + 1；

说明：

① 3 种形式的 if 语句在 if 后面都有"表达式"，一般为逻辑表达式或关系表达式。系统对表达式的值进行判断，若为0、x、z，则按"假"处理；若为1，则按"真"处理，执行指定语句。

② 在 if 和 else 后面可以包含单个或多个语句，多句时用"begin-end"块语句括起来。

③ 在 if 语句嵌套使用时，要注意 if 与 else 的配对关系。

（2）case 语句

if 语句有两个分支，而 case 语句是一种多路分支语句，故 case 语句可用于译码器、数据选择器、状态机、微处理器的指令译码等。

case 语句有 case、casez、casex 三种表示方式：

case 语句的格式：

```
case（敏感表达式）
值1:语句1;
值2:语句2;
    ……
值n:语句n;
    default: 语句n+1;
endcase
```

（3）条件语句使用要点：

在使用条件语句时，应注意列出所有条件分支，否则编译器认为条件不满足时，会引进一个锁存器保持原值。在组合电路中应避免这种隐含锁存器的存在。

因为每个变量至少有4种取值，为了包含所有分支，可在 if 语句后加上 else，在 case 语句后加上 default。

6.4 FPGA 最小系统设计

FPGA 最小系统是指只包括 FPGA 芯片、串行配置芯片、电源电路、时钟电路、电路配置接口和 I/O 扩展口的 FPGA 系统。FPGA 最小系统是构成综合电子系统的必备模块。虽然在市场上可以买到各种各样的 FPGA 开发板，但自己动手设计一块 FPGA 最小系统板对熟悉硬件系统设计流程、深入理解 FPGA 的电气特性是十分重要的。本节内容从方案设计、器件选择、硬件电路设计制作、硬件电路测试等方面简要介绍 FPGA 最小系统的设计流程。

6.4.1 设计方案

FPGA 最小系统的设计方案如图 6.4-1 所示。该最小系统由 FPGA 芯片、串行配置芯片、有源晶振、配置电路、电源电路、I/O 扩展口组成。

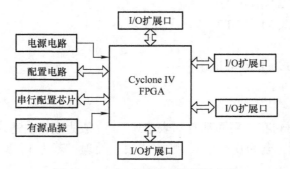

图 6.4-1　FPGA 最小系统设计方案

从表 6.2-1 可知，Cyclone IV E 系列 FPGA 包括 9 种不同型号的芯片，每种型号又有多种封装。综合考虑本书所介绍的电子系统对 FPGA 内部资源的要求、市场供应、性价比等因素，FPGA 器件选用 EP4CE6E22C8。

根据 EP4CE6E22C8 配置数据的大小，串行配置芯片选用 EPCS4。外部时钟源采用 25MHz 有源晶振。通过 FPGA 的内部锁相环 PLL，可以将外部时钟转换成不同频率的时钟信号。

FPGA 最小系统将所有 I/O 引脚连接到 4 个 I/O 扩展口，以扩展外围电路，如 7 段 LED 数码管、高速 A/D 转换器、高速 D/A 转换器等。

FPGA 由于采用 SRAM 存储编程数据，掉电后将丢失所存储的信息。因此，在接通电源后，首先必须对 FPGA 中的 SRAM 装入编程数据，使 FPGA 具有相应的逻辑功能，这个过程称为配置（Reconfigurability）。FPGA 有两种常用的配置模式：主动（Active Serial，AS）配置模式和 JTAG 配置模式。AS 配置模式是事先把编程数据写入专用串行配置器件 EPCS4 中，上电后由 FPGA 器件控制将串行配置器件中的数据装入 FPGA 内。JTAG 配置模式由 PC 通过 FPGA 的 JTAG 接口将编程数据写入 FPGA 中。FPGA 配置电路原理图如图 6.4-2 所示。

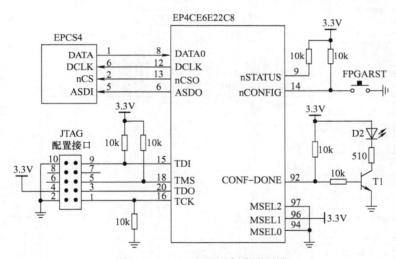

图 6.4-2　FPGA 配置电路原理图

FPGA 有 3 个配置模式选择引脚 MSEL0 ~ MSEL2。通过将 MSEL0 ~ MSEL2 引脚接成 010 表示选择标准 AS 配置模式。

（1）JTAG 配置模式

JTAG 配置模式不受 MSEL0 ~ MSEL2 引脚电平影响。JTAG 配置模式通过下载电缆将 Quartus Ⅱ 软件编译后产生的 . sof 文件下载到 FPGA 内部的 SRAM 中。JTAG 配置模式配置速度快，但掉电后需要重新下载数据，适用于调试阶段。

（2）AS 配置模式

当调试成功后，FPGA 最小系统脱机运行时，采用 AS 配置模式。AS 配置是指每次上电或手动复位时，FPGA 将串行配置器件 EPCS4 的数据读入 FPGA 内部 SRAM 中。AS 配置时，FPGA 相当于一个主器件，EPCS4 相当于一个从器件，因此，AS 配置也称主动配置。

在启动 AS 配置之前，应预先将编程数据写入串行配置器件 EPCS4。如何将编程数据写入 EPCS4？通常有两种方法，一种是采用专门的 AS 配置接口直接将编程数据写入 EPCS4；另一种是利用 JTAG 配置接口通过间接的方法将编程数据写入 EPCS4。后一种方法省略了 AS 配置接口，可以简化硬件电路。在 FPGA 最小系统中就是采用 JTAG 间接配置的方法，具体操作方法参考 6.4.4 节。

D2 为配置指示二极管。在配置过程中，信号 CONF-DONE 置为低电平，D2 熄灭，配置成功后 CONF-DONE 恢复为高电平，D2 点亮。

6.4.2 硬件电路设计

硬件电路设计由原理图设计和印制电路图设计两部分组成。FPGA 最小系统原理图如图 6.4-3 所示。由于 FPGA 芯片引脚很多，为了使原理图清晰明了，采用了命名连线的方式来实现连接，相同命名的信号线或引脚表示是连在一起的。

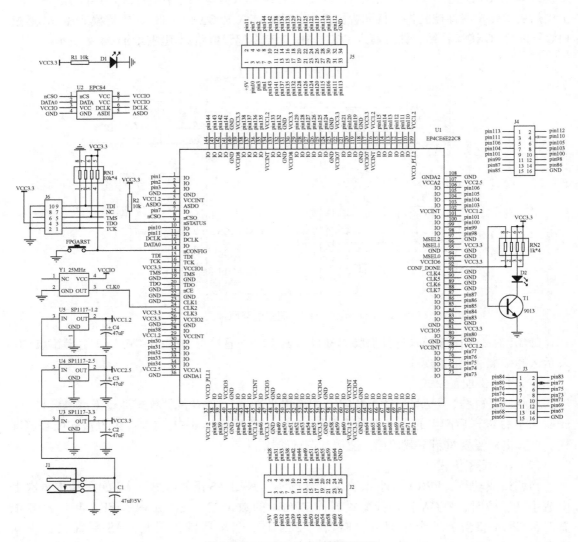

图 6.4-3　FPGA 最小系统原理图

EP4CE6E22C8 共有 144 个引脚，这些引脚可分为以下几种类型：

（1）I/O 引脚

连接到 J2 ~ J5 四个通用 I/O 扩展接口。J2 ~ J5 在功能上有所区分，J5 主要用于 7 段 LED 数码管显示电路的扩展，J3 和 J4 主要用于高速 A/D 转换器或 D/A 转换器的扩展，J2 主要用于与单片机的并行总线相连，以构成单片机 + FPGA 综合电子系统。

（2）编程配置引脚

这些引脚与 JTAG 下载接口（J6）、串行配置芯片 EPCS4（U2）、配置指示电路连接。

（3）全局时钟输入引脚

EP4CE6E22C8 总共有 CLK1 ~ CLK7 八根专用时钟输入引脚，其中 CLK2 与外部 25MHz 有源晶振相连，其余引脚未用。

（4）电源引脚

EP4CE6E22C8 有以下几种电源输入引脚：

1）VCCINT。FPGA 内核电源，额定电压为 1.2V。

2）VCCA。PLL 模拟电源，额定电压为 2.5V。需要注意的是，即使 FPGA 设计中未使用 PLL，仍要为 VCCA 提供电源。

3）VCCD_PLL。PLL 数字电源，额定电压为 1.2V。

4）VCCIO。I/O 电源，电压值根据与 I/O 连接的外设而定，一般选 3.3V。

可见，EP4CE6E22C8 需要 3.3V、2.5V、1.2V 三种电源，由 3 片低压差稳压芯片 SP1117-3.3V、SP1117-2.5V 和 SP1117-1.2V 提供。

（5）接地引脚 GND

GND 直接与电源地连接即可。

FPGA 最小系统的 PCB 设计原则是，先布局后布线。布局从主芯片开始，按照连线最短的原则安排其他元器件的位置，去耦电容可布置在电路板的背面。布线时应注意线尽量短、尽量直，尽量减少过孔，连线不要有 90° 转角，注意线的粗细，一般信号线采用 12mil（$1mil = 25.4 \times 10^{-6}m$），电源线采用 30 ~ 50mil，地线采用大面积覆铜。

焊接元器件时应注意顺序，先焊接贴片元器件，再焊接直插元器件。由于 EP4CE6E22C8 采用 TQFP 封装，其引脚比较细密，焊接时应注意用力适度，避免碰弯芯片引脚，要仔细观察芯片引脚之间有无焊锡粘连。用万用表电阻档测试电源线和地线之间有没有短路。EP4CE6E22C8 底部有一金属焊盘，应用焊锡与地相连。FPGA 最小系统板实物图如图 6.4-4 所示。从实物图可以看到，I/O 引脚与扩展口之间串接了 100Ω×4 的排阻，起到限流保护的作用。

6.4.3 硬件电路测试

1. 测试方案

在 FPGA 内部设计一个简单的测试电路，使 FPGA 需要测试的 I/O 引脚产生不同频率的方波信号，测试电路的原理框图如图 6.4-5 所示。外部晶体振荡器产生的 25MHz 时钟经锁相环分频后得到频率较低的时钟信号，驱动 8 位二进制计数器，将 8 位二进制计数器的输出依次送到 FPGA 的 I/O 引脚上。该测试电路一次可以测试 8 个 I/O 引脚功能是否正常，要测试更多的 I/O 引脚，只需要增加计数器的数量即可。

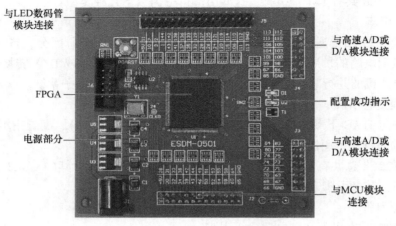

图 6.4-4　FPGA 最小系统板实物图

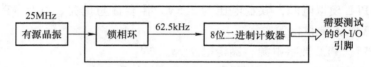

图 6.4-5　测试电路原理框图

2. 测试步骤

（1）建立工作文件夹和设计工程

用 Quartus Ⅱ 软件来设计的每一个逻辑电路都称为"工程（Project）"。Quartus Ⅱ 软件将与工程相关的所有设计文件放在一个文件夹中，该文件夹称为工作文件夹。在开始 Quartus Ⅱ 软件操作之前，必须为每一个工程建立一个工作文件夹。文件夹名只能用英文字母和数字命名，长度最好控制在 8 个字符之内。针对 FPGA 测试电路，建立一个名为"FPGATEST"的文件夹，路径为 E：\ FPGAIV \ FPGATEST，如图 6.4-6 所示。

双击计算机桌面上的 Quartus Ⅱ 软件图标（图 6.4-7），进入如图 6.4-8 所示的初始界面。

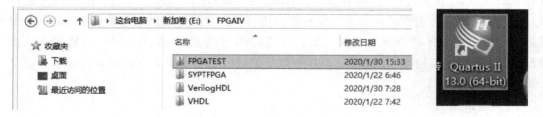

图 6.4-6　建立工程文件夹　　　　　　　　　　图 6.4-7　Quartus Ⅱ 软件图标

单击"File" → "New Project Wizard" → "Next"命令，出现图 6.4-9 所示的新建工程对话框。图中最上面一栏用于选择工程的工作文件夹，第二栏为工程名称，第三栏为顶层设计的实体名。工程名通常与顶层设计的实体名一致，因此，将 FPGA 测试电路的工程名和实体名均取为"FPGATEST"。

设置完成后，单击"Next"按钮，出现一个将设计文件加入工程的对话框。由于设计文

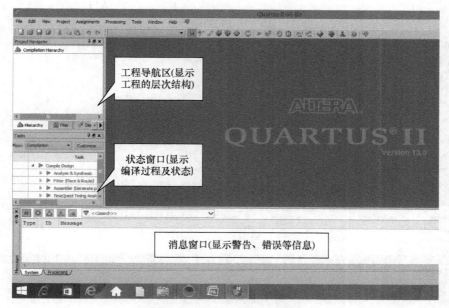

图 6.4-8　Quartus II 初始界面

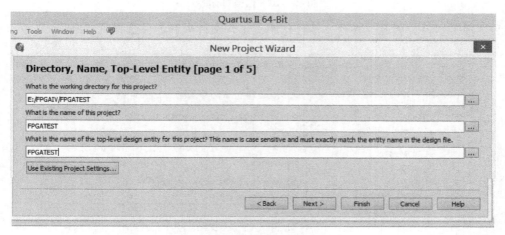

图 6.4-9　创建工程

件还没有输入，因此直接单击"Next"按钮，出现图 6.4-10 所示的选择目标芯片对话框。根据 FPGA 最小系统上的 FPGA 型号，在对话框中选择器件系列为"Cyclone IV E"系列，器件型号选择"EP4CE6E22C8"。注意器件型号的最后一位数字表示速度，数字越小，速度越快。选择好器件以后，后续的选项一般不需要选择，可单击"Finish"按钮，完成该工程的设置。

（2）使用内部锁相环 PLL

单击"Tools"→"MegaWizard Plug-In Manager"命令，在弹出的对话框中选择"Create a new custom megafunction variation"，打开如图 6.4-11 所示的窗口。选择左栏 I/O 项中的"ALTPLL"，输入文件名：PLL. v。注意，由于在前面建立工程的时候，已经建立了工作文

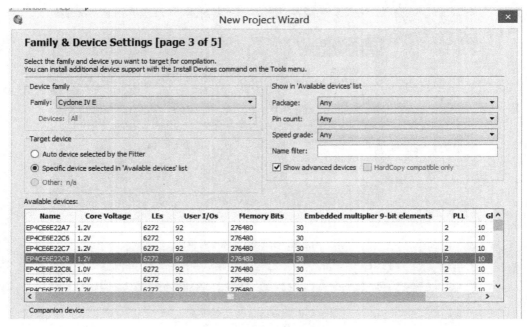

图 6.4-10　选择目标芯片

件夹和选择了器件，因此，在这一步操作中，工作文件夹和器件选择可省略。

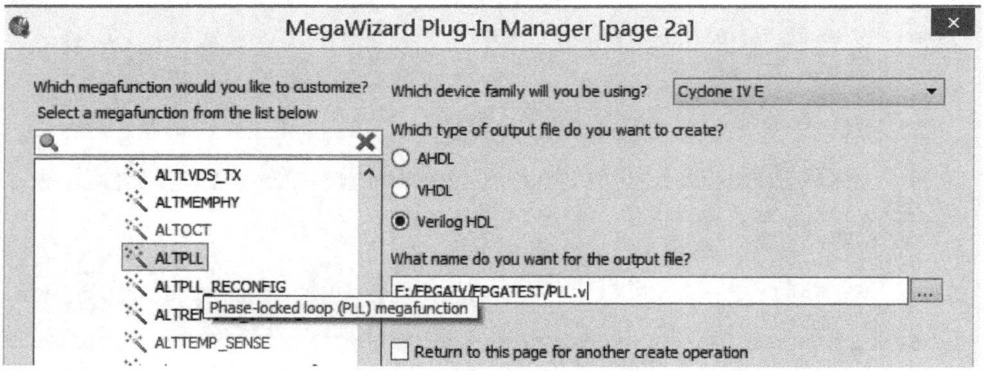

图 6.4-11　建立锁相环功能模块

　　单击"Next"按钮，进入图 6.4-12 所示的设置 PLL 输入时钟频率对话框。锁相环的输入时钟来自 FPGA 最小系统上的有源晶振，其频率为 25MHz，因此，设置输入参考时钟频率为"25MHz"。

　　连续单击"Next"按钮，出现如图 6.4-13 所示的用于设置 c_0 时钟的窗口。在 FPGA 测试电路中，c_0 用于 8 位二进制计数器的时钟，经过计数器分频后送到 FPGA 的 I/O 引脚。对 c_0 的频率没有特别的要求，在图 6.4-13 所示的窗口中，分频因子设为 400（最大值为 512），倍频因子设为 1，时钟相移和时钟占空比采用默认值，得到输出时钟 c_0 的频率为 62.5kHz。

　　连续单击"Next"按钮，出现如图 6.4-14 所示的对话框，对需要生成的文件打√。其中，PLL. bsf 为锁相环的符号文件。完成设置后，单击"Finish"按钮即可。

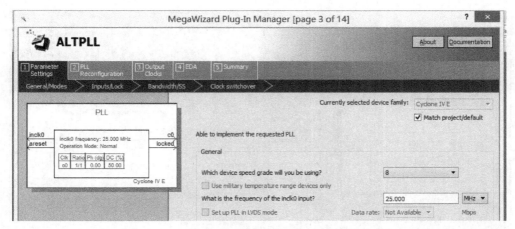

图 6.4-12　设置锁相环输入时钟频率

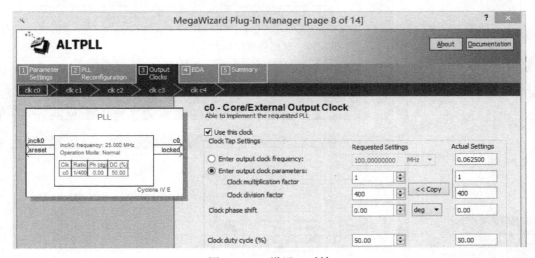

图 6.4-13　设置 c_0 时钟

至此，PLL 的定制已经完成，工程文件夹中就可以找到 PLL. bsf 文件，如图 6.4-15 所示。

（3）8 位二进制计数器的设计输入、编译、创建符号和仿真

单击"File"→"New"→"Device Design Files"→"Verilog HDL File"命令，在文本编辑窗中输入 8 位二进制计数器 Verilog HDL 代码，然后单击"File"→"Save as"命令，将输入的文件保存到工作文件夹中，文件名为 CNT256. v，如图 6.4-16 所示。

单击"Project"→"Set as top_Level_Entity"命令，将 CNT256. v 置为顶层文件，以便编译操作。单击工具栏上的快捷方式按钮 ▶ ，完成编译。

编译通过以后，单击"File"→"Create/Update"→"Create Symbol Files for Current File"命令，生成对应 Verilog HDL 程序的逻辑符号。符号生成以后，可以打开相关符号文件（扩展名为 . bsf），如图 6.4-17 所示。在输入顶层设计原理图时，可以直接调用该逻辑符号。

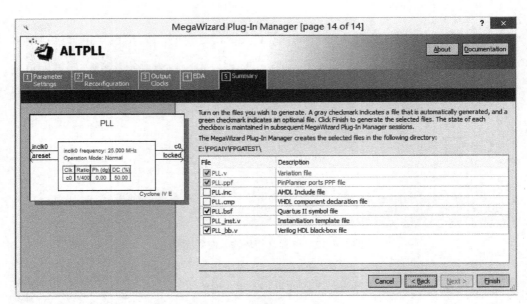

图 6.4-14　选择需要生成的文件

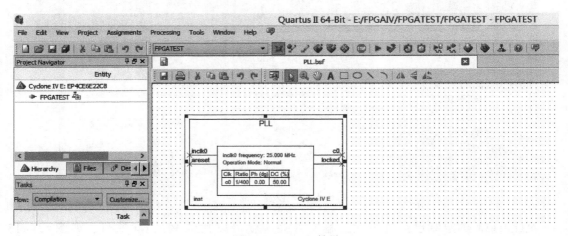

图 6.4-15　PLL 符号

CNT256 模块编译通过以后，应对其功能进行仿真，以判断是否符合设计要求的逻辑功能。单击 "File" → "New" → "University Program VWF" 命令，打开波形编辑器，如图 6.4-18 所示。

在波形编辑器中加入信号节点。在图 6.4-18 所示的界面左边空白处单击鼠标右键，在弹出的快捷菜单中选择 "Insert Node or Bus"，再单击 "Node Finder"，弹出如图 6.4-19 所示的对话框。在图 6.4-19 所示的对话框中，单击 "List" 按钮，在 "Nodes Found" 窗口中列出了举重裁判表决器的所有输入、输出信号节点。通过图中 " >> " 按钮将所有信号节点送到右侧的窗口。需要指出的是，有时只需要将 "Nodes Found" 窗口的部分信号节点送入右侧窗口，这时需要使用 " > " 按钮。单击 "OK" 按钮，进入如图 6.4-20 所示的波形编辑器对话框。

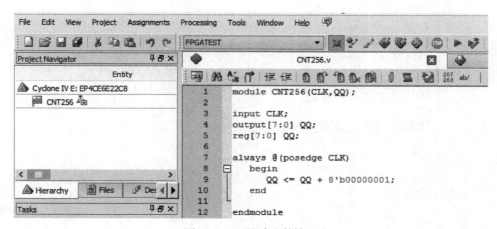

图 6.4-16　设计文件输入

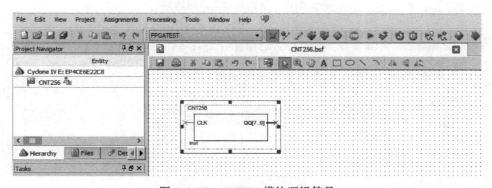

图 6.4-17　CNT256 模块逻辑符号

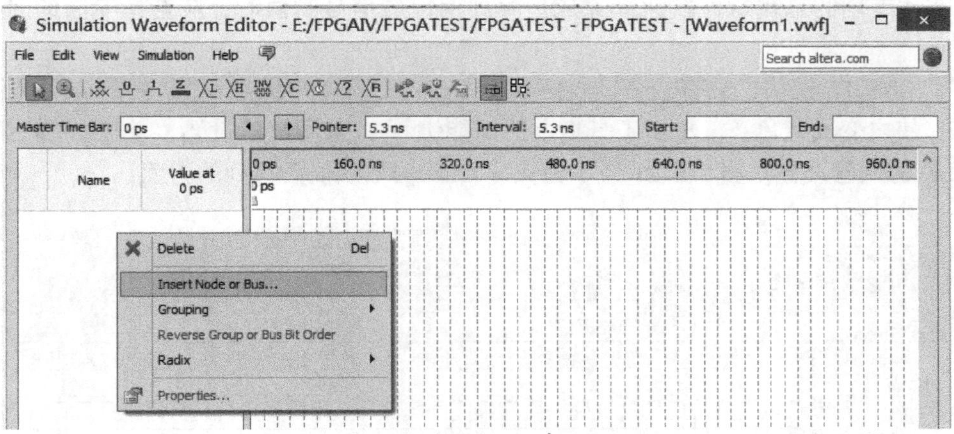

图 6.4-18　仿真波形编辑器

　　输入信号赋值。输入信号的赋值应根据仿真电路的逻辑功能进行，其原则是能将仿真对象的所有功能体现出来。输入信号的赋值方法是：对非周期的单信号赋值时，可用鼠标拖动选定区域，利用置 0 和置 1 等按钮工具将所选区域置成低电平或高电平；对总线信号赋值

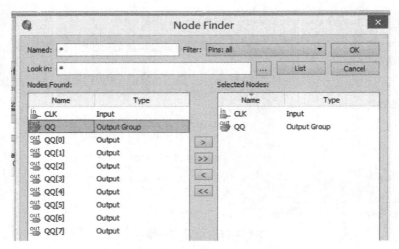

图 6.4-19　选择信号节点对话框

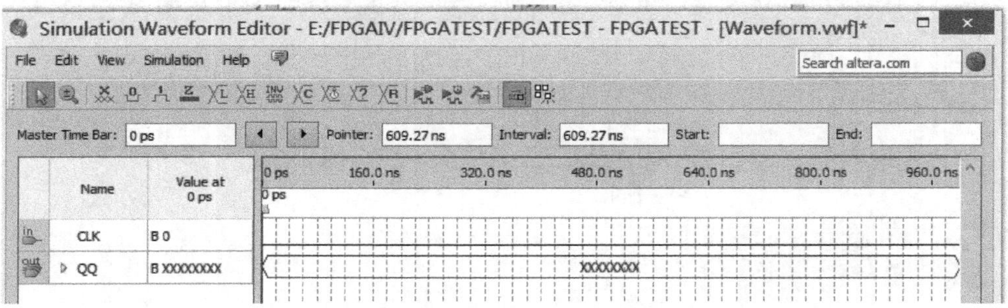

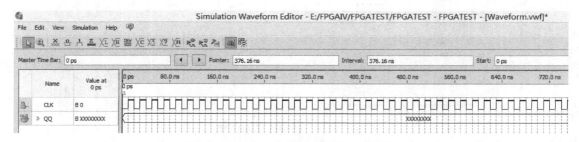

图 6.4-20　加入信号节点后的波形编辑器对话框

时，可利用专用的总线赋值按钮来完成；对周期性的信号赋值时，应选择专门的时钟设置按钮。

对于 CNT256 模块，只有一个输入信号 CLK，用鼠标单击图 6.4-20 中 Name 下面的信号名 CLK，使之变成蓝色条。单击工具栏上的功能键 ，采用默认设置，单击"确定"按钮完成 CLK 的赋值设置。图 6.4-21 所示为完成 CLK 信号赋值后得到的界面。

图 6.4-21　输入信号完成赋值后的界面

波形文件存盘。单击"File"→"Save"命令，以 CNT256.vwf 为文件名将波形文件存入工作文件夹中。

通过"Simulation"→"Options"命令选择仿真工具。有两种选择，一种是选择 Model-sim，另一种是选择 Quartus II simulator。由于没有安装 Modelsim 软件，所以选择后者。单击"Simulation"→"Run Functional Simulation"命令，或者直接单击工具栏上的快捷方式功能仿真按钮 。仿真结果如图 6.4-22 所示。从仿真结果可以看到，CNT256 为 256 进制的计数器。

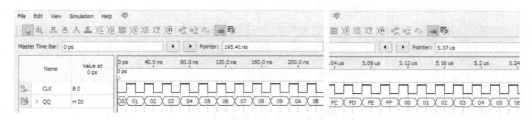

图 6.4-22　CNT256 的仿真结果

（4）顶层原理图输入和编译

在完成锁相环和计数器两个底层模块的基础上，下面介绍顶层原理图的输入方法。

单击"File"→"New"→"Device Design Files"→"Block Diagram/Schematic File"命令，打开空白的原理图编辑器，如图 6.4-23 所示。

单击工具栏的 按钮，或者通过鼠标双击原理图编辑界面的空白处打开元件库。在弹出的元件选择界面中，列出了 Quartus II 自带的元件库（c：/altera/13.0/quartus/librar-ies）和用户自己制作的元件库，如图 6.4-24 所示。用户元件库包括了 PLL 和 CNT256 两个元件，自带元件库包含基本元件库（primitives）、宏功能库（megafunctions）和其他元件库（others）。

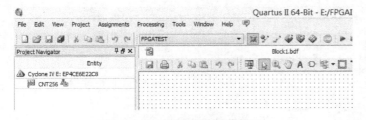
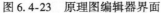
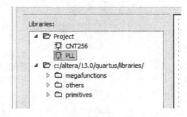

图 6.4-23　原理图编辑器界面　　　　　　　　图 6.4-24　Quartus II 元件库

FPGA 测试电路除了 PLL 和 CNT256 两个元件外，还需要输入引脚和输出引脚等元件，从"primitives"→"pin"中可以找到输入和输出引脚符号。选中相应元件，单击对话框中的"OK"按钮，元件就出现在原理图编辑器窗口。将全部电路元件调入原理图编辑器窗口，通过移动（用鼠标选中元件，按住鼠标左键拖动即可）和旋转（用鼠标选中元件，按住鼠标右键，执行相应命令即可）将元件排列整齐。各元件除了排列整齐之外，还应遵循信号的流向从左到右或从下到上的原则。给输入和输出引脚命名，双击引脚的命名区，变成黑色后输入引脚名即可。注意，原理图中的引脚可以是单个引脚，也可以是多个引脚的组合。在各元件之间添加连线，将鼠标光标移到元件引脚附近，等光标由箭头变为十字图标，按住鼠标左键拖动即可画出连线。连接好后的测试电路原理图如图 6.4-25 所示。

单击"File"→"Save"命令，保存原理图文件，将文件（文件名为 FPGATEST. bdf）

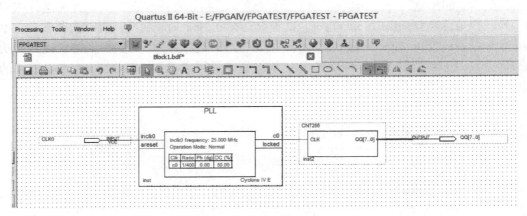

图 6.4-25　顶层原理图

存入工程文件夹。

　　单击"Project"→"Set as top_Level_Entity"选项，将 FPGATEST. bdf 置为顶层文件，以便编译操作。启动编译操作有两种方法：一种方法是通过"Processing"→"Start Compilation"命令实现；另一种方法是单击工具栏上的快捷方式按钮　。编译结束以后，得到如图 6.4-26 所示的界面。编译的进程包括检错和逻辑综合、适配、装配（生成配置文件）、时序分析等。编译过程中，底部的窗口会以不同颜色给出相关信息，如警告信息和错误信息。警告不影响编译通过，但是错误将阻止编译通过，必须排除。通过双击错误信息条文，光标将定位于错误处。编译结束后，编译小结给出了 FPGA 资源的使用情况。

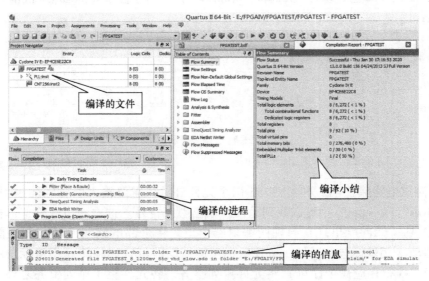

图 6.4-26　工程的编译

　　（5）引脚锁定和下载验证

　　在下载之前，需要将 FPGA 测试电路的输入、输出引脚与 FPGA 的引脚建立对应关系，这个过程称为"引脚锁定"。根据 FPGA 最小系统的原理图，CLK0 对应 FPGA 的 PIN24，计数器的输出引脚则锁定到需要测试的 I/O 引脚。

单击"Assignments"→"Pin"命令，打开引脚锁定窗口，如图 6.4-27 所示。用鼠标双击"Location"栏中的空白处，输入对应端口信号名的器件引脚号（例如信号 A 的引脚号为"73"），按<Enter>键即可锁定。用相同的方法依次把所有的计数器输出锁定到相应的引脚。

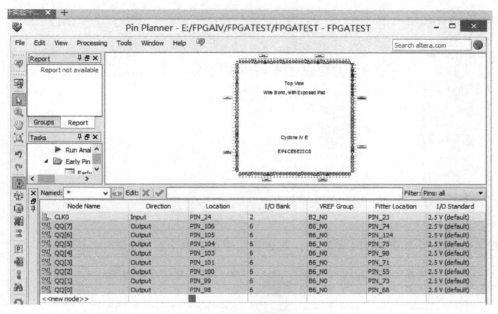

图 6.4-27　引脚锁定窗口

上述工作全部完成以后，必须对工程重新编译，以将引脚对应关系存入设计。用 USB 下载电缆将计算机与 FPGA 最小系统连接。单击"Tools"→"Programmer"命令或直接单击工具栏上的 按钮，进入如图 6.4-28 所示的下载和编程窗口。

在图 6.4-28 所示的编程窗口中单击左上方的"Hardware Setup"按钮，在打开的对话框中选择"USB-Blaster"。在编程模式"Mode"中选择"JTAG"，并用鼠标选中"Program/Configure"下方的复选框。单击"Start"按钮，即开始下载操作，当"Progress"显示 100% 时，下载结束。下载过程中，D2 短暂熄灭，下载成功后，D2 点亮。

如果不能正常下载，则应检查 FPGA 最小系统硬件电路是否有故障。用万用表直流电压档测量稳压器件 U3、U4、U5 的输出电压，正常时电压分别为 3.3V、2.5V、1.2V。观察芯片有无发烫现象，钽电容极性有没有焊反。

（6）电路测试

用示波器测试输出信号。先测试有源晶振的输出信号 CLK0，正常时输出频率为 **25MHz** 的方波信号。再测试 I/O 引脚，正常工作时，相邻的 8 个 I/O 引脚应观测到 8 种不同频率的方波信号。

图 6.4-29 为实测得到的两种典型异常波形。图 6.4-29a 所示波形为两个相邻 I/O 引脚发生短路时的波形，这很可能是两个相邻引脚焊锡粘连引起的，去除多余焊锡即可排除故障。图 6.4-29b 所示波形看似正常，但仔细观察会发现信号的高电平幅值小于 2V。如果没有连线上的问题，则可能 FPGA 对应的 I/O 引脚在使用中损坏了。一般来说，如果出现 I/O

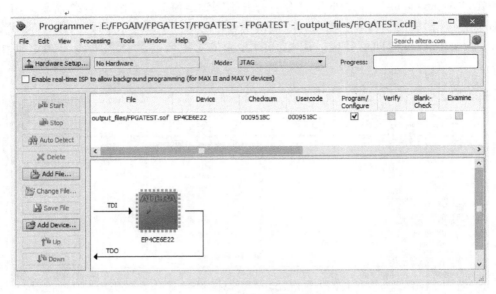

图 6.4-28　下载和编程窗口

引脚损坏，那么要么更换 FPGA 芯片，要么使用中避开这个损坏的 I/O 引脚。

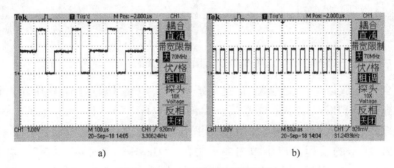

a)　　　　　　　　　　　　　b)

图 6.4-29　实测的异常波形

（7）多余 I/O 引脚的处理

在一个设计中，一般不可能用到所有的 FPGA I/O 引脚，为了避免未用 I/O 引脚对其他电路的影响，在编译之前应将 FPGA 的未用引脚设为"输入高阻"。应作如下设定："Assignments"→"Device"→"Device&Pin Option"→"Unused Pins"→"As input tri-stated"，然后单击"确定"按钮。

（8）复用引脚的处理

PIN101 是双功能引脚，既可作为 nCEO 引脚，也可作为 I/O 引脚。如果某设计需要使用 PIN101 引脚，在引脚锁定之前，应作如下设定："Assignments"→"Device"→"Device and Pin Options"→"Dual Purpose Pins"→"nCEO"→"Use as regular I/O"，然后单击"确定"按钮。

6.4.4　JTAG 间接模式编程配置器件

FPGA 内部设计调试成功需要脱机运行时，可以通过 JTAG 间接配置模式将编程数据写入 EPCS4。具体操作步骤介绍如下。

将 SOF 文件转化为 JTAG 间接配置文件：单击"File"→"Convert Programing Files"命令，出现如图 6.4-30 所示的对话框。

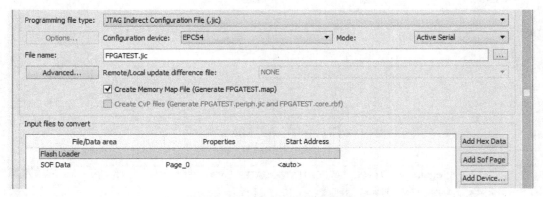

图 6.4-30　设定 JTAG 间接编程文件

首先在"Programming file type"下拉列表中选择输出文件类型为 JTAG 间接配置文件类型：JTAG Indirect Configuration File（.jic），然后在"Configuration device"下拉列表中选择配置器件型号：EPCS4，再在"File name"文本框中键入输出文件名：FPGATEST.jic。

选择"Input files to convert"栏中的"Flash Loader"，再单击此栏右侧的"Add Device"按钮，弹出如图 6.4-31 所示的"Select Devices"器件选择对话框，在左栏"Device family"中选定目标器件的系列：Cyclone IV E，再在右栏"Device name"中选择具体器件：EP4CE6。

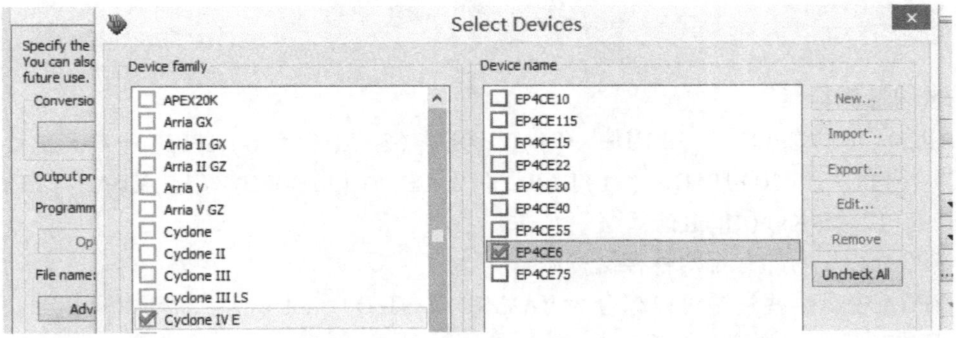

图 6.4-31　选择目标器件 EP4CE6

选中"Input files to convert"栏中的"SOF Data"项，然后单击此栏右侧的"Add File"按钮，选择 SOF 文件 FPGATEST.sof，如图 6.4-32 所示。单击对话框下方的"Generate"按钮，即生成所需要的间接编程配置文件。

下载 JTAG 间接配置文件。单击"Tools"→"Programmer"命令，选择"JTAG"模式，加入 JTAG 间接配置文件"FPGATEST.jic"，如图 6.4-33 所示。单击"Start"按钮后进行编程下载，JTAG 间接配置需要花费几秒钟的时间。

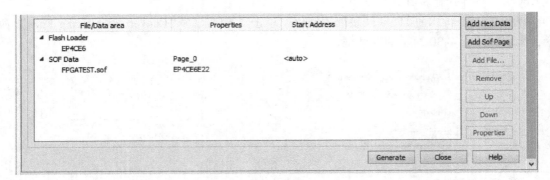

图 6.4-32　选择 SOF 文件

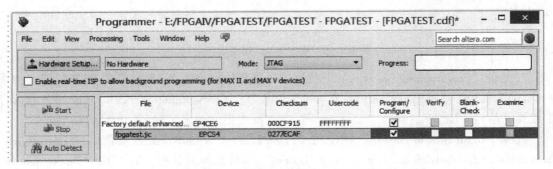

图 6.4-33　用 JTAG 模式对配置器件 EPCS4 进行间接编程

思　考　题

1. 名词解释：

(1) PLD　(2) CPLD　(3) HDL　(4) VHDL　(5) LUT　(6) ASIC　(7) SOC　(8) IP CORE　(9) FPGA　(10) JTAG　(11) EAB　(12) LE　(13) SOPC　(14) EDA　(15) FSM (16) BST　(17) M9K　(18) RTL

2. FPGA 芯片内部有哪两种存储资源？

3. FPGA 中有哪些资源可以综合为 RAM/ROM/FIFO？

4. 简述查找表的原理和结构。

5. 简述 EP4CE6E22C8 的主要资源。

6. 画出 FPGA 最小系统中 EP4CE6E22C8 电源的原理图。

7. 简述单片机和 FPGA 在电子系统中的分工。

8. 利用 EP4CE6E22C8 内部的锁相环，能否将 200kHz 的方波倍频到 1MHz？说明理由。

9. 什么是 FPGA 的主动配置模式？

10. 在对 FPGA 引脚锁定时，多余的引脚应该如何处理？

设计训练题

设计训练题一 时钟信号产生电路

时钟信号产生电路原理框图如图 P6-1 所示。假设 FPGA 外部输入的参考时钟为 25MHz，利用内部 PLL 和分频电路产生 2MHz 和 1kHz 的时钟信号，要求时钟信号的占空比为 50%，并从 I/O 引脚输出。

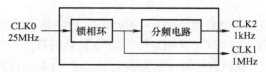

图 P6-1 时钟信号产生电路原理框图

设计训练题二 倍频电路设计

倍频电路原理框图如图 P6-2。先将 V_{PP} 为 0.1~5V、f_{in} 为 150~200kHz 的正弦信号转化为同频率的方波信号，再通过锁相环 74HC4046 倍频 128 倍。用示波器观察 VCOO 输出波形能否稳定显示。

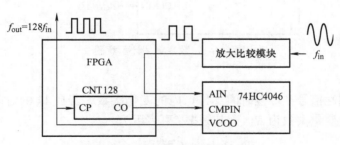

图 P6-2 倍频电路原理框图

第7章 数字系统设计实例

7.1 4位数字频率计设计

1. 设计题目

设计一4位数字频率计，测量范围为 $0 \sim 9999\mathrm{Hz}$。数字频率计的示意图如图7.1-1所示，其硬件电路主体部分由FPGA实现，采用4位7段LED数码管显示频率，采用晶体振荡电路提供8Hz基准时钟CLK1。被测信号为标准方波信号，从CLKIN输入。

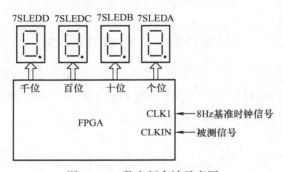

图7.1-1　数字频率计示意图

2. 工作原理

频率就是周期性信号在单位时间（1s）内的变化次数。若在1s的时间间隔内测得这个周期性信号的重复变化次数为 N，则其频率 f 可表示为

$$f = N$$

由此可见，只要将被测信号作为计数器的时钟输入，让计数器从零开始计数，计数器计数1s钟后得到的计数值就是被测信号的频率值。利用上述思路，可以得到如图7.1-2所示的数字频率计原理框图。控制电路首先给出清零信号，使计数器清零。然后闸门信号置为高电平，闸门开通，被测信号通过闸门送到计数器，计数器开始计数，1s钟后，将闸门信号

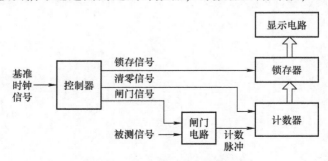

图7.1-2　数字频率计原理框图

置为低电平，计数器停止计数，此时计数器的计数值就是被测信号频率。如果将计数值直接送显示电路显示，那么在整个计数过程，显示值将不断变化，无法看清显示值。在计数器和显示电路之间加了锁存器后，控制器在闸门关闭后给出一锁存信号，将计数值存入锁存器，显示电路根据锁存器的输出显示频率值。这样，每测量一次频率值，显示值刷新一次。图 7.1-3 给出了数字频率计各信号的时序关系。

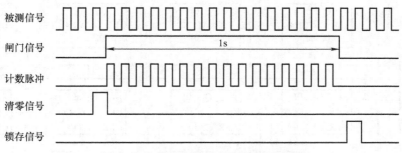

图 7.1-3　数字频率计控制信号时序图

数字频率计是一个典型的数字系统，除控制器外，计数器和锁存器等构成数据处理单元。数据处理单元各模块逻辑功能比较简单，通常有标准的模块可供选择，而控制器一般需要自行设计。

3. 顶层设计

数字频率计主体部分采用 FPGA 实现，采用"自顶向下"的设计方法。先顶层设计，后底层模块设计。与计算机软件程序类似，顶层相当于主程序，底层模块相当于子程序。由于原理图比较直观，顶层设计通常采用原理图，而底层模块设计采用 Verilog HDL 语言描述。

根据数字频率计的工作原理和设计方案，可得到如图 7.1-4 所示的 4 位数字频率计的顶层设计原理图。原理图包括计数器 CNT10、锁存器 LATCH4、显示译码器 LED7S、控制器 CONTROL 四种底层模块。4 个十进制计数器 CNT10 级联构成 10000 进制计数器，使频率计的测量范围达到 0000 ~ 9999Hz。CNT10 的输出送锁存器 LATCH4，LATCH4 的输出送显示译码器 LED7S。LED7S 的输出驱动 7 段 LED 数码管。CONTROL 用于产生清零信号 CLR、闸门信号 CS、锁存信号 LE 三种控制信号。

从图 7.1-4 所示的原理图可知，4 个十进制计数器 CNT10 的时钟由同一时钟源提供，因此，将 4 个十进制计数器视作一个整体，是一个 10000 进制的同步计数器。相比异步计数器，同步计数器不易受干扰信号（如竞争冒险产生的毛刺）的影响，工作更加稳定。数字频率计的显示译码器由 FPGA 内部的 LED7S 模块实现，相比外部采用 CD4511 之类的译码器，可以缩小硬件电路的体积，但会占用 FPGA 较多的 I/O 引脚。

4. 底层模块设计

在数字频率计的顶层设计中使用了 4 种不同功能的底层模块：CONTROL、CNT10、LATCH4、LED7S，其 Verilog HDL 代码介绍如下。

（1）CONTROL 模块设计

控制模块 CONTROL 用于产生满足图 7.1-3 所示时序要求的控制信号。状态机的状态编码采用格雷（Gray）码，以消除状态译码时由于竞争冒险产生的干扰窄脉冲。通过状态译码产生 3 个控制信号：第 0 状态时，清零信号 CLR 置为高电平；第 1 ~ 8 状态时，闸门信号

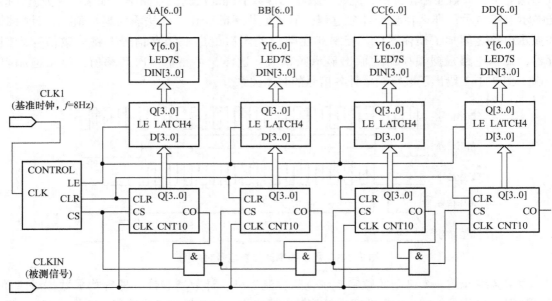

图 7.1-4　4 位数字频率计原理图

CS 置为高电平，闸门信号的高电平持续时间等于 8 个状态维持时间，由于状态机时钟频率为 8Hz，因此，闸门信号的脉冲宽度刚好为 1s；第 10 状态时，锁存信号 LE 置为高电平。

```
module CONTROL(CLK,CS,CLR,LE);
input CLK;
output CS,CLR,LE;
reg CS,CLR,LE;
reg[3:0] CURRENT_STATE;
reg[3:0] NEXT_STATE;

parameter ST0 = 4'b0011; parameter ST1 = 4'b0010;parameter ST2 = 4'b0110;
parameter ST3 = 4'b0111;parameter ST4 = 4'b0101;parameter ST5 = 4'b0100;
parameter ST6 = 4'b1100;parameter ST7 = 4'b1101;parameter ST8 = 4'b1111;
parameter ST9 = 4'b1110;parameter ST10 = 4'b1010;parameter ST11 = 4'b1011;
//状态编码为 Gray 码

always @ (CURRENT_STATE)
begin
    case(CURRENT_STATE)
    ST0: begin NEXT_STATE = ST1; CLR = 1'b1; CS = 1'b0; LE = 1'b0; end
    ST1: begin NEXT_STATE = ST2; CLR = 1'b0; CS = 1'b1; LE = 1'b0; end
    ST2: begin NEXT_STATE = ST3; CLR = 1'b0; CS = 1'b1; LE = 1'b0; end
    ST3: begin NEXT_STATE = ST4; CLR = 1'b0; CS = 1'b1; LE = 1'b0; end
    ST4: begin NEXT_STATE = ST5; CLR = 1'b0; CS = 1'b1; LE = 1'b0; end
    ST5: begin NEXT_STATE = ST6; CLR = 1'b0; CS = 1'b1; LE = 1'b0; end
```

ST6：begin NEXT_STATE = ST7；CLR = 1'b0；CS = 1'b1；LE = 1'b0；end
ST7：begin NEXT_STATE = ST8；CLR = 1'b0；CS = 1'b1；LE = 1'b0；end
ST8：begin NEXT_STATE = ST9；CLR = 1'b0；CS = 1'b1；LE = 1'b0；end
ST9：begin NEXT_STATE = ST10；CLR = 1'b0；CS = 1'b0；LE = 1'b0；end
ST10：begin NEXT_STATE = ST11；CLR = 1'b0；CS = 1'b0；LE = 1'b1；end
ST11：begin NEXT_STATE = ST0；CLR = 1'b0；CS = 1'b0；LE = 1'b0；end
default：begin NEXT_STATE = ST0；CLR = 1'b0；CS = 1'b0；LE = 1'b0；end
  endcase
 end
always @（posedge CLK）
begin
  CURRENT_STATE <= NEXT_STATE；
end
endmodule

CONTROL 模块的仿真结果如图 7.1-5 所示。

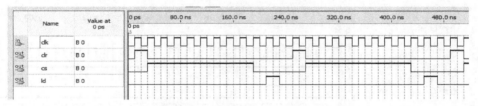

图 7.1-5 CONTROL 模块的仿真结果

（2）CNT10 模块设计

CNT10 模块为十进制加法计数器模块，具有计数、异步清零、计数使能、进位输出功能。异步清零功能是为了闸门信号有效之前将计数器清零。计数使能由闸门信号控制，闸门信号高电平时允许计数，低电平时停止计数（保持状态）。进位输出是用于计数器之间的级联。

```
module CNT10(CLK,CLR,CS,Q,CO)；
input CLK,CLR,CS；
output[3:0] Q；
reg[3:0] Q；
output CO；
reg CO；

always @（posedge CLK or posedge CLR）
begin
    if(CLR)
        Q <= 4'b0000；
    else
        if(CS)
            begin
```

```
        if( Q == 4'b1001)
          Q <= 4'b0000;
        else
          Q <= Q + 4'b0001;
      end
  end
always @( Q)
begin
    if( Q == 4'b1001)
      CO <= 1'b1;
    else
      CO <= 1'b0;
end
endmodule
```

CNT10 模块的仿真结果如图 7.1-6 所示。

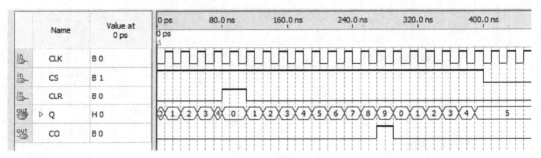

图 7.1-6　CNT10 模块的仿真结果

（3）LATCH4 模块设计

LATCH4 模块为 4 位锁存器模块，在锁存信号的高电平期间，锁存器输出跟随输入变化，在锁存信号的下降沿，将输入值锁存，输出值保持不变。LATCH4 模块的 Verilog HDL 代码编写如下。

```
module LATCH4( LE,D,Q);
input LE;
input[3:0] D;
output[3:0] Q;
reg[3:0] Q;

always @ ( D or LE)
begin
    if ( LE)
      Q <= D;
end
endmodule
```

LATCH4 模块的仿真结果如图 7.1-7 所示。

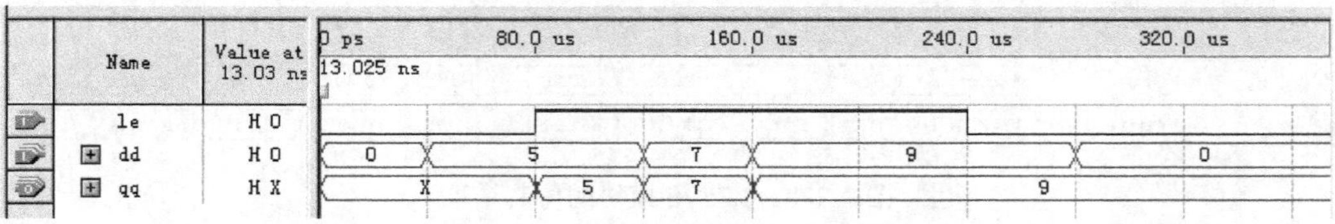

图 7.1-7　LATCH4 模块的仿真结果

(4) LED7S 模块设计

LED7S 模块将 4 位二进制码转换成共阴 7 段显示码。需要说明的是，该显示译码器除了能用于显示 0~9 数字之外，当输入的编码为 1010~1111 时，还可以显示 A、b、C、d、E、F 六个字母。这也是 Verilog HDL 语言描述数字电路的灵活之处。

```
module LED7S(DIN,Y);
input[3:0] DIN;
output[6:0] Y;
reg[6:0] Y;

always @ (DIN)
begin
    case(DIN)
        4'b0000: Y = 7'b0111111;
        4'b0001: Y = 7'b0000110;
        4'b0010: Y = 7'b1011011;
        4'b0011: Y = 7'b1001111;
        4'b0100: Y = 7'b1100110;
        4'b0101: Y = 7'b1101101;
        4'b0110: Y = 7'b1111101;
        4'b0111: Y = 7'b0000111;
        4'b1000: Y = 7'b1111111;
        4'b1001: Y = 7'b1101111;
        4'b1010: Y = 7'b1110111;
        4'b1011: Y = 7'b1111100;
        4'b1100: Y = 7'b0111001;
        4'b1101: Y = 7'b1011110;
        4'b1110: Y = 7'b1111001;
        4'b1111: Y = 7'b1110001;
        default: Y = 7'b0000000;
    endcase
end
endmodule
```

LED7S 模块的仿真结果如图 7.1-8 所示。

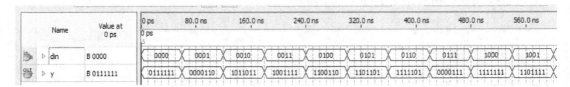

图 7.1-8 LED7S 模块的仿真结果

5. 硬件电路测试

4 位数字频率计的硬件原理图如图 7.1-9 所示。采用 74HC4060 构成晶体振荡器，向数字频率计提供 8Hz 的基准时钟。被测信号从 CLKIN 引脚输入。参考 6.4.3 节有关 Quartus II 软件的操作流程，完成设计输入和编译，根据图 7.1-9 所示的原理图进行引脚锁定，然后下载。测试时，用信号发生器产生标准方波信号，从 CLKIN 引脚输入。如果 LED 数码管上显示的频率值与输入信号的频率一致，则说明数字频率计设计完成。

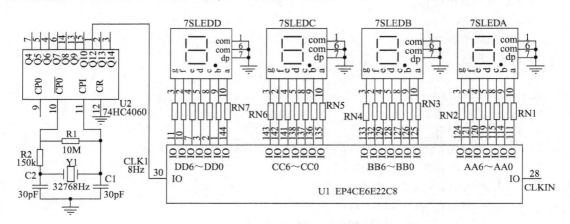

图 7.1-9　4 位数字频率计的硬件原理图

7.2　4×4 键盘编码器设计

1. 设计题目

设计 4×4 键盘编码器，将 4×4 行列式键盘转化为 4 位键编码。按 K0 键输出 0000，按 K1 键输出 0001，……，按 K15 键输出 1111。其示意图如图 7.2-1 所示。每次按键有效时，键有效信号 KAV 产生由高到低的跳变。键盘编码器应有按键消抖功能。为了验证键盘编码器工作是否正常，将 4 位键值在显示译码器 7SLEDA 上显示（分别显示 0、1、2、…、9、A、b、C、d、E、F）；同时将 KAV 作为计数器的时钟信号，将计数值在显示译码器 7SLEDB 上显示。如果每按一次键，7SLEDB 上显示值加 1，说明消抖效果良好。

2. 方案设计

为了便于读者理解编码式键盘的设计方案，这里将编码式键盘的设计分解成 4 个从简单到复杂的设计任务。最后一个设计任务就是能够满足题目要求的设计方案。

任务一：按键的计数。原理框图如图 7.2-2 所示。将按键次数在数码管上显示。

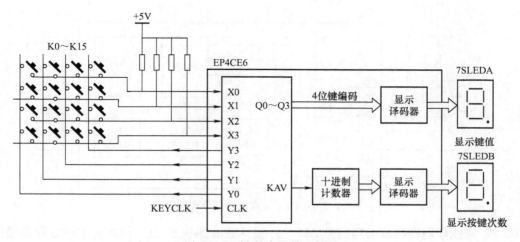

图 7.2-1　键盘编码器示意图

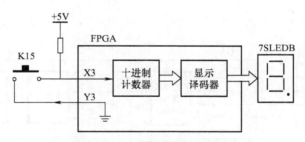

图 7.2-2　按键计数原理框图

任务二：按键消抖。由于机械式按键闭合瞬间存在抖动现象，因此，需要通过消抖电路对按键消抖。为了实现按键消抖，在图 7.2-2 所示原理框图的基础上增加一个消抖电路，原理框图如图 7.2-3 所示。每按一次 K15 键，数码管显示值加 1，说明消抖功能实现。

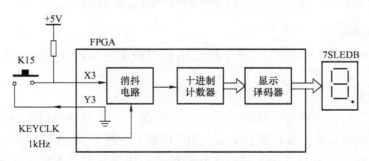

图 7.2-3　按键消抖原理框图

任务三：4×1 键盘编码器设计。4×1 键盘由 K3、K7、K11、K15 构成。在图 7.2-3 所示的原理框图基础上，增加一个 4 线-2 线优先编码器，同时增加一个 4 位寄存器，原理框图如图 7.2-4 所示。把寄存器的低两位 C1 和 C0 输入置成高电平，表示当前这 4 个按键处于 Y3 这一列。当键有效时，K3、K7、K11、K15 分别输出键值 0011、0111、1011、1111。

任务四：4×4 键盘编码器设计。在图 7.2-4 所示原理框图基础上，增加由四进制计数

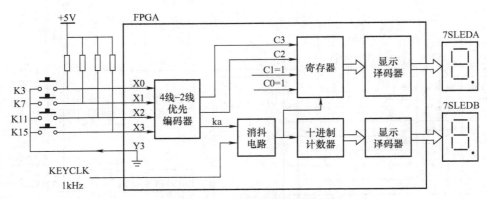

图 7.2-4   4×1 键盘编码器原理框图

器和 2 线－4 线译码器构成的列扫描电路，并将计数器的输出 C1 和 C0 送 4 位寄存器的低 2 位，原理框图如图 7.2-5 所示。当 K0 ~ K15 键有效时，分别输出键值 0000 ~ 1111。

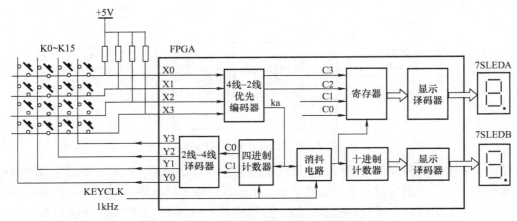

图 7.2-5   4×4 键盘编码器设计方案原理框图

3. 单元电路设计

图 7.2-5 中的大部分底层模块是常用的组合逻辑电路和时序电路，采用 Verilog HDL 描述。

（1）消抖电路

当按键刚闭合时，会产生机械抖动。图 7.2-6 所示 KIN 就是按键闭合过程中的输出波形。从波形图中可以看到，按键闭合之初，KIN 出现了一些毛刺，键稳定闭合后，KIN 输出稳定的低电平。由于毛刺的持续时间一般小于 10ms，因此只要检测到 KIN 低电平持续时间大于 10ms，就可认为按键已稳定闭合。只有按键稳定闭合后才认为键值有效，从而消除抖动。

按键消抖电路有多种设计方案，可以采用专用集成电路（如 MAX16054），可以采用移位寄存器电路，也可以采用施密特触发器等。这里参考软件消抖的思路，采用一个具有异步清零和保持功能的 5 位二进制计数器来实现按键消抖。基本原理是：将键检测信号 KIN 作为计数器的清零信号，当没有键按下时，KIN 为高电平，计数器一直处于清零状态；当按键

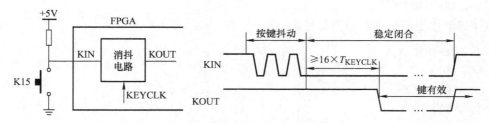

图 7.2-6　消抖电路输入输出波形

闭合时，KIN 变为低电平，计数器在时钟信号 KEYCLK 的作用下计数。假设 KEYCLK 周期 T_{KEYCLK} 为 1ms，则只有按键闭合时间超过 16ms 时，计数值才能由 0 计到 16 并保持。将计数器的最高位反相后作为 KOUT 输出。当按键松开后，KIN 恢复成高电平，计数值回到 0，KOUT 恢复成高电平，一次按键消抖过程结束。消抖电路 DEBOUNCER 的 Verilog HDL 代码如下：

```
module   DEBOUNCER(CLK,KIN,KOUT);
input   CLK,KIN;
output KOUT;
reg [4:0] Q;
always@(posedge CLK)
begin
    if(KIN == 1)
      begin   Q <= 5'b00000; end
    else if(Q == 16)
      begin   Q <= 5'b10000; end
    else
      begin   Q <= Q + 1'b1;   end
end
assign KOUT = ~Q[4];
endmodule
```

（2）四进制计数器

该计数器输出驱动译码电路产生 4 路扫描信号。该计数器设有使能端，使能信号来自优先编码器的输出 KA，$KA = X_0 X_1 X_2 X_3$。当有键按下时，KA 为低电平，该计数器停止计数。

```
module CNT4A(CLK,EN,Q);
input CLK,EN;
output reg [1:0]Q;
always@(posedge CLK)
begin
    if(EN)
    Q <= Q + 2'b01;
end
endmodule
```

（3）2线–4线译码器

该译码器用于产生4路扫描信号。

```verilog
module DECODE(A,Y);
input [1:0]A;
output reg [3:0]Y;
always@(A)
begin
    case(A)
    2'b00:Y[3:0] <= 4'b1110;
    2'b01:Y[3:0] <= 4'b1101;
    2'b10:Y[3:0] <= 4'b1011;
    2'b11:Y[3:0] <= 4'b0111;
    endcase
end
endmodule
```

（4）4线–2线优先编码器

用于产生4位键值中的高两位，并产生KA信号。

```verilog
module encode(Y0,Y1,KA,I0,I1,I2,I3);
output Y0,Y1,KA;
input I0,I1,I2,I3;
reg[1:0] YTEMP;

always @ (I0 or I1 or I2 or I3)
begin
    if(!I0)   YTEMP = 2'b00;
    else if(!I1) YTEMP = 2'b01;
    else if(!I2) YTEMP = 2'b10;
    else if(!I3) YTEMP = 2'b11;
    else   YTEMP = 2'b00;
end
assign   Y0 = YTEMP[0];
assign   Y1 = YTEMP[1];
assign   KA = I0 & I1 & I2 & I3;
endmodule
```

（5）4位寄存器

用于存放4位键值。寄存器的时钟信号来自消抖电路，说明只有按键稳定闭合后，键值才会存入寄存器。

```verilog
module KEYREG (CLK,D,Q);
input CLK;
input [3:0]D;
```

```
output reg[3:0]Q;
always@(negedge CLK)
    begin
        Q <= D;
    end
endmodule
```

（6）十进制计数器

```
module cnt10(CLK,Q);
input CLK;
output[3:0] Q;
reg[3:0] Q;

always @(negedge CLK)
    begin
        if(Q == 9)
            Q <= 4'b0000;
        else
            Q <= Q + 1'b1;
    end
endmodule
```

4. 顶层原理图设计

上述底层模块完成设计输入、编译和创建符号等步骤后，就可以进行顶层原理图的设计。完成设计后的顶层原理图如图 7.2-7 所示。

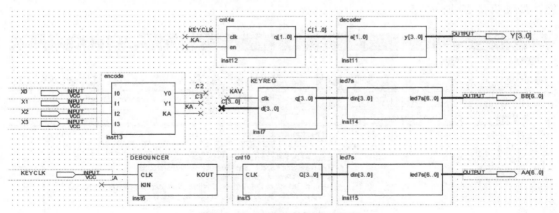

图 7.2-7　键盘接口顶层原理图

5. I/O 引脚内部上拉电阻的设置

从图 7.2-1 可知，行输入线 X0 ~ X3 加了 4 个上拉电阻，以便没有按键闭合时，X0 ~ X3 处于高电平状态。实际上，只需将 X0 ~ X3 对应的 I/O 引脚设成内部上拉，就可以省去外部上拉电阻，从而节省硬件电路空间。内部上拉电阻的设置方法介绍如下。

步骤一：单击 "Assignments" → "Assignment Editor" 命令，进入如图 7.2-8 所示的界

面，选择"I/O Features"选项。

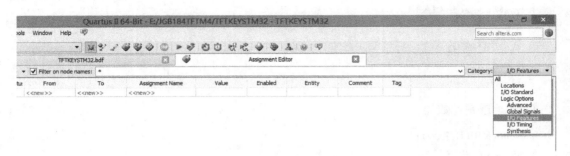

图 7.2-8　步骤一

步骤二：双击图 7.2-8 中"From"下方空白区。键入"X0"，按 < Enter > 键。用同样的方法设置"X1、X2、X3"，如图 7.2-9 所示。

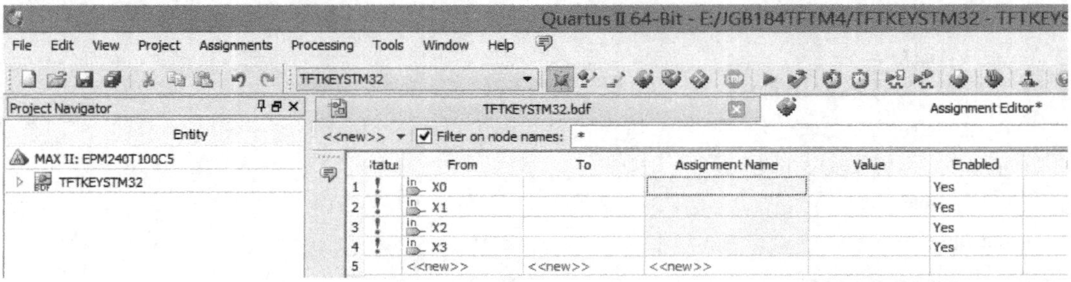

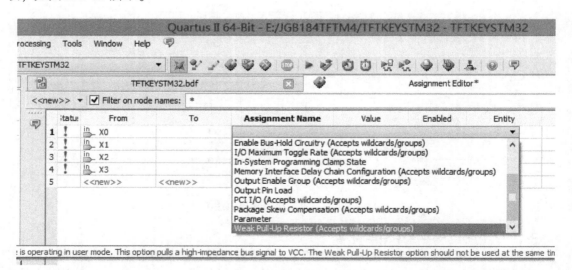

图 7.2-9　步骤二

步骤三：双击图 7.2-9 中"Assignment Name"区域，选择"Weak Pull-Up Resistor"选项，如图 7.2-10 所示。

图 7.2-10　步骤三

步骤四：双击图 7.2-10 中"Value"下方区域，选择"on"选项，如图 7.2-11 所示。

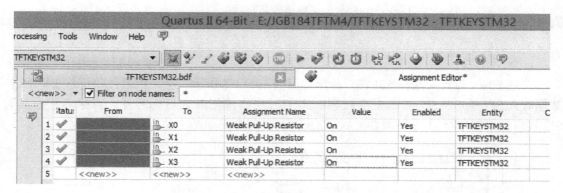

图 7.2-11　步骤四

步骤五：存盘，重新编译即可。

6. 硬件电路测试

4×4 键盘编码器硬件原理图如图 7.2-12 所示。由于 X0 ~ X3 引脚采用了内部上拉电阻，因此，在原理图中，去掉了外部上拉电阻。将前面介绍的设计根据图 7.2-12 所示的原理图进行引脚锁定，然后下载。KEYCLK 为频率 1kHz 的时钟信号，对频率精度要求并不很高。如果外部没有 1kHz 左右的时钟信号，也可以由 FPGA 最小系统板上的 25MHz 时钟经过锁相环和分频电路得到。

依次按 K0 ~ K15 键，验证 7SLEDA 上显示的键值是否与按键一致，7SLEDB 上显示的数字是否与按键次数一致。若能达到设计题目要求的功能，说明 4×4 键盘编码器设计完成。

本设计题完成的 4×4 键盘编码器可应用于 5.2 节的单片机最小系统中。

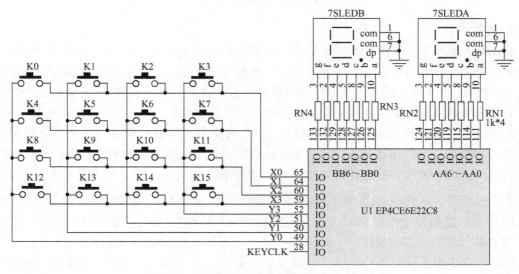

图 7.2-12　4×4 键盘编码器的硬件原理图

7.3 简易 SPI 接口设计

1. 设计题目

采用 FPGA 设计一简易 SPI 接口，示意图如图 7.3-1 所示。单片机通过并行总线将 16 位数据写入 SPI 接口，SPI 接口就会按照一定的时序将数据写入目标芯片。目标芯片为具有 SPI 接口的双路串行 D/A 转换器 DAC082S085，其时序图如图 7.3-1c 所示。

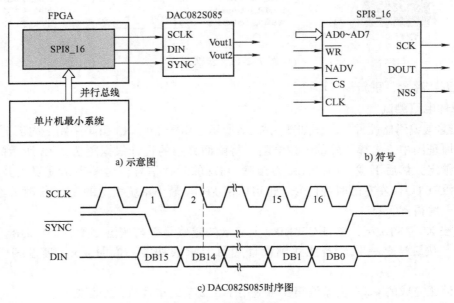

a) 示意图   b) 符号

c) DAC082S085时序图

图 7.3-1 简易 SPI 接口

2. 方案设计

在由单片机和 FPGA 构成的电子系统中，要扩展 SPI 接口芯片，除了第 5 章介绍的 SPI 总线扩展方法外，还可以在 FPGA 内部设计一个简易 SPI 接口，单片机通过并行总线将数据写入 SPI 接口，SPI 接口就会按照规定的时序写入目标芯片。这种方法不会占用单片机的资源，可以充分利用 FPGA 内部多余资源，提高了设计灵活性。

本设计题要求的简易 SPI 接口只需要单方向传输数据，因此电路并不复杂。简易 SPI 接口由并行寄存器、移位寄存器、控制器 3 部分组成，其原理框图如图 7.3-2 所示。单片机通过并行总线向两个 8 位并行寄存器依次写入 16 位数据，先写低 8 位，再写高 8 位。在写高 8 位数据的过程中，片选信号 $\overline{CS}$ 和写信号 $\overline{WR}$ 相或后产生一个负脉冲。该负脉冲作为控制器的 START 信号，控制器检测到 START 信号后发出 SEL1 和 SEL0 信号，控制 16 位移位寄存器依次完成并行置数和移位操作。

在图 7.3-2 所示的原理框图中，左边为单片机并行总线接口，采用 8 位数据总线宽度。AD0 ~ AD7 为 8 位地址/数据复用引脚。NADV 为地址有效信号，低电平有效。右边为 SPI 总线接口。

在确定 SPI 接口的设计方案时，重点考虑了接口的通用性问题。图 7.3-2 所示 SPI 接口

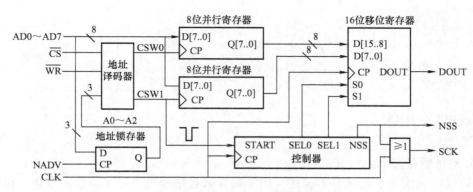

图 7.3-2　简易 SPI 接口原理框图

的通用性体现在两个方面。一方面是可以与不同系列的单片机接口。根据图 5.4-1 和图 5.4-2 所示的两种单片机的时序图，C8051F360 单片机的地址有效信号 ALE 为高电平有效，因此，在使用 SPI 接口时，只需在将 ALE 信号反相后送 SPI 接口的 NADV 引脚。另一方面，SPI 接口可以与不同的串行外设接口。具有 SPI 接口的外设工作时序并不完全相同，若一次传送的数据位数不同，则时钟和数据的时序关系也有所不同。图 7.3-2 所示的 SPI 接口只需修改少量的逻辑，就可以用于不同的串行外设。

3. 底层模块设计

图 7.3-2 中各底层模块采用 Verilog HDL 语言描述。

（1）8 位并行寄存器 REG8

REG8 模块的 Verilog HDL 代码如下：

```
module REG8(CP,D,Q);
input[7:0] D;
input CP;
output[7:0] Q;
reg[7:0] Q;
always @ (posedge CP)
    begin
      Q <= D;
    end
endmodule
```

（2）16 位移位寄存器 SREG16

SREG16 模块的 Verilog HDL 代码如下：

```
module SREG16(CP,S,D,DOUT);
input[15:0] D;
input CP;
input[1:0] S;
output DOUT;
reg[15:0] Q;
always @ (posedge CP)
```

```
    begin
        case(S)
            2'b01: Q <= {Q[14:0],1'b1};
            2'b10: Q <= D;
        endcase
    end
assign DOUT = Q[15];
endmodule
```

(3) 地址锁存器 DLATCH3

DLATCH3 模块为 3 位锁存器模块,用于锁存来自单片机的低 3 位地址信息。在锁存信号的低电平期间,锁存器输出跟随输入变化,在锁存信号的上升沿,将输入值锁存,输出值保持不变。DLATCH3 模块的 Verilog HDL 代码如下:

```
module DLATCH3(CLK,D,Q);
input CLK;
input [2:0]D;
output reg [2:0]Q;
always@(CLK or D)
    begin
        if(CLK ==0)
            Q <= D;
    end
endmodule
```

(4) 控制器 CONTROL

控制器为一同步状态机,定义了 20 个状态 S0 ~ S19, S0 为初始状态,用于检测 START 信号,只有检测到 START 信号低电平,才能进入下一个状态,否则一直在 S0 状态等待。在 S0 ~ S2 状态,将 SEL1 和 SEL0 置成 00,使移位寄存器处于保持状态;在 S3 状态,将 SEL1 和 SEL0 置成 10,使移位寄存器处于并行置数状态,这时,并行寄存器中的数据送入移位寄存器;在 S4 ~ S19 状态,将 SEL1 和 SEL0 置成 01,使移位寄存器处于移位状态,同时,将 NSS 置成低电平,完成 16 位数据的传送。控制器的时序图如图 7.3-3 所示。

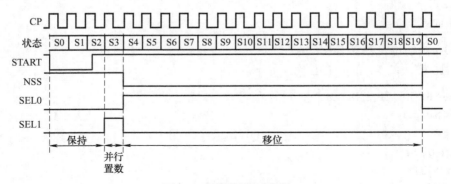

图 7.3-3 控制器时序图

CONTROL 模块的 Verilog HDL 代码如下：

```verilog
module CONTROL(CP,START,SEL1,SEL0,NSS);
input CP,START;
output SEL1,SEL0,NSS;
reg SEL1,SEL0,NSS;
reg[4:0] CURRENT_STATE;
reg[4:0] NEXT_STATE;
parameter S0 = 5'b00000,S1 = 5'b00001,S2 = 5'b00011,S3 = 5'b00010;
parameter S4 = 5'b00110,S5 = 5'b00111,S6 = 5'b00101,S7 = 5'b00100;
parameter S8 = 5'b01100,S9 = 5'b01101,S10 = 5'b01111,S11 = 5'b01110;
parameter S12 = 5'b01010,S13 = 5'b01011,S14 = 5'b01001,S15 = 5'b01000;
parameter S16 = 5'b11000,S17 = 5'b11100,S18 = 5'b10100,S19 = 5'b10000;
//状态编码为 Gray 码
always @ (CURRENT_STATE   or START)
    begin
        case(CURRENT_STATE)
        S0:
        begin SEL1 = 1'b0;SEL0 = 1'b0;NSS = 1'b1;
        if (START == 1'b0) NEXT_STATE = S1; else NEXT_STATE = S0;end
        S1: begin SEL1 = 1'b0;SEL0 = 1'b0;NSS = 1'b1;NEXT_STATE = S2;end
        S2: begin SEL1 = 1'b0;SEL0 = 1'b0;NSS = 1'b1;NEXT_STATE = S3;end
        S3: begin SEL1 = 1'b1;SEL0 = 1'b0;NSS = 1'b1;NEXT_STATE = S4;end
        S4: begin SEL1 = 1'b0;SEL0 = 1'b1;NSS = 1'b0;NEXT_STATE = S5;end
        S5: begin SEL1 = 1'b0;SEL0 = 1'b1;NSS = 1'b0;NEXT_STATE = S6;end
        S6: begin SEL1 = 1'b0;SEL0 = 1'b1;NSS = 1'b0;NEXT_STATE = S7;end
        S7: begin SEL1 = 1'b0;SEL0 = 1'b1;NSS = 1'b0;NEXT_STATE = S8;end
        S8: begin SEL1 = 1'b0;SEL0 = 1'b1;NSS = 1'b0;NEXT_STATE = S9;end
        S9: begin SEL1 = 1'b0;SEL0 = 1'b1;NSS = 1'b0;NEXT_STATE = S10;end
        S10: begin SEL1 = 1'b0;SEL0 = 1'b1;NSS = 1'b0;NEXT_STATE = S11;end
        S11: begin SEL1 = 1'b0;SEL0 = 1'b1;NSS = 1'b0;NEXT_STATE = S12;end
        S12: begin SEL1 = 1'b0;SEL0 = 1'b1;NSS = 1'b0;NEXT_STATE = S13;end
        S13: begin SEL1 = 1'b0;SEL0 = 1'b1;NSS = 1'b0;NEXT_STATE = S14;end
        S14: begin SEL1 = 1'b0;SEL0 = 1'b1;NSS = 1'b0;NEXT_STATE = S15;end
        S15: begin SEL1 = 1'b0;SEL0 = 1'b1;NSS = 1'b0;NEXT_STATE = S16;end
        S16: begin SEL1 = 1'b0;SEL0 = 1'b1;NSS = 1'b0;NEXT_STATE = S17;end
        S17: begin SEL1 = 1'b0;SEL0 = 1'b1;NSS = 1'b0;NEXT_STATE = S18;end
        S18: begin SEL1 = 1'b0;SEL0 = 1'b1;NSS = 1'b0;NEXT_STATE = S19;end
        S19: begin SEL1 = 1'b0;SEL0 = 1'b1;NSS = 1'b0;NEXT_STATE = S0;end
        default: begin SEL1 = 1'b0;SEL0 = 1'b0;NSS = 1'b1;NEXT_STATE = S0;end
        endcase
    end
always @ (posedge (CP))
```

```
        begin
            CURRENT_STATE  <=  NEXT_STATE;
        end
    endmodule
```

  CONTROL 模块的仿真结果如图 7.3-4 所示。该仿真结果与图 7.3-3 所示的时序图一致，说明 CONTROL 模块设计正确。从仿真波形可以看到，在设置 START 信号时，其低电平宽度必须大于一个 CP 脉冲周期，否则，CONTROL 模块可能无法检测到 START 信号，导致状态机一直停留在 S0 状态。从图 7.3-2 所示的 SPI 接口的原理框图可知，START 信号的宽度取决于单片机并行总线写信号$\overline{\text{WR}}$的宽度。对以 STM32F407 为代表的高性能单片机来说，由于其系统时钟频率很高，其写信号$\overline{\text{WR}}$的脉冲宽度很窄，因此就要求 SPI 接口工作时，CP 的频率不能太低。

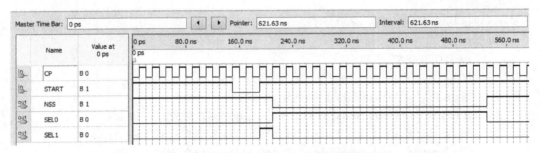

图 7.3-4　状态机 CONTROL 模块的仿真结果

4. 顶层原理图设计

  将上述底层模块经过编译和创建符号后，依据图 7.3-2 所示的原理框图就可以得到如图 7.3-5 所示的 SPI 接口的顶层原理图。

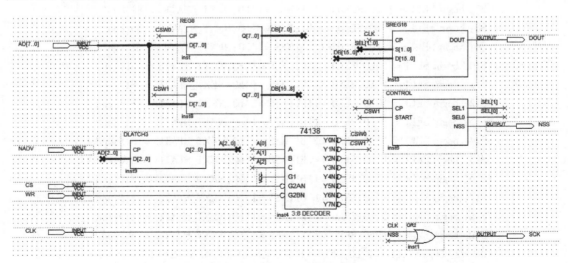

图 7.3-5　SPI 接口顶层原理图

  SPI 接口的仿真结果如图 7.3-6 所示。从图中可以看到，当向 SPI 接口并行写入 0x5678

数据后，DOUT 依次送出 0101 0110 0111 1000，高位在前，低位在后，与图 7.3-1c 所示的时序图一致，说明 SPI 接口达到设计要求。

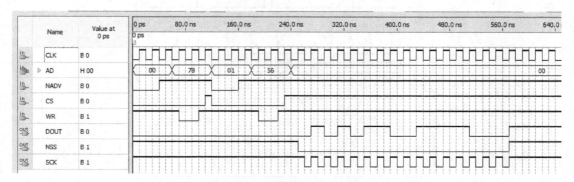

图 7.3-6　SPI 接口的仿真结果

通过对 SPI 接口设计实例的介绍，不但可以使读者加深对 SPI 总线接口工作原理的理解，提高数字系统的设计能力，而且该 SPI 接口也有一定的实用价值。本节介绍的简易 SPI 接口可以作为 IP 核，在电子系统设计中调用。在本章的设计训练题二中，将给出简易 SPI 接口的应用设计。

7.4　单片机和 FPGA 之间的并行接口设计

单片机与 FPGA 各有自己的特长，在许多电子系统中，单片机和 FPGA 通常同时使用，因此需要解决单片机和 FPGA 之间的通信问题。单片机和 FPGA 之间的通信方式分为串行通信和并行通信，与之对应的通信接口称为串行接口和并行接口。串行接口通常由时钟线和数据线组成，硬件连线简单，占用单片机和 FPGA 的 I/O 引脚较少；缺点是速度慢，软硬件设计复杂。并行接口由数据总线、地址总线、读/写控制线组成，传输速度快，软件设计简单。由于 FPGA 内部资源如存储器大多采用并行接口，因此，单片机与 FPGA 采用并行接口更为合理。图 7.4-1 为单片机与 FPGA 接口的原理框图。在 FPGA 内部，单片机需要通过并行总线读写的部件主要有并行寄存器、三态缓冲器、FIFO、自行设计的 SPI 接口电路等。

在设计单片机和 FPGA 接口时，应遵循以下步骤：

（1）理解单片机并行总线接口的读写时序

图 5.4-1 和图 5.4-2 所示分别为两种典型单片机的并行总线时序。

（2）确定单片机与 FPGA 接口中应包括的信号线

在实际的并行接口中，图 7.4-1 中的信号线并不都是需要的。例如，当单片机访问 FIFO 时，NWE 这根写控制线就不需要了。在大部分情况下，高位地址也不需要全部用到。因此，要根据实际情况确定并行接口的信号线。

（3）地址锁存器的设计

如果 FPGA 内部的外设需要 $A_7 \sim A_0$ 中的地址信号，就需要地址锁存器。地址锁存器的锁存信号由低电平有效的 NADV 提供。地址锁存器通常采用 Verilog HDL 实现，位宽和锁存信号有效电平的设置非常灵活。

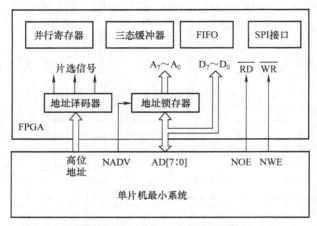

图 7.4-1　单片机与 FPGA 并行总线原理框图

（4）地址译码器的设计

地址译码器用于产生片选信号，是并行总线接口中重要的组成部分。根据需要片选信号的数量，地址译码器主要有 3 种设计方案，如图 7.4-2 所示。当 FPGA 内部电路只需要两根片选信号时，可直接用高位地址线（这里假设高位地址线为 A_{16} 和 A_{17}）作为片选信号，如图 7.4-2a 所示。当 FPGA 内部电路需要 3 根片选信号时，可采用一片 2 线 - 4 线译码器产生片选信号，如图 7.4-2b 所示，A_{16} 和 A_{17} 作为地址译码器的输入。这里假设地址译码器的 Y_3 用于单片机最小系统的键盘显示接口片选信号，所以，Y_3 不能用作单片机和 FPGA 并行接口的片选信号。当 FPGA 内部电路需要 4 根片选信号时，可采用如图 7.4-2c 所示的译码电路来产生片选信号。A_{16} 和 A_{17} 相或后作为地址译码器的使能控制，低位地址 A_i、A_{i+1} 作为译码器的地址输入。A_i 和 A_{i+1} 为 $A_{15} \sim A_0$ 中的某两根地址线，究竟选择哪两根地址线？通常的方法是排除已使用的地址线，从低位到高位选择。

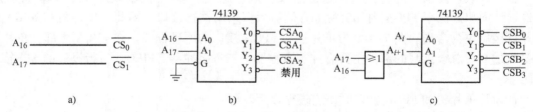

图 7.4-2　并行总线接口中 3 种地址译码器设计方案

需要指出的是，如果 FPGA 内部外设只有读/写引脚，则地址译码器产生的片选信号需要和读信号 NOE 或者写信号 NEW 相或（非）后再送到外设，如图 7.4-3 所示。

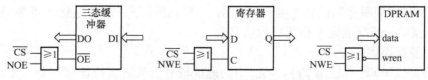

图 7.4-3　片选信号与读写信号的配合使用

例 7.4-1　假设 STM32F407 单片机需要向 FPGA 内部一个 8 位寄存器写数据，其逻辑图如图 7.4-4 所示。根据图 5.4-2 所示的读写时序图，判断能否正常工作。

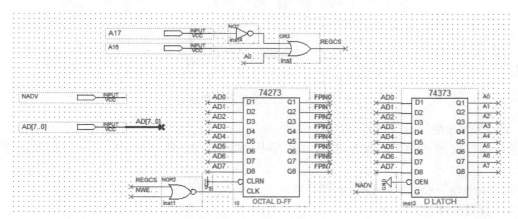

图 7.4-4　例 7.4-1 图

解：不能正常工作，存在以下两个问题：

问题 1：图中 74373 为地址锁存器，用于保存总线上的地址信号。由于 NADV 低电平时表示地址有效，所以，NADV 应该反相后再加到 74373 的 G 引脚。

问题 2：寄存器 74273 为时钟上升沿时刻接收数据。由于或非门的反相作用，片选信号 REGCS 和 NWE 相或非后产生时钟信号的上升沿将与 NWE 的下降沿对齐。根据图 5.4-2b 所示的时序图，NWE 的下降沿时刻 AD［15：0］上的信息为地址而不是数据，写入寄存器的是地址而不是数据，因此，需要将图中的或非门改为或门。

思　考　题

1. 在数字频率计的设计中，如何得到 1s 宽的闸门信号？
2. 在数字频率计中，为什么要在计数器和现实译码器之间加一级锁存器？
3. 在键盘编码器设计中，请设计一种采用移位寄存器实现的消抖电路。
4. 画出键盘编码器工作时，Y0 ~ Y3 信号的波形。
5. 为了保证简易 SPI 接口能够正常工作，时钟信号 CLK 的频率有什么要求？
6. 在单片机与 FPGA 的接口中，为什么要采用地址锁存器？

设计训练题

设计训练题一　信号发生器设计

信号发生器示意图如图 P7-1 所示。该信号发生器数字部分由 FPGA 实现，外围电路包括按键 KEY0、电平开关 SW0 和 SW1、7 段 LED 数码管、高速 D/A 转换器。

设计要求：

1）可产生正弦波、三角波、方波、任意波（半周期三角波、半周期正弦波）4 种波

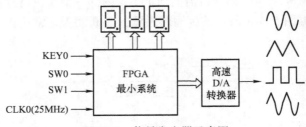

图 P7-1　信号发生器示意图

形。波形类型由电平开关 SW0 和 SW1 选择。

2）通过按键 KEY0 实现输出信号频率从 10kHz、20kHz、30kHz 、…、100kHz 循环变化。

3）输出频率采用 3 位 LED 数码管显示。

4）具有按键消抖功能。

设计训练题二　SPI 接口应用系统设计

SPI 接口应用系统原理框图如图 P7-2a 所示。单片机通过 FPGA 内部的简易 SPI 接口控制串行 D/A 转换器和 7 段 LED 数码管。单片机通过按键改变（增加或减小）串行 D/A 转换器的 V_{out1} 和 V_{out2} 输出电压，每按一次键，电压改变 0.1V。在 LED 数码管上显示相应的电压值（LED0 ~ LED2 显示 V_{out1}，LED3 ~ LED5 显示 V_{out2}）。移位寄存器的时序图如图 P7-2b 所示。

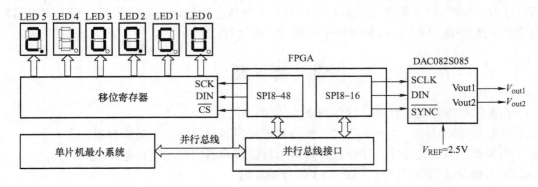

a) SPI接口应用系统原理框图

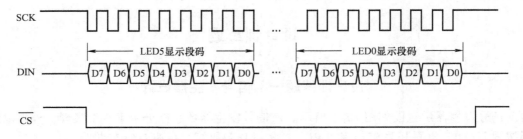

b) 移位寄存器时序图

图 P7-2　设计训练题二图

设计训练题三 基于 FPGA 的 8 位 D/A 转换器设计

利用 FPGA 产生一路 PWM 信号，然后用低通滤波器滤除交流分量，该直流分量与 PWM 信号的占空比成正比，从而实现 D/A 转换器的功能，其原理框图如图 P7-3a 所示。CNT256 为 8 位二进制加法计数器，当计数值为 255 时，CO 输出一个正脉冲。CMP8 为 8 位数值比较器，当 CNT256 计数值与拨码开关设置的二进制数相等时，AEQB 输出高电平。将 CO 和 AEQB 作为触发脉冲，基本 SR 锁存器的输出即为 PWM 信号。设计要求：

1）根据图 P7-3a 所示的原理框图，完成 FPGA 内部电路设计，在 FPGA 的 I/O 引脚产生如图 P7-3b 所示的 PWM 信号。PWM 的频率为 10kHz，占空比由 8 位拨码开关任意设置。

2）完成低通滤波器设计。将拨码开关的值分别设为：01H、10H、20H、…、F0H、FFH 时，测量滤波器输出电压。将拨码开关的值与对应的输出电压列成表格。

3）在 FPGA 内部增加与单片机的并行接口，实现单片机向 FPGA 写占空比数据。在此基础上，编写单片机程序，在 v_O 端产生三角波。

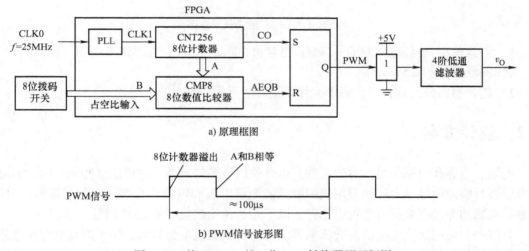

a) 原理框图

b) PWM 信号波形图

图 P7-3 基于 FPGA 的 8 位 D/A 转换器原理框图

第8章　RLC测量仪

8.1　设计题目

设计测量电阻、电容和电感的 RLC 测量仪，示意图如图 8.1-1 所示。要求：

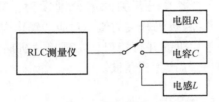

图 8.1-1　RLC 测量仪示意图

1）测量范围：电阻值 $200\Omega \sim 2k\Omega$；电容值 $200nF \sim 2\mu F$；电感值 $100\mu H \sim 1mH$。

2）测量精度：$\pm 5\%$。

3）能自动区分元件种类，每个元件测量时间不大于 5s。

8.2　设计方案

电阻、电容和电感是最基本的元件，也是使用最多的元件。在使用这些元件时，需要对其参数进行精确测量。常用的万用表一般只能测量电阻和电容，具有一定的局限性。电阻、电容和电感的测量有多种方案可以选择，以下是 3 种比较典型的 RLC 测量方案。

方案一：采用交流电桥法。交流电桥法是一种以交流电为电源，用于测量电容和电感元件参数的比较式仪器，其原理图如图 8.2-1 所示。电桥的平衡条件为 $Z_1 Z_3 = Z_2 Z_4$。根据复数的性质，若复数等式相等，那么等式两端的模和辐角也相等，即

$$|Z_1| \cdot |Z_3| = |Z_2| \cdot |Z_4|, \quad \varphi_1 + \varphi_3 = \varphi_2 + \varphi_4 \tag{8.2-1}$$

为了使电桥完全达到平衡，需要反复调节才能满足如式（8.2-1）所示的模和辐角平衡条件。电桥测量法虽然电路结构简单、测量精度较高，但操作烦琐、测量效率低，且不便于自动化测量。

方案二：采用比例测量法。将被测元件与标准电阻串联，如图 8.2-2 所示。在角频率为 ω 的交流信号作用下，分别测出 R_0 与被测元件的分压值，根据电压比例法，经过推导可得

$$R_x = \frac{R_0 V_{Rx}}{V_{R0}}, \quad C_x = \frac{V_{R0}}{\omega R_0 V_{Cx}}, \quad L_x = \frac{R_0 V_{Lx}}{\omega V_{R0}} \tag{8.2-2}$$

式中，V_{R0}、V_{Rx}、V_{Cx}、V_{Lx} 分别为 $\dot{V}_{R0}$、$\dot{V}_{Rx}$、$\dot{V}_{Cx}$、$\dot{V}_{Lx}$ 的模值。

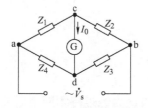

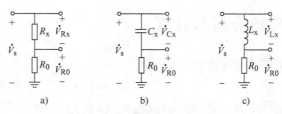

图 8.2-1　电桥法测量原理图　　　　　图 8.2-2　比例测量法原理图

　　采用比例测量法的 RLC 测量仪的原理框图如图 8.2-3 所示。单片机控制 DDS 信号源产生频率可调的正弦信号，送到待测元件和标准电阻串联的电路网络。通过仪表放大器将被测元件和标准电阻上的交流信号取出，通过有效值转换电路（RMS - DC）将交流有效值转换成直流量。通过 A/D 转换器将有效值转换成数字量，再根据式(8.2-2) 计算出被测元件的测量值。比例测量法原理简单，硬件电路也并不复杂，只要保证基准电阻的精度和正弦信号的稳定，就能保证测量精度。但从测量原理可知，由于没有获取测量网络的相位信息，因此无法自动判断被测元件的种类。

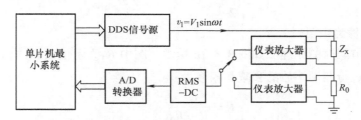

图 8.2-3　采用比例测量法的 RLC 测量仪原理框图

　　方案三：采用矢量测量法。矢量测量法的原理框图如图 8.2-4 所示。正交信号发生器产生两路变频正交信号，一路经负载后分别与两路正交信号相乘，相乘后的信号经低通滤波得到直流分量 V_I 和 V_Q。V_I 和 V_Q 的值与被测网络的实部和虚部成正比。通过 V_I 和 V_Q 的值不但可以判断被测元件的类型，而且可以计算被测元件的参数。采用矢量测量法设计的 RLC 测量仪在精度、稳定性和操作便捷程度上都要优于其他方法，因此得到越来越广泛的应用。

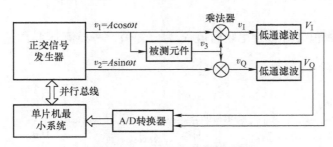

图 8.2-4　RLC 测量仪原理框图

　　本章介绍的 RLC 测量仪设计方案就采用了如图 8.2-4 所示的原理框图。RLC 测量仪的设计分为三部分：第一部分为正交信号发生器设计；第二部分为由模拟乘法器、低通滤波器和 A/D 转换器构成的实部、虚部分离电路设计；第三部分为单片机软件设计。

8.3　理论分析与计算

设正交信号源输出的信号为

$$v_1 = A\cos\omega t \qquad v_2 = A\sin\omega t$$

设 v_1 经过待测网络后输出 $v_3 = AK\cos(\omega t + \varphi)$，其中 K 和 φ 为经过待测网络后的衰减和相移。

乘法器的输出信号 v_I 和 v_Q 为

$$v_I = AK\cos(\omega t + \varphi) \times A\cos\omega t = \frac{A^2 K}{2}\big[\cos\varphi + \cos(2\omega t + \varphi)\big]$$

$$v_Q = AK\cos(\omega t + \varphi) \times A\sin\omega t = \frac{A^2 K}{2}\big[-\sin\varphi + \sin(2\omega t + \varphi)\big] \tag{8.3-1}$$

v_I 和 v_Q 由直流分量和交流分量组成。经过低通滤波器滤除交流分量后，得到的直流分量为

$$V_I = \frac{A^2 K}{2}\cos\varphi, \ \ V_Q = -\frac{A^2 K}{2}\sin\varphi \tag{8.3-2}$$

1. 当被测元件为电阻时

被测元件为电阻时的原理图如图 8.3-1a 所示。图中 R_0 为阻值已知的标准电阻。由于是纯电阻网络，经过待测网络后的衰减和相移为

$$K = \frac{R_0}{R_x + R_0}, \ \varphi = 0 \tag{8.3-3}$$

将式(8.3-3) 代入式(8.3-2) 可得

$$V_I = \frac{A^2 K}{2}, \quad V_Q = 0 \tag{8.3-4}$$

由式(8.3-3) 和式(8.3-4) 可得

$$R_x = \frac{1 - K}{K} R_0 = \frac{1 - \dfrac{2V_I}{A^2}}{\dfrac{2V_I}{A^2}} R_0 = \frac{\dfrac{A^2}{2} - V_I}{V_I} R_0 \tag{8.3-5}$$

式中，正交信号的幅值 A 和标准电阻阻值 R_0 为已知值，只要测得 V_I 的值，就可以计算得到 R_x 的值。

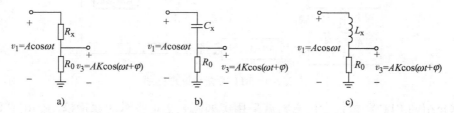

图 8.3-1　被测网络原理图

2. 当被测元件为电容时

根据图 8.3-1b, 可以得到以下各式:

$$K = |\dot{A}_v| = \frac{1}{\sqrt{1 + (f_L/f)^2}} \tag{8.3-6}$$

$$\varphi = \arctan(f_L/f) \tag{8.3-7}$$

$$f_L = \frac{1}{2\pi R_0 C_x} \tag{8.3-8}$$

根据式 (8.3-2) 和式 (8.3-6) ~式 (8.3-8) 可得

$$C_x = -\frac{1}{2\pi f R_0 \tan\varphi} = -\frac{1}{2\pi f R_0} \frac{V_I}{V_Q} \tag{8.3-9}$$

式中, 正交信号的频率 f、基准电阻的阻值 R_0 为已知值, 只要测得 V_I 和 V_Q 的值就可以计算得到 C_x 的值。

3. 当被测元件为电感时

根据图 8.3-1c, 可以得到以下各式:

$$|\dot{A}_v| = \frac{1}{\sqrt{1 + (f/f_H)^2}} \tag{8.3-10}$$

$$\varphi = -\arctan(f/f_H) \tag{8.3-11}$$

$$f_H = \frac{R_0}{2\pi L_x} \tag{8.3-12}$$

根据式 (8.3-2) 和式 (8.3-10) ~式 (8.3-12) 可得

$$L_x = \frac{R_0 \tan\varphi}{2\pi f} = \frac{R_0}{2\pi f}\tan\varphi = \frac{R_0}{2\pi f}\frac{V_Q}{V_I} \tag{8.3-13}$$

式中, 正交信号的频率 f、基准电阻的阻值 R_0 为已知值, 只要测得 V_I 和 V_Q 的值就可以计算得到 L_x 的值。

8.4 正交信号发生器设计

RLC 测量仪中需要两路正交信号, 由正交信号发生器产生。为了能够实现自动测量, 正交信号的频率应能够在一定的频率范围内调节。为了确保 RLC 的测量精度, 正交信号的频率、幅值、相移必须十分稳定、精确。显然, 采用模拟电路来产生正交信号很难达到上述要求。为了满足上述要求, 这里采用直接数字频率合成技术 (Direct Digital Synthesizer, DDS) 来实现正交信号的产生。具体的实现有两种技术方案: 一种是单片机 + FPGA + 高速 D/A 的方案; 另一种是单片机 + 专用 DDS 芯片的方案。

8.4.1 直接数字频率合成的原理

直接数字频率合成是由 J. Tierney、C. M. Rader 和 B. Gold 在 1971 年发表的论文《A Digital Frequency Synthesizer》中首先提出的。从 1971 年至今, DDS 已从一个工程新事物逐渐发展成为一个重要的频率合成技术。与大家熟悉的直接式和间接式锁相环频率合成技术不同, DDS 完全采用数字处理技术, 属于第三代频率合成技术。DDS 的主要优点是它的输出频率、相位和幅度能够在微控制器的控制下精确而快速地变换, 特别适用于 RLC 测量仪中的正交信号源。

DDS 信号发生器的原理框图如图 8.4-1 所示。先构建一个 N 位的相位累加器，在每一个时钟周期内，将相位累加器中的值与频率控制字相加，得到当前相位值。将当前相位值作为 ROM 的地址，读出 ROM 中的正弦波数据，再通过 D/A 转换器转换成模拟信号。频率控制字越大，相位累加器的输出变化越快，ROM 的地址变化也越快，输出的正弦信号频率越高。需要注意的是，受 ROM 容量的限制，ROM 的地址位数一般小于相位累加器的位数，因此，把相位累加器输出的高位作为 ROM 的地址。借助 DDS 技术，要得到不同频率的正弦信号，只需向频率字寄存器送不同的频率控制字即可。

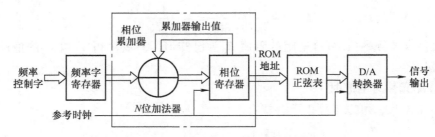

图 8.4-1　DDS 正弦信号发生器原理框图

DDS 信号发生器的输出信号频率可以由下式计算：

$$f_{\text{out}} = \frac{f_{\text{clk}}}{2^N} M \qquad (8.4\text{-}1)$$

式 $(8.4\text{-}1)$ 表明，在参考时钟信号频率 f_{clk} 确定的情况下，输出正弦信号的频率 f_{out} 决定于 M 的大小，而且与 M 呈线性关系。通过改变 M 的大小，就可改变输出正弦信号的频率，因此，M 也称频率控制字。当 M 取 1 时，可以得到输出信号的最小频率步进为

$$\Delta f = \frac{f_{\text{clk}}}{2^N} \qquad (8.4\text{-}2)$$

由式 $(8.4\text{-}2)$ 可知，只要 N 取得足够大，就可以得到非常小的频率步进值，频率几乎可以连续调节。

DDS 在相对带宽、频率转换时间、相位连续性、正交输出、高分辨率以及集成化等一系列性能指标方面远远超过了传统频率合成技术所能达到的水平。主要体现在以下几方面：

1）输出频率变换时间小。由于 DDS 是一个开环系统，无任何反馈环节，因此转换速度快。

2）输出频率分辨率高。由 $\Delta f = f_{\text{clk}}/2^N$ 可知，只要增加相位累加器的位数 N 即可获得任意小的频率调谐步进。

3）相位变化连续。改变 DDS 的输出频率，实际上是改变每一个时钟周期的相位增量。一旦相位增量发生了改变，输出信号的频率瞬间发生改变，从而保持了信号相位的连续性。

4）输出波形的任意性。只要将图 8.4-1 中 ROM 改成双口 RAM，通过单片机向双口 RAM 送不同的波形数据，就可产生不同波形的信号，因此，采用 DDS 技术可以实现任意波形发生器。

8.4.2　基于 FPGA 的正交信号发生器设计

基于单片机 + FPGA + 高速 D/A 的正交信号发生器原理框图如图 8.4-2 所示。FPGA 实

现频率字寄存器、相位累加器、波形表 ROM 等高速数字电路。单片机只需向 FPGA 内部的频率字寄存器传送频率控制字就可以产生两路正交信号的输出。在图 8.4-2 所示的原理框图中，采用了两个 256×8 的波形数据表 ROM，用于产生两路正交信号。由于两个波形数据表中存放了完全相同的正弦波数据，所以，第 2 个 ROM 的地址加上 40H 的偏移量，使得两路信号产生 90°的相移。

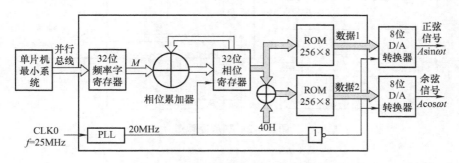

图 8.4-2　正交信号发生器原理框图

综合考虑器件的成本和硬件系统的复杂度，正交信号发生器的参数确定如下：

1）参考时钟频率：20MHz。

2）频率控制字的位宽：32 位。

3）相位累加器的位宽：32 位。

4）波形存储器的地址位宽：8 位。

5）波形存储器的数据位宽：8 位。

由式（8.4-1）可得

$$f_{\text{out}} = \frac{f_{\text{clk}}}{2^N} M = \frac{20 \times 10^6}{2^{32}} M \approx 0.004657 M$$

$$M \approx 214.75 f_{\text{out}} \tag{8.4-3}$$

顶层原理图如图 8.4-3 所示。REG16 为 16 位寄存器，由于采用 32 位频率字，所以需要两个 16 位寄存器。如果单片机的数据总线为 8 位，则在 FPGA 内需要设置 4 个 8 位寄存器，单片机需要分 4 次传送 32 位频率字。

相位累加器采用 Verilog HDL 语言描述：

```
module phase_acc(CLK,FREQIN,ROMADDR_sin,ROMADDR_cos);
input CLK;
input [31:0]    FREQIN;
output [7:0]    ROMADDR_sin;
output [7:0]    ROMADDR_cos;
wire [7:0]    ROMADDR_sin;
wire [7:0]    ROMADDR_cos;
reg [31:0]    ACC;
always @ ( posedge CLK)
begin
    ACC <= ACC + FREQIN;
```

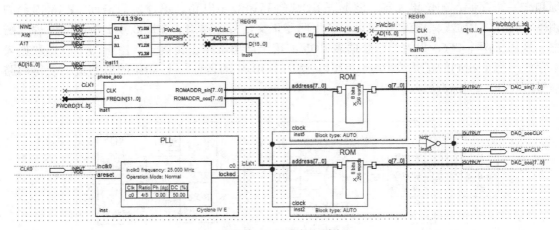

图 8.4-3　顶层原理图

end

assign ROMADDR_sin ＝ ACC[31:24];

assign ROMADDR_cos ＝ ACC[31:24]＋8'h40;

endmodule

　　信号发生器需要使用 ROM 作为波形数据表，存放 256B 的正弦波波形数据。ROM 可以通过 FPGA 内部的嵌入式存储器定制，具体操作步骤说明如下。

　　单击 "Tools" → "MegaWizard Plug-In Manager" 命令，在出现的对话框中选择 "Create a new custom megafunction variation" 选项，打开如图 8.4-4 所示的对话框。在左栏 "Memory Compiler" 项中选择 "ROM：1-PORT"，键入文件名 "ROM. v"。

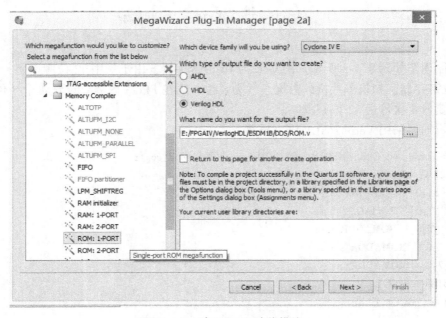

图 8.4-4　建立 ROM 功能模块

单击"Next"按钮，出现如图 8.4-5 所示的对话框，选择 ROM 的数据位宽和字数。

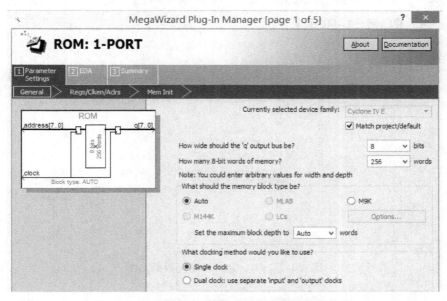

图 8.4-5　选择 ROM 模块的数据位宽和数据字数

单击"Next"按钮，进入如图 8.4-6 所示的对话框，选择 ROM 数据输出端口是否需要寄存器，即同步输出还是异步输出。对信号发生器来说，同步输出和异步输出均可，这里选择同步输出。

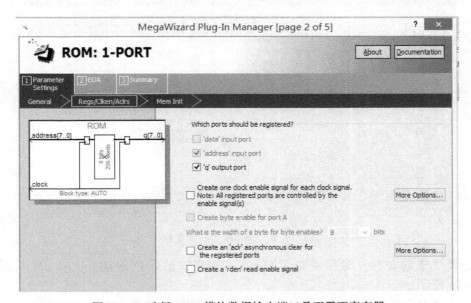

图 8.4-6　选择 ROM 模块数据输出端口是否需要寄存器

单击"Next"按钮，进入如图 8.4-7 所示的对话框。在图 8.4-7 所示的对话框中调入 ROM 初始化数据文件 sindat. hex。

连续单击"Next"按钮，进入图 8.4-8 所示的对话框。在图 8.4-8 所示的对话框

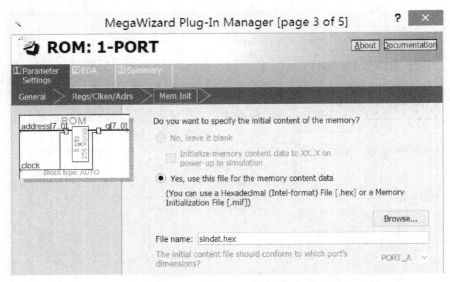

图 8.4-7　调入 ROM 初始化数据文件

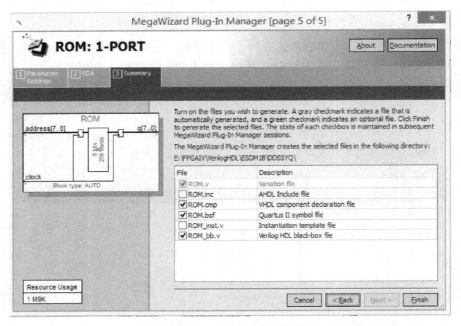

图 8.4-8　选择要生成的文件

中，选择要生成的文件，最后单击 "Finish" 按钮，就定制成功单口 ROM 的元件了，如图 8.4-9 所示。

在 DDS 信号发生器中，高速 D/A 转换器是十分关键的部件，它用来完成波形重建。由于 DDS 子系统参考时钟频率为 20MHz，波形存储器的字宽为 8 位，因此应选用转换速率 20MHz 以上的 8 位 D/A 转换器。满足该要求的 D/A 转换器品种较多，本设计选用 100MHz 8 位 D/A 转换器 AD9708。AD9708 是 ADI 公司生产的 TxDAC 系列高速 D/A 转换器，其内部

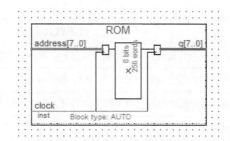

图 8.4-9　ROM 的符号

功能框图和引脚排列如图 8.4-10 所示。AD9708 的数字部分含有一个输入数据寄存器和开关阵列。模拟部分包括电流源阵列、1.2V 带隙参考电压源和一个基准电压放大器。AD9708 的引脚功能说明见表 8.4-1。

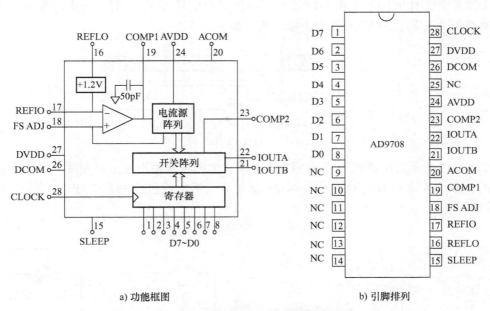

a) 功能框图　　　　　　　　　　　　　　b) 引脚排列

图 8.4-10　AD9708 的功能框图和引脚排列

表 8.4-1　AD9708 引脚功能说明

引脚	名称	功能说明
1 ~ 8	D7 ~ D0	8 位数据输入
9 ~ 14, 25	NC	无连接
15	SLEEP	低功耗模式输入端，高电平有效。内部含下拉电阻，悬空时，低功耗模式失效
16	REFLO	接地时，采用内部 1.2V 参考电压源；接电源时，禁止内部参考电压源
17	REFIO	参考电压源输入/输出端。可以作为外部参考电压源输入端
18	FS ADJ	满量程电流输出调节
19	COMP1	噪声衰减模式设置端。为了降低内部噪声，该引脚接 0.1μF 电容到模拟电源输入端
20	ACOM	模拟地

（续）

引脚	名 称	功能说明
21	IOUTB	DAC 电流互补输出端，当数字量为 00H 时，输出满量程电流
22	IOUTA	DAC 电流输出端，当数字量为 FFH 时，输出满量程电流
23	COMP2	开关驱动电路偏置控制。该引脚接 0.1μF 去耦电容到地
24	AVDD	模拟电源输入端（+2.7 ~ +5.5V）
26	DCOM	数字地
27	DVDD	数字电源输入端（+2.7 ~ +5.5V）
28	CLOCK	时钟输入端，上升沿时刻接收数据

AD9708 的工作时序如图 8.4-11 所示，通过时钟信号 CLOCK 的上升沿将 8 位数据存入 AD9708 内部寄存器，AD9708 的电流输出随之刷新。

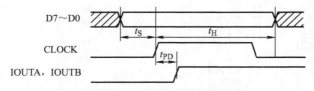

图 8.4-11　AD9708 工作时序图

图 8.4-12 所示为由高速 D/A 和模拟电路组成的模拟量输出通道原理图。在正交信号发生器中，AD9708 由 FPGA 直接控制。AD9708 的 8 位数据线和时钟线与 FPGA 的 I/O 引脚直接相连即可。

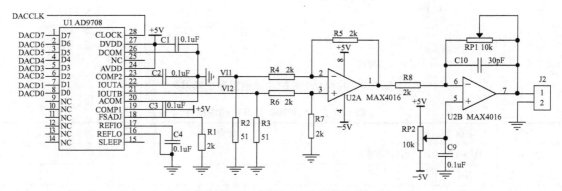

图 8.4-12　高速 D/A 电路原理图

AD9708 属于电流输出型 D/A 转换器，其电流输出 I_{OUTA} 和 I_{OUTB} 与 8 位输入数字量 D 的关系为

$$I_{OUTA} = \frac{D}{256} I_{OUTFS} \tag{8.4-4}$$

$$I_{OUTB} = \frac{255 - D}{256} I_{OUTFS} \tag{8.4-5}$$

式中，I_{OUTFS} 为满量程输出电流，其范围为 2～20mA，由外接电阻 R_1 和参考电压 V_{REFIO} 设定，其关系为

$$I_{\text{OUTFS}} = 32 \times \frac{V_{\text{REFIO}}}{R_1} \tag{8.4-6}$$

通过电阻 R_2、R_3 将 I_{OUTA} 和 I_{OUTB} 转换成电压 v_{I1} 和 v_{I2}。v_{I1} 和 v_{I2} 为互补电压信号，其信号幅值可由下式估算：

$$v_{\text{I1}} = I_{\text{OUTA}} R_2 = \frac{D}{256} \times 32 \times \frac{V_{\text{REFIO}}}{R_1} R_2$$

$$v_{\text{I2}} = I_{\text{OUTB}} R_3 = \frac{255 - D}{256} \times 32 \times \frac{V_{\text{REFIO}}}{R_1} R_3 \tag{8.4-7}$$

V_{REFIO} 可由片内 +1.2V 参考电压源提供，也可由片外参考电压源提供，这取决于 REFLO 引脚的电平。当 REFLO 接低电平时，AD9708 使用片内参考电压源；当 REFLO 接高电平时，AD9708 使用片外参考电压源。图 8.4-12 中的 AD9708 使用片内参考电压。

DDS 信号发生器输出信号的幅值、直流偏移量调节、滤波都需要通过模拟电路来实现。由于 AD9708 输出的模拟信号为差分信号，因此，需要通过差分放大电路将差分信号转换成单端信号，然后再通过一级放大电路实现直流偏移量的调节。通过 RP1 调节 DDS 信号发生器输出模拟信号的幅值。

由于任何 D/A 转换器都有一个最小分辨电压，因此，AD9708 输出的正弦信号（即 R_2、R_3 上的电压信号）从微观上看是一系列以参考时钟频率抽样的电压阶跃信号，尤其是当输出信号频率增加到一定程度时，一个周期中采样点数将逐渐减少，输出信号的波形变差。为了改善波形质量，需要采用低通滤波器对 D/A 转换器输出的电压信号进行平滑滤波。为了简化电路，采用了 RC 滤波，即在 RP$_1$ 上并联一只 30pF 的电容 C_{10} 来实现。

8.4.3 基于 AD9854 的正交信号发生器设计

专用 DDS 芯片是指将频率字寄存器、相位累加器、波形数据表、高速 D/A 转换器等部件集成在单个芯片上的集成电路，具有体积小、性能优的特点。随着 DDS 技术的广泛应用，高性能的专用 DDS 芯片不断推出。目前应用比较广泛的 DDS 芯片有 AD9833、AD9851、可以实现线性调频的 AD9852、两路正交输出的 AD9854 等。本小节介绍的正交信号发生器就采用 AD9854。

AD9854 是高集成度的器件，它采用先进的 DDS 技术，片内整合了两路高速、高性能正交 D/A 转换器，通过数字化编程可以输出 I、Q 两路合成信号。在高稳定度时钟的驱动下，AD9854 将产生高稳定的频率、相位、幅度可编程的正弦和余弦信号。AD9854 的 DDS 核具有 48 位的频率分辨率，在 300MHz 系统时钟下，频率分辨率可达 1μHz。AD9854 的 300MHz 时钟可以通过较低的外部基准时钟倍频得到。AD9854 还有单引脚输入的 FSK 和 BPSK 数据输入接口。AD9854 的简化功能框图如图 8.4-13 所示，详细功能框图请读者参考 AD9854 的数据手册。

AD9854 的引脚说明见表 8.4-2。

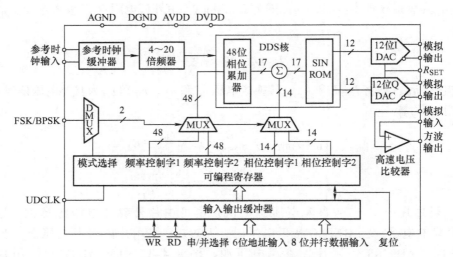

图 8.4-13　AD9854 简化功能框图

表 8.4-2　AD9854 引脚说明

引脚号	引脚名	功能说明
1～8	D7～D0	8 位并行可编程数据输入。只用于并行可编程模式
9，10	DVDD	3.3V 数字电路电源输入
11，12	DGND	数字地
14～19	A5～A0	可编程寄存器的 6 位地址输入。仅用于并行可编程模式
20	UDCLK	双向 I/O 更新时钟。方向的选择在控制寄存器中设置。如果作为输入端，则时钟上升沿将 I/O 端口缓冲器的内容传送到可编程寄存器。如果作为输出端（默认），则输出 8 个系统时钟周期的单脉冲（由低到高）表示内部频率更新已经发生
21	$\overline{WR}$	写并行数据到可编程寄存器
22	$\overline{RD}$	从可编程寄存器中读并行数据
29	FSK/BPSK /HOLD	多功能复用引脚。其功能操作模式由可编程控制寄存器选择。在 FSK 模式时，低电平选择频率 1，高电平选择频率 2。在 BPSK 模式时，低电平选择相位 1，高电平选择相位 2。在 chirp 模式时，高电平使能 HOLD 功能，保持当前频率和停止后的状态。将引脚电平置低可重启 chirp 功能
30	OSK	通断整形键控端。使用此引脚前必须在可编程控制寄存器中设置相关功能。高电平时，在预先设定的频率下 I 和 Q 通道输出从 0 上升到满幅的信号。低电平时，在预先设定的频率下 I 和 Q 通道输出从满幅下降到 0 标度的信号
31，32	AVDD	3.3V 模拟电路的电压输入
33，34	AGND	模拟地
36	VOUT	内部高速比较器同相输出引脚。其输出电平与 CMOS 电平兼容
42	VINP	内部高速比较器的同相输入端
43	VINN	内部高速比较器的反相输入端
48	IOUT1	I 通道（余弦）电流输出端
49	$\overline{IOUT1}$	I 通道（余弦）电流互补输出端

（续）

引脚号	引脚名	功能说明
51	$\overline{\text{IOUT2}}$	Q 通道（正弦）电流互补输出端
52	IOUT2	Q 通道（正弦）电流输出端
55	DACBP	I 和 Q DAC 的公共旁路电容。接一个 0.1μF 的电容到 AVDD 即可
56	DACR$_{\text{SET}}$	R_{SET} 电阻连接端。R_{SET} 用于控制 I 和 Q 通道满量程输出电流。 $I_{\text{OUTFS}} = 38.9/R_{\text{SET}}$（mA）
61	PLL FILTER	基准时钟倍乘锁相环的环路滤波器连接端。环路滤波器由一个 1.3kΩ 电阻和一个 0.01μF 电容组成。环路滤波器的另一端必须连接模拟电源
64	DIFF CLKENA	差分基准时钟使能。该引脚高电平使能差分时钟输入
68	$\overline{\text{REFCLK}}$	差分基准时钟的一端。当选定单端信号输入模式时，用户需要把该引脚连接到高电平或低电平
69	REFCLK	单端基准时钟输入端和差分基准时钟的一端
70	S/P SELECT	选择串行编程模式(低电平) 和并行编程模式(高电平)
71	MRST	设置可编程寄存器为默认状态值

AD9854 与单片机之间既可采用串行接口，也可采用并行接口。采用并行接口时，AD9854 构成的正交信号发生器原理图如图 8.4-14 所示。

原理图中下方是单片机与 AD9854 的并行总线接口。AD9854 的地址线 A0 ~ A5 由地址锁存器 74HC573（U3）产生。如果单片机选用 STM32F407，其地址锁存信号 NADV 为低电平有效，则需要通过反相器（U5）反相后再送 74HC573 的 C 引脚。如果选用 C8051F360 单片机，其地址锁存信号 ALE 为高电平有效，则该信号直接送 74HC573 的 C 引脚。

AD9854 没有片选信号引脚，为了避免与单片机系统中的其他外设产生总线冲突，应将单片机的写信号 NWE 和读信号 NOE 分别与片选信号相或后作为 AD9854 的写信号（AD9854 WR）和读信号（AD9854 RD）。在图 8.4-14 中，AD9854 WR 和 AD9854 RD 由一个 2 线-4 线译码器 74HC139 产生。当 NWE = 0、A17A16 = 01 时，AD9854 WR 为低电平。当 NOE = 0、A17A16 = 01 时，AD9854 RD 为低电平。

原理图中右侧为放大电路。由于 AD9854 产生的信号幅值较小，其峰-峰值为 0.5V 左右，而且含有直流分量，需要采用放大电路进行放大。放大电路采用同相放大器结构，增益设为 4，经过放大电路后得到的正交信号峰-峰值为 2V，满足乘法电路的要求。C6 和 C7 构成隔直电容，用于消除正交信号中的直流分量。根据正交信号的频率范围，运算放大器选用单位增益带宽 8MHz、低噪声精密单运放 OP27。

AD9854 内部含有近 40 个可访问的寄存器，分成 12 个寄存器组，地址范围为 00H ~ 27H。与正交信号发生器相关的只有频率控制字寄存器和控制寄存器，所以，这里只对这两

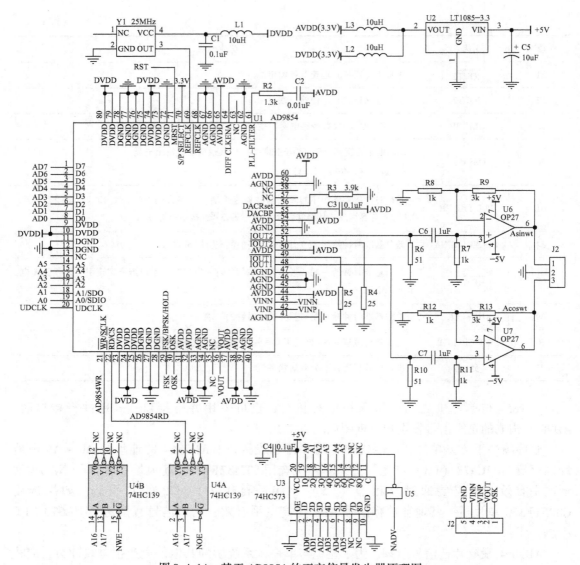

图 8.4-14　基于 AD9854 的正交信号发生器原理图

个寄存器作一介绍。

（1）频率字寄存器

从图 8.4-13 所示的 AD9854 功能框图可知，AD9854 内部有两个 48 位的频率字寄存器，每个频率字寄存器占 6 个存储单元。频率字寄存器 1 的地址为 04H ~ 09H，频率字寄存器 2 的地址为 0AH ~ 0FH。单片机向 AD9854 传送 48 位频率字要分 6 次传送。先送高字节，再送低字节。在正交信号发生器中，只需要用到一个频率字寄存器。

（2）控制寄存器

控制寄存器是 AD9854 最重要也是最复杂的一个寄存器。控制寄存器每一位的定义见表 8.4-3。

表 8.4-3　AD9854 控制寄存器

地址	位 7	位 6	位 5	位 4	位 3	位 2	位 1	位 0
1DH	无关	无关	无关	关闭比较器	保留位	关闭 Q 路数/模转换器	关闭数/模转换器	关闭数字模块
1EH	无关	参考时钟范围控制字	旁路参考时钟倍频器	参考时钟倍频控制字 4	参考时钟倍频控制字 3	参考时钟倍频控制字 2	参考时钟倍频控制字 1	参考时钟倍频控制字 0
1FH	清除累加器控制字 1	清除累加器控制字 2	三角波扫频控制位	Q 路数/模转换器输入控制位	调制模式选择位 2	调制模式选择位 1	调制模式选择位 0	内部更新时钟
20H	无关	旁路反 SINC 函数滤波器	"通断整形键控"使能	"通断整形键控"内部控制	无关	无关	低位传输优先	串行输出使能

　　为了使单片机能够访问 AD9854 的频率字寄存器和控制寄存器，需要确定两个寄存器对应存储单元的地址。存储单元的地址取决于片选信号的地址和片内地址。以 STM32F407 单片机为例，AD9854 的频率字寄存器和控制寄存器的地址见表 8.4-4。

表 8.4-4　AD9854 的频率字寄存器和控制寄存器地址

寄存器名	地址变量名	片选信号地址 A17A16	其他地址 A15 ~ A6	内部地址 A5 ~ A0	FSMC 地址
频率字寄存器	AD4_RAM	01	0000000000	000100	0x60020008
	AD5_RAM	01	0000000000	000101	0x6002000A
	AD6_RAM	01	0000000000	000110	0x6002000C
	AD7_RAM	01	0000000000	000111	0x6002000E
	AD8_RAM	01	0000000000	001000	0x60020010
	AD9_RAM	01	0000000000	001001	0x60020012
控制寄存器	AD1D_RAM	01	0000000000	011101	0x6002003A
	AD1E_RAM	01	0000000000	011111	0x6002003C
	AD1F_RAM	01	0000000000	011111	0x6002003E
	AD20_RAM	01	0000000000	010000	0x60020040

　　确定了寄存器的地址以后，单片机控制 AD9854 的工作就变得非常简单了，只需要向 AD9854 写控制字和频率控制字就可以了。相关程序代码介绍如下。

（1）AD9854 初始化程序

```
void InitAD9854()
{
    AD9854RST_HIGH();              //AD9854 复位信号置高电平
    delay_50us();
    AD9854RST_LOW();
```

```
    AD1D_RAM = 0x10;                    //关闭电压比较器降低功耗
    AD1E_RAM = 0x44;                    //PLL 倍频系数设为 4
    AD1F_RAM = 0x00;                    //设为模式 0,外部时钟刷新
    AD20_RAM = 0x40;
    update( );
}
```

初始化函数中的前 3 条语句主要通过单片机的 I/O 引脚给 AD9854 提供大于 10 个系统时钟的高电平复位信号,经过复位,所有 AD9854 的内部寄存器都恢复为默认值。后面 4 条语句是配置 AD9854 的寄存器。update( ) 是时钟更新程序。通过并行总线将数据写入 AD9854 寄存器时,实际上只是暂存在 AD9854 的输入输出缓冲区中。只有提供更新信号,这些数据才会更新到可编程寄存器。根据数据手册,AD9854 的参考时钟频率最高可以达到 300MHz。在输出正交信号频率不高的场合,降低参考时钟频率可以降低功耗,因此,在初始化程序中,将参考时钟的频率设为外部时钟的 4 倍频,即 100MHz。

(2) 时钟更新程序

```
void update( )
{
    AD9854UDCLK_LOW( );                 //UD-CLK 置低电平
    delay_50us( );
    AD9854UDCLK_HIGH( );
    delay_50us( );
}
```

时钟更新程序的功能就是在 AD9854 的 UD_CLK 引脚产生一个负脉冲。

(3) 写频率字程序

由于正交信号的频率分辨率不需要太高,故将 48 位的频率字中的低 16 位均设为 0。剩下的高 32 位频率字可以由下式计算得到:

$$M = \frac{2^{32}}{100 \times 10^6} f_{out} = 42.95 f_{out}$$

写频率字子程序介绍如下:

```
void writeftw1( u32 freword)
{
    ftwdata[0] = (u8)freword;           //取第 2 字节
    ftwdata[1] = (u8)(freword >> 8);    //取第 3 字节
    ftwdata[2] = (u8)(freword >> 16);   //取第 4 字节
    ftwdata[3] = (u8)(freword >> 24);   //取第 5 字节
    AD4_RAM = ftwdata[3];
    AD5_RAM = ftwdata[2];
    AD6_RAM = ftwdata[1];
    AD7_RAM = ftwdata[0];
    AD8_RAM = 0x00;                     //低 16 位频率字置 0
    AD9_RAM = 0x00;
```

```
        update( ) ;
    }
```

8.5 实部虚部分离电路设计

根据图 8.2-4 所示的 RLC 测量仪原理框图，实部虚部分离电路包括乘法电路、滤波电路、A/D 转换器等。

1. 乘法电路设计

乘法器电路选用 ADI 公司生产的集成乘法器 AD835。AD835 是一款 250MHz、完整的四象限电压输出模拟乘法器，具有高输入阻抗（100kΩ/2pF），有较高的电流输出能力，可以驱动低阻负载，采用先进的介质隔离互补双极性工艺制造，采用 PDIP – 8 或者 SOIC – 8 封装。其原理框图和引脚排列如图 8.5-1 所示。

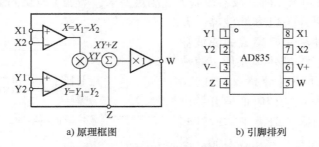

a) 原理框图   b) 引脚排列

图 8.5-1   AD835 的原理框图和引脚排列

AD835 引脚功能说明见表 8.5-1。

表 8.5-1   AD835 引脚功能说明

引脚号	引脚名	功能说明	引脚号	引脚名	功能说明
1	Y1	被乘数 Y 的同相输入	5	W	乘积
2	Y2	被乘数 Y 的反相输入	6	V +	正电源输入
3	V –	负电源输入	7	X2	被乘数 X 的反相输入
4	Z	求和输入	8	X1	被乘数 X 的同相输入

AD835 的传递函数为

$$W = \frac{(X_1 - X_2)(Y_1 - Y_2)}{U} + Z \tag{8.5-1}$$

AD835 的 X 和 Y 输入信号范围为 $-1 \sim +1V$，输出信号 W 的电压范围为 $-2.5 \sim +2.5V$。AD835 的电源电压为 ±5V，电流消耗为 25mA；工作温度范围为 $-40 \sim +85℃$。乘法电路原理图如图 8.5-2 所示。当测量电容时，两个交流量相乘后得到的直流量可能是负的电压，必须在乘法器的 Z 端加一正的直流偏置，以满足 A/D 转换器对输入电压的要求。直流偏置由 2.5V 的基准电压源 TL4050 – 2.5（Z1）提供。

2. 滤波电路设计

滤波器电路用于滤除乘法器输出信号的交流分量，取出直流分量，因此需要采用低通滤

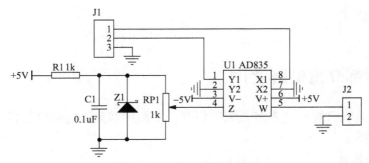

图 8.5-2　乘法电路原理图

波器。低通滤波器有多种设计方案。

第一种方案是采用第 3 章介绍的二阶 MFB 低通滤波器设计。二阶 MFB 低通滤波器是一个反相滤波器，会导致乘法器输出的直流分量变成负电压，不符合 A/D 转换器对输入电压的要求。因此，需要两级二阶滤波器级联才能满足要求，增加了电路的复杂性。

第二种方案采用开关电容滤波器。开关电容滤波器是一种单片机集成的滤波器电路，使用时基本不需要外接元件，滤波器截止频率取决于外部时钟频率。TLC14是 TI 公司生产的巴特沃斯四阶低通开关电容滤波器，其截止频率 f_c 取决于其时钟频率 f_{CLK}，两者的关系为 $f_c = f_{CLK}/100$。图 8.5-3 给出了滤波电路的原理图。TLC14 的参考时钟信号由单片机的 I/O 引脚产生。

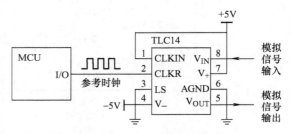

图 8.5-3　TLC14 典型连接图

RLC 测量仪在工作时，采用了 1kHz 和 50kHz 两种正交信号。经过乘法器后将会产生 2kHz 和 100kHz 两种频率的交流分量。将 TLC14 的截止频率分别设为 100Hz 和 2kHz 就可以滤除交流分量。根据 TLC14 参考时钟与截止频率之比为 100:1，单片机只需要提供 10kHz 和 200kHz 的参考时钟。读者也许会问，将 TLC14 的截止频率统一设为 100Hz 不是更简单吗？这需要从开关电容滤波器的原理来解释。开关电容滤波器是一种由 MOS 开关、电容和运算放大器构成的一种离散时间模拟滤波器，根据采样理论，开关电容滤波器的参考时钟频率至少应该是输入信号最高频率成分的两倍以上，因此，当 TLC14 滤除 100kHz 交流分量时，参考时钟的频率应该达到 200kHz 以上。这是开关电容滤波器使用中的特殊之处。

第三种方案采用如图 3.2-2b 所示的二阶 Sallen-Key 低通滤波器。由于 Sallen-Key 滤波器为同相滤波器，因此，一个二阶滤波器就可以满足要求，电路并不复杂。

比较上述 3 种方案，第三种方案的性价比较高，也不需要单片机提供时钟信号，因此，在实部虚部分离电路中，采用二阶 Sallen-Key 低通滤波器。具体电路如图 8.5-4 所示。

设定二阶低通滤波器的 Q 为 0.707，截止频率 f_c 为 100Hz，取 C_1 和 C_2 为 0.22μF，则

$$R_1 = R_2 = \frac{1}{2\pi f_c C} = \frac{1}{2\pi \times 100 \times 0.22 \times 10^{-6}}\Omega \approx 7.2 k\Omega$$

R_1 和 R_2 取标称值 6.8kΩ，这与计算值有一点误差，因此，实际截止频率比额定值略有升高，但不会影响滤波效果。

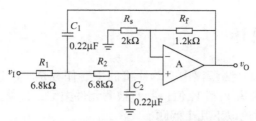

图 8.5-4　二阶 Sallen-Key 低通滤波器原理图

根据 $Q = \dfrac{1}{3 - A_{vF}}$，可得通带增益

$$A_{vF} = 3 - \frac{1}{Q} = 3 - \frac{1}{0.707} \approx 1.59$$

根据 $A_{vF} = 1 + \dfrac{R_f}{R_s}$，令 $R_s = 2\mathrm{k}\Omega$、$R_f = 1.2\mathrm{k}\Omega$，则 $A_{vF} = 1.6$，满足要求。

3. A/D 转换电路设计

由于 RLC 测量仪对 A/D 转换速度要求不高，因此这里选用具有多路输入、内置程控放大器 PGA 的 $\Sigma - \triangle$ 型 A/D 转换器 ADS1115，既可简化硬件电路设计，也可获得很高的分辨率。ADS1115 与单片机接口设计可参考 5.6.2 节有关内容。

综上所述，实部虚部分离电路总体原理图如图 8.5-5 所示。

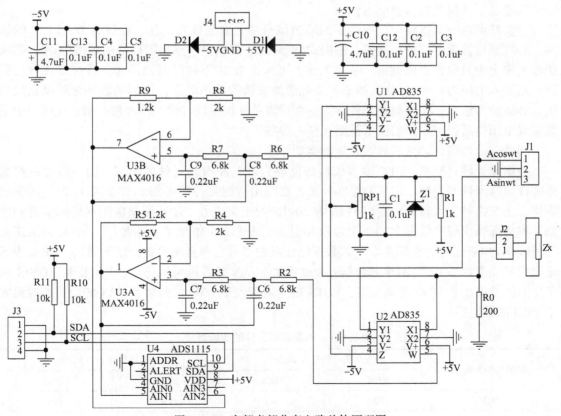

图 8.5-5　实部虚部分离电路总体原理图

8.6　单片机软件设计

根据设计方案，在 RLC 测量仪中，单片机的主要任务是：向正交信号发生器传送频率控制字；控制 ADS1115 采集 V_I 和 V_Q 值；判断被测元件类型；计算元件参数等。在设计单片机软件流程图之前，先讨论以下几个问题。

问题一：如何确定正交信号的频率？

从图 8.5-5 所示的原理图可知，与被测元件串联的基准电阻 R0 阻值为 200Ω。如果正交信号的频率设为 1kHz，则 200nF ~ 2μF 的电容容抗为 795.8 ~ 79.6Ω，与 R0 的阻值相比，大小比较合适；而 100μH ~ 1mH 电感的感抗为 0.628 ~ 6.28Ω，与 R0 的阻值相比，感抗太小，使得与 R0 分压后输出的信号幅值变化太小。如果正交信号的频率设为 50kHz，则 200nF ~ 2μF 的电容容抗为 15.9 ~ 1.59Ω，与 R0 的阻值相比，容抗太小，使得与 R0 分压后输出的信号幅值变化太小；而 100μH ~ 1mH 电感的感抗为 31.4 ~ 314Ω，与 R0 的阻值相比，大小比较合适。可见，测量电容时，正交信号的频率设为 1kHz，测量电感时，正交信号的频率设为 50kHz。

综上所述，正交信号发生器需要产生两种不同频率的正交信号。无论是采用 AD9854 构成的正交信号发生器，还是采用 FPGA + 高速 D/A 构成的正交信号发生器，单片机只需要向频率字寄存器送频率控制字即可。

问题二：如何获得偏置电压？

在实部虚部分离电路中，乘法器的输出信号中包含了偏置电压。在计算 R、L、C 的值前，必须测得偏置电压的准确值。根据式(8.5-1)，只要有一路模拟信号的幅值为 0V，则乘法器的输出中只包含直流偏置。从图 8.5-5 可知，当 J2 不加被测元件时，就可以使乘法器的一路输入电压为 0V，A/D 转换器采集低通滤波器的输出电压，得到的数字量就是偏置电压。具体的方法是，先将被测元件断开，然后将单片机手动复位，单片机在初始化程序中采集偏置电压值后就可以开始测量被测元件的参数了。

问题三：如何自动判断被测元件的类型？

根据设计题目要求，RLC 测量仪应该能够自动判断被测元件的类型，而不是通过按键来选择被测元件的类型。这里通过实验的方法找出被测元件的实部 V_I 和虚部 V_Q 数值的变化规律。正交信号发生器先后输出 1kHz 和 50kHz 的正交信号，然后测量被测网络的实部和虚部，将实部和虚部的数据在 TFT 上显示并记录。表 8.6-1 给出了实验数据，VI1K 表示正交信号频率为 1kHz 时的实部数据（该数据已经减去了乘法器直流偏置，以下同），VQ1K 表示正交信号频率为 1kHz 时的虚部数据，以此类推。从实验数据可以得到：VQ1K 和 VQ50K 两者之间的差值小于 1000 的是电阻；VQ1K 的绝对值大于 1000 的是电容；VQ50K 的绝对值大于 1000 的是电感。

表 8.6-1　不同类型元件的实验数据

被测元件参数	正交信号频率为 1kHz		正交信号频率为 50kHz	
	VI1K	VQ1K	VI50K	VQ50K
197Ω	6923	−1	7083	114

（续）

被测元件参数	正交信号频率为1kHz		正交信号频率为50kHz	
	VI1K	VQ1K	VI50K	VQ50K
2010Ω	941	3	1317	44
0.192μF	811	−3096	13977	−356
2.12μF	11400	−4896	14000	204
86.6μH	13561	54	12881	3734
1903μH	13421	844	501	2304
开路	21	4	62	39
短路	13661	4	14016	281

问题四：如何计算 R、L、C 的值？

正交信号发生器输出 1kHz 或者 50kHz 的信号，然后采集滤波器输出的电压，减去偏置电压，即得到 V_I 和 V_Q。根据式(8.3-5)、式(8.3-9)、式(8.3-13) 计算 R_x、C_x、L_x 的值。

通过上述分析，得到 RLC 测量仪程序流程图如图 8.6-1 所示。

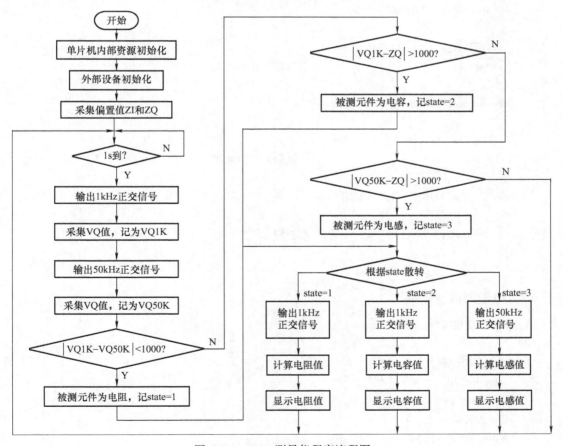

图 8.6-1　RLC 测量仪程序流程图

以下给出几个关键的子程序。

（1）判断元件类型子程序

```
u8 judge(void)
  {
      FOUT1K();                          //产生 1kHz 正交信号
      delay_ms(10);
      Write_AD_AIN1();                   //启动 A/D 转换
      delay_ms(10);
      Read_AD();                         //读取 A/D 转换值
      VQ1K = ADCdata;                    //获取 1kHz 时的 VQ 值
      FOUT50K();                         //产生 50kHz 正交信号
      delay_ms(10);
      Write_AD_AIN1();
      delay_ms(10);
      Read_AD();
      VQ50K = ADCdata;                   //获取 50kHz 时的 VQ 值
      if (abs(VQ1K - VQ50K) < 1000)
      {
        FOUT1K();
        return 1;                        //被测元件为电阻
      }
      else if (abs(VQ1K - ZQ) > 1000)
      {
        FOUT1K();
        return 2;                        //被测元件为电容
      }
      else if (abs(VQ50K - ZQ) > 1000)
      {
          return 3;                      //被测元件为电感
      }
  }
```

（2）电阻测量子程序

```
void MEASURERX(void)
{
    Write_AD_AIN2();
    delay_ms(10);
    Read_AD();
    VI = ADCdata;
    Write_AD_AIN1();
    delay_ms(10);
    Read_AD();
```

```
        VQ = ADCdata;
        FVI = ( VI − ZI ) * 2. 048/32768;
        RX = (0. 48 − FVI) * 230. 0/FVI + 20;              //注 1
        DISPLAY( RX );                                      //调用显示电阻子程序
    }
```

（3） 电容测量子程序

```
void MEASURECX( void)
    {
        Write_AD_AIN2( );
        delay_ms(10);
        Read_AD( );
        VI = ADCdata;
        Write_AD_AIN1( );
        delay_ms(10);
        Read_AD( );
        VQ = ADCdata;
        CX = ( ( VI − ZI ) * 870. 0)/(ZQ − VQ) − 10;        //注 1
        DISPLAY( CX );                                       //调用显示电容子程序
    }
```

（4） 电感测量子程序

```
void MEASURELX( void)
    {
            Write_AD_AIN2( );
            delay_ms(10);
            Read_AD( );
            VI = ADCdata;
            Write_AD_AIN1( );
            delay_ms(10);
            Read_AD( );
            VQ = ADCdata;
            LX = ( ( VQ − ZQ ) * 695. 0)/( VI − ZI ) − 15;   //注 1
            DISPLAY( LX );                                     //调用显示电感子程序
    }
```

注 1：这 3 条语句根据式(8.3-5)、式(8.3-9)、式(8.3-13) 得到，在软件调试过程中加了增益和偏移量校准。

8.7　系统调试

1. 正交信号产生电路调试

在单片机程序中，增加一段测试程序，分别向正交信号发生器送 1kHz 和 50kHz 的频率控制字，用示波器观察正交信号发生器输出的正交信号。正常工作时，正交信号发生器输出的 1kHz 和 50kHz 的正交信号如图 8.7-1 所示。

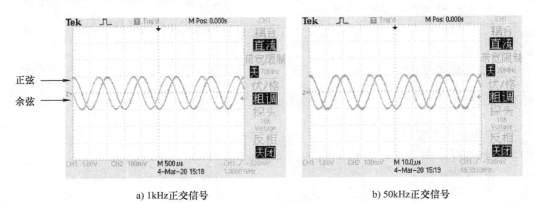

a) 1kHz正交信号　　　　　　　　　　b) 50kHz正交信号

图 8.7-1　正交信号发生器输出的正交信号

2. 乘法器电路测试

图 8.7-2 为乘法器实测波形，上方为输入信号，下方为输出信号。从图中可以看到，输入信号为正负对称的交流信号，而输出信号中既有直流量，又有交流量。交流量的频率为输入信号频率的两倍。

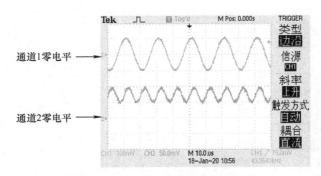

图 8.7-2　乘法器输入输出信号

3. 元件参数测量

精度较低的仪器一般采用测量值的相对误差来表示。以测量电感的仪表为例，相对误差定义为

$$\gamma = (\Delta L_{\mathrm{X}}/L_{\mathrm{A}}) \times 100\% \tag{8.7-1}$$

式中，L_{A} 为被测电感的真值，常用高一级仪器测量的值替代，称为标准值；ΔL_{X} 为测量的绝对误差，$\Delta L_{\mathrm{X}} = L_{\mathrm{X}} - L_{\mathrm{A}}$，$L_{\mathrm{X}}$ 为实际测量的读数。

题目要求测量误差为 $\gamma = \pm 5\%$，假设测量标准值为 $603\mu\mathrm{H}$ 的电感，则允许测量产生的最大绝对误差值应不大于 $603\mu\mathrm{H} \times 5\% = 30.15\mu\mathrm{H}$，即该表显示范围应为 $572.85 \sim 633.15\mu\mathrm{H}$ 之间，否则认为该表未达标。

分别选取 5 种不同参数的电阻、电感、电容，用高精度的 RLC 测量仪测量其真实值。然后用本项目设计的 RLC 测量仪测量上述元件参数，测试结果见表 8.7-1。

表 8.7-1 RLC 测量仪测试结果

真实值/Ω	测量值/Ω	精度	真实值/nF	测量值/nF	精度	真实值/μH	测量值/μH	精度
197	192	−2.5%	192	185	−3.6%	86.6	89	−2.8%
510	508	−0.4%	740	769	3.9%	186.3	195	4.7%
1002Ω	1003	0.1%	1000	1029	2.9%	603	621	3.0%
1595Ω	1609	0.9%	1730	1659	−4.1%	1052	1083	2.9%
2010Ω	2028	0.9%	2120	2015	−4.95%	1903	1821	−4.3%

从测试结果可知，RLC 测量仪的测量精度达到了设计题目规定的要求。产生误差的原因可以从以下两方面来分析。

1）模拟电路存在的误差。正交信号发生器产生的两路信号幅值并不完全相等，两路信号的相位差也可能不是刚好 90°。另外，运放和乘法器也不是理想器件，在工作过程中也会产生误差。

2）实际的 R、L、C 都不可能是理想的器件。从图 4.1-4、图 4.1-7、图 4.1-9 可知，电阻、电容和电感都是一个 R、L、C 复合体，如果是电容，则 C 占主导地位；如果是电感，则 L 占主导地位；如果是电阻，则 R 占主导地位。如果激励的信号频率不同，占主导地位的参数与次要参数就会相对变化，也就是说，一只电容可能成了一只电感。表 8.6-1 的实验数据证明了这一点。测量元件参数为 2.12μF 的电容时，正交信号频率为 1kHz 时，虚部的测量值为 −4896；正交信号频率为 50kHz 时，虚部的测量值为 204，不但数值变化很大，而且数值的极性也变化了。可见，当工作频率高到一定程度时，电容就表现出电感的特性了。

通过在单片机软件中引入数字滤波和数据拟合，测量精度可以进一步提高。

思　考　题

1. 在图 8.4-2 所示的原理框图中，为什么要加 40H 的偏移量？
2. 开关电容滤波器使用时要注意什么？
3. 设计截止频率为 200Hz 的二阶 Sallen-Key 低通滤波器。
4. 假设正交信号之间的相位有误差（即两路信号的相位差不是刚好 90°），请分析对测量结果的影响。
5. 在设置 AD9854 的内部时钟频率时，应考虑哪些因素？
6. 模拟乘法器为什么要加直流偏置？

设计训练题

设计训练题一　DDS 信号发生器

采用 DDS 技术设计一个信号发生器，其系统框图如图 P8-1 所示。

设计要求如下：

1）能产生正弦波、方波和三角波 3 种周期性波形。

图 P8-1　DDS 信号发生器系统框图

2）正弦波输出信号频率范围 1 ~ 999999Hz，方波、三角波输出信号频率范围 1 ~ 99999Hz，给定频率可通过键盘设定，频率分辨率为 1Hz。

3）输出信号电压峰–峰值 $V_{opp} \geq 8V$，信号幅值和直流偏移量可数控调节。

4）具有显示输出波形类型、重复频率等功能。

设计训练题二　负载检测装置

设计一负载检测装置，可检测由给定电阻、电容和电感 3 个元件中任意 2 ~ 3 个元件串联或者并联组成负载的网络结构。示意图如图 P8-2 所示。

负载电阻值范围：$200\Omega \sim 2k\Omega$，额定功率 0.25W；电容值范围：$200nF \sim 2\mu F$，耐压 16V；电感值范围：$100\mu H \sim 1mH$，额定电流 50mA。

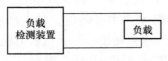

图 P8-2　负载检测装置

第 9 章　脉冲信号参数测量仪

9.1　设计题目

设计一个周期性矩形脉冲信号参数测量仪，示意图如图 9.1-1 所示。被测脉冲信号频率范围为 100Hz ~ 1MHz、幅度范围为 0.1 ~ 5V，占空比范围为 10% ~ 90%。设计要求：

1）在显示模块上稳定显示脉冲信号的波形。

2）测量脉冲信号的频率，测量精度 ±0.1%。

3）测量脉冲信号的占空比，测量精度 ±2%。

4）测量脉冲信号的幅值 V_{m}，测量精度 ±2%。

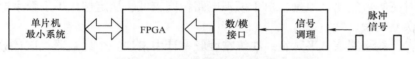

图 9.1-1　脉冲信号参数测量仪示意图

9.2　设计方案

根据题目要求，脉冲信号参数测量仪不但要测量脉冲参数，而且要显示脉冲信号的波形；不但要测量脉冲信号的时间量，而且要测量脉冲信号的电压量。所以，从本质上来说，脉冲信号参数测量仪是一个数据采集系统和数字频率计两者相结合的综合电子系统。

关于数据采集系统，有以下两种典型设计方案。

方案一：基于单片机的数据采集系统。这种数据采集系统的特点是单片机直接控制 A/D 转换器采集模拟信号。数据采集一般要经过启动 A/D 转换、读取 A/D 转换值、将数据存入存储器、修改存储器地址指针、判断数据采集是否完成等过程。由于数据采集的功能主要通过软件来实现，因此，其采样速率一般在 1MHz 以下。基于单片机的数据采集系统适用于对音频范围的模拟信号采集，如 5.4.2 节介绍的语音存储与回放系统就是典型的基于单片机的数据采集系统。由于本设计题被测脉冲信号频率高达 1MHz，包含的高次谐波信号频率更高，因此，基于单片机的数据采集系统无法满足设计题的要求。

方案二：基于单片机 + FPGA 的高速数据采集系统。高速数据采集系统一般分为数据采集和数据处理两部分。在数据采集阶段，FPGA 控制高速 A/D 转换器，以很高的速度采集数据，将采集的数据存放在高速缓存 FIFO 中。FIFO 是一种先进先出存储器，它就像数据管道一样，数据从管道的一头流入，从另一头流出，先进入的数据先流出。FIFO 具有两套数据线而无地址线，可在其一端写操作而在另一端读操作，数据在其中顺序移动，因而能够达到很高的传输速度和效率。在数据处理阶段，单片机从 FIFO 中读取数据，然后显示脉冲信号波形，找出采集数据中的最大值和最小值，相减后再经过校准就可以得到脉冲信号的幅值。高速数据采集系统充分发挥了单片机和FPGA各自的优点。

比较方案一和方案二，脉冲信号参数测量仪应采用高速数据采集系统。

关于脉冲时间参数的测量，可以采用以下方案。

1. 脉冲信号频率测量

方案一：采用计数测频法。由数字计数器在闸门时间 T 内累计被测脉冲信号重复次数，由此可以计算出被测信号频率。计数测频法的工作原理可参考7.1节介绍的数字频率计。

方案二：采用等精度测频法。等精度测频法的特点是闸门信号与被测信号周期始终保持为整数倍，在脉冲信号的低频段和高频段，都可以获得相同的精度。

综合比较，脉冲信号的频率测量采用等精度测频方案。

2. 脉冲信号占空比测量

方案一：低通滤波法。根据式(3.1-4)，占空比不同但幅值相同的脉冲信号其直流分量是跟占空比成正比的，所以可以对输入信号进行低通滤波，滤出的直流量经ADC采样，可以测量出相对应的占空比。但是，由于模拟电路精度较低，稳定性比不上数字电路，所以测量的占空比误差较大。

方案二：计数法测高电平脉宽。在等精度频率计中增加一个计数器，该计数器在被测信号的高电平期间允许计数，从计数器的计数值获得脉冲信号的高电平时间，再将高电平时间除以周期，就得到占空比。这种方法只需在等精度频率计的基础上增加少量硬件就可实现，而且测量精度高。

根据上述分析，给出了图9.2-1所示的脉冲信号参数测量仪的原理框图。

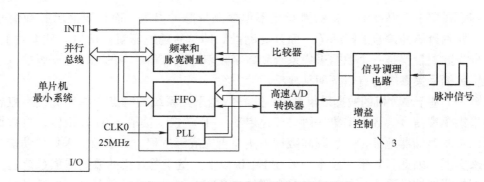

图9.2-1 脉冲信号参数测量仪原理框图

脉冲信号参数测量仪由单片机最小系统、FPGA最小系统和模拟量输入通道3部分组成。被测脉冲信号经过调理电路后送高速A/D转换器，高速A/D转换器以最高可达20MHz的频率采样脉冲信号，输出的数字量依次存入FPGA内部的FIFO存储器中。每次采集完256B数据后，单片机从FIFO存储器中读取数据，并将256B数据在单片机最小系统显示模块上回放显示波形。另一方面，脉冲信号经过信号调理电路后，通过高速电压比较器转变成标准数字信号，送FPGA内部的频率和脉宽测量电路。

9.3　等精度测频原理

本书7.1节介绍的数字频率计采用了直接计数测频，其特点是闸门的宽度是固定的（通常为1s）。这种直接计数测频法的优点是原理简单，实现比较容易；缺点是被测信号频率较低时，误差较大。这里用图 9.3-1 所示的时序图对产生误差的原因进行分析。图 9.3-1a 所示的时序图中，假设计数器采用上升沿触发，在闸门高电平期间，共有 10 个上升沿，因此，测得的频率为10Hz。但被测信号的频率更接近于9Hz，从而产生约 +1Hz 的误差，相对误差接近10%。图 9.3-1b 所示的时序图中，在闸门高电平期间，共有 9 个上升沿，因此，测得的频率为9Hz。但被测信号的频率更接近于10Hz，从而产生约 −1Hz 的误差，相对误差亦接近10%。被测信号频率越低，直接计数测频法产生的相对误差越大。例如，如果闸门时间 $T = 1s$，则两个被测信号频率分别为 10Hz、100kHz 时，其计数误差分别为 10^{-1}、10^{-5}。

为了提高测频精度，通常将直接计数测频法与测周法相结合，即在被测信号频率高时，用直接计数测频法，在被测信号频率低时，先测量被测信号的周期，再换算成频率。

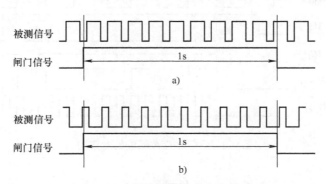

图 9.3-1　直接计数测频法产生的误差

随着单片机和 FPGA 的广泛应用，在直接计数测频法的基础上，另一种称为等精度的测频法得到广泛的应用。等精度测频法的闸门时间不是固定值，而是被测信号周期的整数倍，也即闸门信号与被测信号同步。因此，它消除了被测信号在计数过程中产生的 ±1 个数字误差，且达到了整个测试频段的等精度测量。等精度测频法的原理框图如图 9.3-2 所示。

等精度测频法的时序图如图 9.3-3 所示。测频过程中，单片机首先将预置闸门信号置成高电平，但实际闸门信号并未马上变成高电平。当被测信号的上升沿到来时，实际闸门信号通过 D 触发器被置成高电平。此时，两个计数器分别开始对标准时钟信号和被测信号进行计数。当达到预置时间后，预置闸门信号置成低电平，然而两个计数器并未停止计数，直至被测信号的上升沿到来时，实际闸门信号被置成低电平，两个计数器同时停止计数。单片机通过并行总线读取两个计数器的计数值，就可以计算得到被测信号的频率值。

令两个计数器的计数值分别为 N_0 和 N_x，两者之间的关系为

$$\frac{N_x}{f_x} = \frac{N_0}{f_0}\tag{9.3-1}$$

f_0 是由晶体振荡器产生的标准时钟信号频率，f_x 是被测信号频率，f_x 可表示为

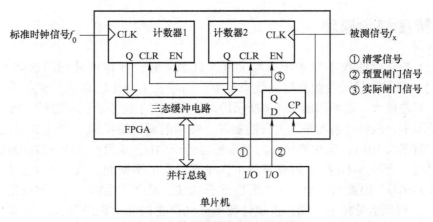

图 9.3-2　等精度测频法的原理框图

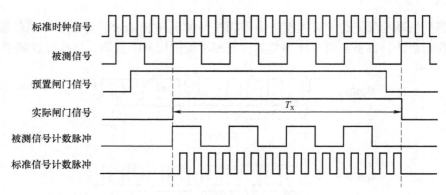

图 9.3-3　等精度测频法的时序图

$$f_x = \frac{f_0 N_x}{N_0} \tag{9.3-2}$$

由于 f_x 信号与实际闸门信号同步，因此对 f_x 的计数值 N_x 不会产生误差。但标准时钟信号与实际闸门信号并不同步，因此将会产生不超过一个标准时钟信号周期的误差，也即在闸门开通的时间内对 f_0 的计数值 N_0 最多相差 ± 1，即 $|\Delta N_0| \leqslant 1$。

设被测信号的频率准确值为 f_{x0}。从式(9.3-2) 可以得到：

$$f_{x0} = \frac{f_0 N_x}{N_0 + \Delta N_0} \tag{9.3-3}$$

利用式(9.3-2) 和式(9.3-3)，可以推导得到测量相对误差为

$$\delta_f = \frac{\Delta f_{x0}}{f_{x0}} = \frac{f_x - f_{x0}}{f_{x0}} = \frac{\dfrac{f_0 N_x}{N_0} - \dfrac{f_0 N_x}{N_0 + \Delta N_0}}{\dfrac{f_0 N_x}{N_0 + \Delta N_0}} = \frac{\Delta N_0}{N_0} \tag{9.3-4}$$

由式(9.3-4) 可得出以下结论：

1) 相对误差 δ_f 与被测信号频率的大小无关。

2) 由于 $N_0 = T_x f_0$（T_x 为实际闸门时间），要减小测量误差、提高测量精度，可以增大

T_x或提高f_0，也即影响频率测量精度的因素是预置闸门信号的宽度与所选标准频率的高低。

3）标准时钟信号的频率误差是$\Delta f_0/f_0$，由于石英晶体的频率稳定度很高，因此标准时钟信号的频率误差很小，在上述分析中忽略不计。

9.4 模拟量输入通道设计

模拟量输入通道由高速 A/D 转换器、高速电压比较器和信号调理电路组成。信号调理电路将输入的模拟信号放大、提供直流偏置、抗混叠滤波，以满足 A/D 转换器对模拟输入信号的要求。由于不同型号 A/D 转换器对输入模拟信号的电压范围要求不同，因此，应先确定高速 A/D 转换器的型号，再设计信号调理电路。

9.4.1 高速 A/D 转换电路设计

将模拟信号转化为数字信号实际上是模拟信号时间离散化和幅度离散化的过程。通常时间离散化由跟踪保持（T/H）电路来实现，而幅度离散化则由 A/D 转换器来实现。随着集成度的提高，大多数高速 A/D 转换器将跟踪保持电路也集成在内部。在选择 A/D 转换器时，主要考虑以下几个方面：

（1）转换速率

A/D 的转换速率取决于模拟信号的采样频率。采样频率必须满足奈奎斯特（Nyquist）采样定理，即采样频率至少是模拟信号最高频率的两倍以上。本设计题目中，脉冲信号的最高频率为 1MHz，考虑到脉冲信号是矩形波，含有高次谐波，因此，A/D 转换器的转换速率选为 20MHz。

（2）量化位数

根据 A/D 转换的原理，A/D 转换过程中不可避免地存在量化误差。量化误差取决于量化位数，n 位的 A/D 转换器，其量化误差为 $1/2^{n+1}$，位数越多量化误差越小。本设计题目要求对脉冲幅值的测量要求达到 2%，选用 8 位以上的高速 A/D 转换器足以满足要求。

（3）模拟输入信号的电压范围

模拟输入信号的电压范围是 A/D 转换器的一个重要指标，模拟输入信号电压只有处在 A/D 转换器的满量程输入电压范围内，才能得到与之成正比的数字量。

（4）参考电压 V_{REF}

A/D 转换的过程就是不断将被转换的模拟信号和参考电压 V_{REF} 相比较的过程，因此，参考电压的准确度和稳定度对转换精度至关重要。选用内部含有参考电压源的 A/D 转换器，可以简化电路设计。

（5）数字接口的逻辑电平

A/D 转换器工作时通常由单片机或 FPGA 控制，因此，选择 A/D 转换器时，应考虑接口的方便性和逻辑电平的兼容。

根据上述 A/D 转换器的选择原则，综合考虑性价比和通用性，本设计选择 TI 公司的 12 位、20MHz 高速 A/D 转换器 ADS805。ADS805 采用 +5V 电源电压，流水线结构，内部含有跟踪保持电路和参考电压源；具有宽的动态范围，输入电压范围可设置成 1.5~3.5V 或者 0~5V。ADS805 内部功能框图及引脚排列如图 9.4-1 所示。

ADS805 引脚功能说明见表 9.4-1。

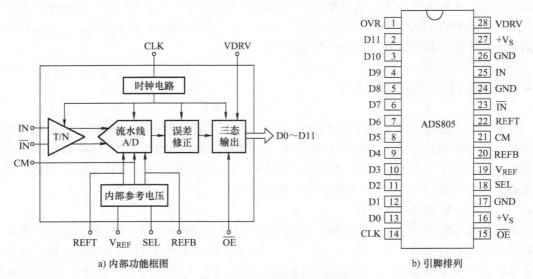

a) 内部功能框图　　　　　　b) 引脚排列

图 9.4-1　ADS805 内部功能框图及引脚排列

表 9.4-1　ADS805 引脚功能说明

引脚	名称	功能说明	引脚	名称	功能说明
1	OVR	超量程指示	15	$\overline{OE}$	数据输出使能
2	D11	数据位（MSB）	16	$+V_S$	+5V 电源
3	D10	数据位	17	GND	地
4	D9	数据位	18	SEL	输入量程选择
5	D8	数据位	19	V_{REF}	参考电压选择
6	D7	数据位	20	REFB	内部底端参考电压
7	D6	数据位	21	CM	共模电压输出端
8	D5	数据位	22	REFT	内部顶端参考电压
9	D4	数据位	23	$\overline{IN}$	模拟信号反相输入端
10	D3	数据位	24	GND	模拟地
11	D2	数据位	25	IN	模拟信号同相输入端
12	D1	数据位	26	GND	地
13	D0	数据位	27	$+V_S$	+5V 电源
14	CLK	转换时钟输入	28	VDRV	输出逻辑电平选择端

　　ADS805 的时序图如图 9.4-2 所示。从 ADS805 的工作时序可以看出，A/D 转换是在外部时钟控制下工作的。每来一个时钟脉冲，ADS805 就输出一个字节数据，但采样时刻到有效数据输出有 6 个时钟周期的延迟。

　　ADS805 内部参考电压源电路如图 9.4-3 所示。ADS805 内部含有带隙参考电压源，通过 SEL 引脚的简单连接，V_{REF} 可以提供 1V 和 2.5V 两种参考电压。V_{REF} 通过参考源驱动电路从 REFT 和 REFB 引脚输出两路参考电压，这两路参考电压可提供 2mA 的驱动能力，可用于其他电路的基准电压；CM 引脚输出的参考电压，虽然也可用于其他电路，但该参考电压几乎

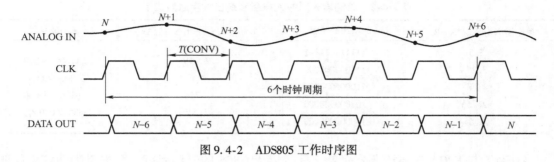

图 9.4-2　ADS805 工作时序图

没有驱动能力。

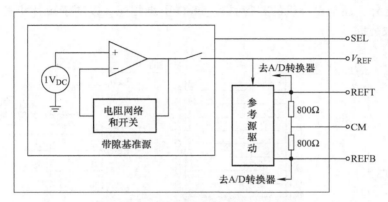

图 9.4-3　ADS805 内部参考电压源电路

ADS805 有单端输入和差分输入两种工作方式。当反相电压输入端$\overline{\text{IN}}$与固定电压相连时，ADS805 工作在单端输入方式。模拟输入电压的范围取决于 V_{REF} 的电压，其关系为

$$V_{\text{FS}} = 2V_{\text{REF}}$$

图 9.4-4 所示为输入电压范围分别为 $0 \sim 5\text{V}$ 和 $1.5 \sim 3.5\text{V}$ 的两种连接方式。

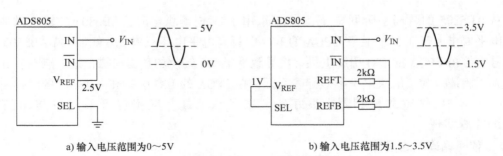

a) 输入电压范围为0～5V　　　　　　　　b) 输入电压范围为1.5～3.5V

图 9.4-4　不同量程的两种接法

由于信号调理电路的运放采用 ±5V 电源供电，其输出信号的最大电压一般小于电源电压，因此，在本设计中采用图 9.4-4b 的接法。这时，输入电压和输出数字量的对应关系见表 9.4-2。

表 9.4-2　单端输入时输入电压和输出数字量对应表

单端输入电压 （$\overline{IN}$=2.5V）	输出数字量	单端输入电压 （$\overline{IN}$=2.5V）	输出数字量
3.5V	111111111111		
3.25V	111000000000	2.25V	011000000000
3V	110000000000	2V	010000000000
2.75V	101000000000	1.75V	001000000000
2.5V	100000000000	1.5V	000000000000

ADS805 与 FPGA 的连接十分简单，只要将 ADS805 的时钟引脚、数据引脚和输出使能引脚与 FPGA 的 I/O 引脚相连即可，其原理图如图 9.4-5 所示。FPGA 的 I/O 引脚除了与 ADS805 连接之外，还与单片机的并行总线、I/O 引脚相连，以便于单片机控制数据采集并从 FIFO 中读取数据。

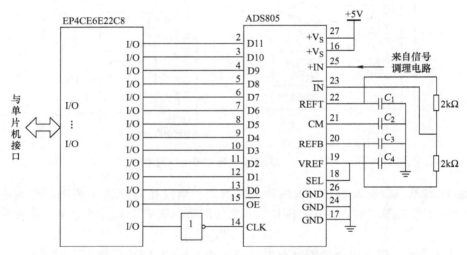

图 9.4-5　ADS805 与 FPGA 连接原理图

从 ADS805 的数据手册可知，ADS805 采用 +5V 电源供电时，ADS805 的输入时钟信号的高电平要求大于 3.5V。由于 FPGA 的 I/O 引脚高电平电压只有 3.3V，如果 ADS805 的时钟信号直接由 FPGA 的 I/O 引脚提供，将导致 ADS805 转换的数据出错，这一点在实验调试中得到了验证。为了解决电平不匹配的问题，在 FPGA 的 I/O 引脚和 ADS805 的时钟引脚之间加一个 +5V 供电的反相器，很好地解决了该问题。反相器可采用单与非门芯片 74HC1GT00 实现。

9.4.2　信号调理电路设计

根据图 9.4-5 所示的原理图，ADS805 要求模拟输入信号电压范围为 1.5~3.5V，而设计题目给出的输入信号为峰-峰值在 0.1~5V 范围可调的矩形脉冲。为了使 A/D 转换器获得规定的分辨率，必须通过信号调理电路将输入模拟信号归整到 A/D 转换器的满量程输入电压范围内。具体地说，就是要对输入模拟信号进行放大和直流偏移量调整。

信号调理电路由一个增益可调放大器构成，其原理图如图 9.4-6 所示。

脉冲信号从 J1 输入，可以直流耦合输入，也可以交流耦合输入。U1B 通过 8 选 1 的模拟

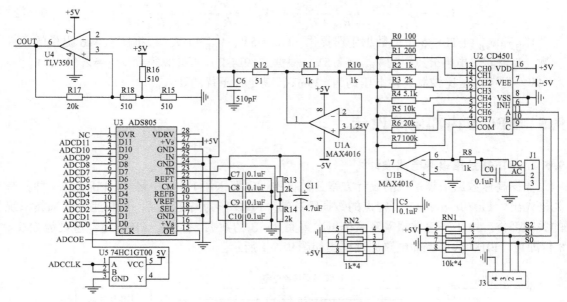

图 9.4-6　信号调理电路原理图

开关 CD4051 构成了增益 8 档可调放大器。该放大器增益可设置为 $-R_0/R_8$，$-R_1/R_8$，…，$-R_7/R_8$。模拟开关的地址码由单片机的 I/O 引脚提供。

U1A 构成增益为 -1 的反相放大器。如果将 U1A 的同相输入端作输入端，U1A 构成的电路可视为增益为 2 的同相放大器。在 U1A 的同相输入端输入 1.25V 的固定直流偏置，则反相放大器输出端的直流偏移量为 2.5V。这意味着，信号调理电路的静态输出电压为 2.5V，刚好处在 ADS805 满量程输入电压范围 1.5 ~ 3.5V 的中间值。

为了抑制 A/D 转换器输入信号中的高频干扰信号，采用了由 R_{12} 和 C_6 构成的简单 RC 低通滤波器。低通滤波器的截止频率可以由式(9.4-1) 估算，即

$$f_c = \frac{1}{2\pi R_{12} C_6} = \frac{1}{2\pi \times 51 \times 510 \times 10^{-12}} \text{Hz} \approx 6.12 \text{MHz} \qquad (9.4-1)$$

为了满足频率最高为 1MHz 脉冲信号放大的要求，信号调理电路中的运放应该有足够的带宽和压摆率。运算放大器采用集成双运放 MAX4016，其单位增益带宽为 150MHz，压摆率 SR 为 600V/μs。考虑对运放带宽要求最高的情况，当输入信号的峰-峰值为 0.1V 时，要求放大器的增益为 20 时才能达到 ADS805 满量程输入电压范围。根据电压反馈运放的增益带宽积为常数的理论，放大器增益为 20 时，带宽可达 7.5MHz，基本满足输入信号带宽要求。

为了测量脉冲信号的频率和占空比，需要通过电压比较器将信号调理电路输出的信号转换成频率、占空比不变的标准数字信号。电压比较器的原理图如图 9.4-6 所示。电压比较器采用型号为 TLV3501 的高速电压比较器。为了提高抗干扰能力，高速电压比较器接成了反相迟滞电压比较器的形式。迟滞电压比较器的元件参数计算如下。

设 TLV3501 输出高、低电平分别为 V_{OH} 和 V_{OL}，R_{15} 和 R_{16} 分压产生的参考电压为 V_{REF}，则迟滞电压比较器的阈值电压 V_{T+} 和 V_{T-} 分别为

$$V_{T+} = \frac{R_{18}V_{OH}}{R_{18}+R_{17}} + \frac{R_{17}V_{REF}}{R_{18}+R_{17}} \qquad V_{T-} = \frac{R_{18}V_{OL}}{R_{18}+R_{17}} + \frac{R_{17}V_{REF}}{R_{18}+R_{17}} \qquad (9.4\text{-}2)$$

V_{OH} 和 V_{OL} 由 TLV3501 的数据手册提供：$V_{OH} \approx 5V$，$V_{OL} \approx 0V$。根据图 9.4-6 提供的元件参数，R_{15} 和 R_{16} 电阻分压得到 $V_{REF} \approx 2.5V$。根据式(9.4-2) 可计算得到 $V_{T+} \approx 2.56V$，$V_{T-} \approx 2.44V$。迟滞电压比较器回差电压约为 120mV，满足抗干扰的要求。

9.5 FPGA 内部电路设计

9.5.1 FIFO 数据缓冲电路设计

根据高速数据采集系统的设计方案，数据缓冲电路采用 FIFO 存储器。FIFO 是一种具有先进先出（First-in-first-out）特点的数据缓冲器。FIFO 作为高速缓存，是高速数据采集系统的关键部件。由于高速数据采集系统每次采集 256B 的数据，因此，FIFO 的容量设为 256×8 位即可。FIFO 数据缓冲电路原理框图如图 9.5-1 所示。

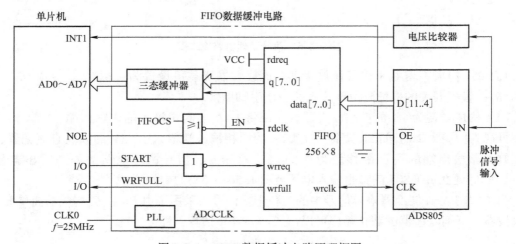

图 9.5-1　FIFO 数据缓冲电路原理框图

FIFO 写端口的数据线与高速 A/D 转换器的数据线直接相连，FIFO 的写时钟和高速 A/D 转换器采用同一时钟信号 ADCCLK。在 ADCCLK 的控制下，高速 A/D 输出的数字量依次存入 FIFO 中。

FIFO 的读端口与单片机并行总线相连。由于 FIFO 的数据输出端口没有三态输出功能，因此为了能与单片机数据总线连接，数据输出端口加了三态缓冲器。地址译码器的片选信号和读信号相或非后作为 FIFO 的读时钟信号和三态缓冲器的使能信号。由于 FIFO 数据读取是按顺序的，因此不需要地址信息。

FIFO 数据缓冲电路各信号时序关系如图 9.5-2 所示。单片机通过 I/O 发出低电平有效的 START 信号，作为 FIFO 的写请求信号。在 START 信号低电平期间，A/D 转换器输出的数据在 wrclk 的控制下写入 FIFO。由于 FIFO 的存储容量为 256×8 位，FIFO 存满 256B 数据后，WRFULL（写满）信号置成高电平。WRFULL 信号送单片机 I/O 引脚，单片机通过不断查询 I/O 引脚上的 WRFULL 电平，来判断数据采集是否完成。一旦检测到 WRFULL 为高电平，单片机应立即将 START 信号置成高电平，防止 A/D 转换器输出的数据继续写入 FIFO。单片机通过外部数据存储器访问指令依次读取 FIFO 中的数据。当单片机读出第一个有效字节后，WRFULL 信号变为低电平。

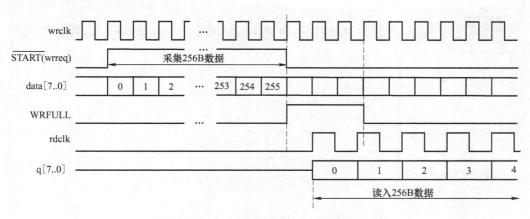

图 9.5-2　FIFO 数据缓冲电路各信号时序

FIFO 缓冲电路中，FIFO 模块可以利用 Quartus II 创建，具体步骤介绍如下。

单击"Tools"→"MegaWizard Plug-In Manager"命令，在图 9.5-3 所示的对话框中选择"Create a new custom megafunction variation"，在"Memory Compiler"中选择"FIFO"，目标器件系列选为"Cyclone IV E"，输出文件类型选为"Verilog HDL"。单击"Next"按钮，进入图 9.5-4 所示的对话框。

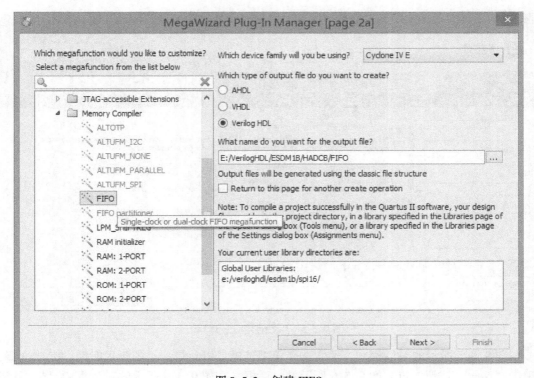

图 9.5-3　创建 FIFO

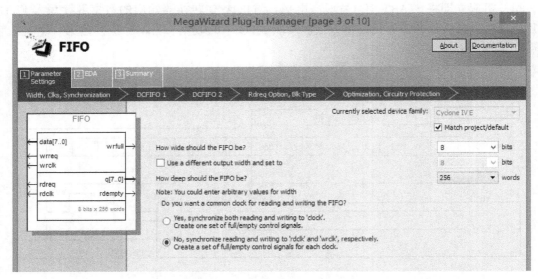

图 9.5-4 设置 FIFO 的宽度和深度

在图 9.5-4 所示的对话框中，选择 FIFO 的容量，即确定 FIFO 的宽度和深度，然后选择单时钟还是双时钟。FIFO 分为单时钟 FIFO 和双时钟 FIFO。双时钟 FIFO 具有读时钟 rdclk 和写时钟 wrclk，分别用来同步读端口信号和写端口信号。由于高速数据采集系统中，写操作和读操作速度是不一致的，因此，应采用双时钟 FIFO。完成设置以后单击"Next"按钮，进入如图 9.5-5 所示的对话框。

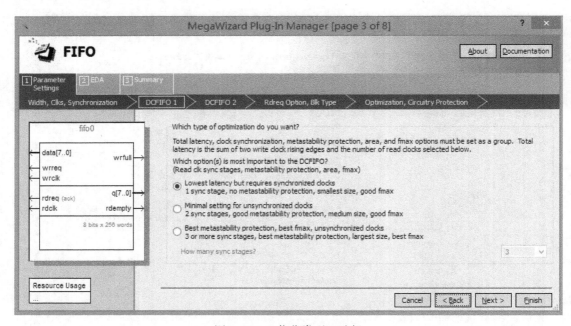

图 9.5-5 "优化类型"选择

在图 9.5-5 所示的对话框中，通常选择第 1 选项，以获得最小的延迟时间。完成选择以后单击"Next"按钮，进入图 9.5-6 所示的对话框。在图 9.5-6 所示的对话框中，选择读端口和写端口的控制信号。在读端口，选择"empty"信号用于指示数据是否读完；在写端口，选择"full"用于指示数据是否写满。完成设置以后单击"Next"按钮，进入如图 9.5-7 所示的对话框。

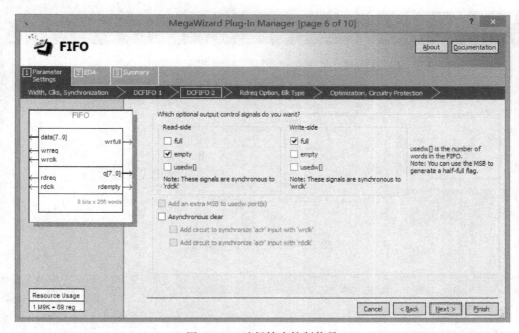

图 9.5-6　选择输出控制信号

在图 9.5-7 所示的对话框中，选择读操作模式。正常模式（Normal mode）：将读信号 rdreq 置高后，下个时钟才能将 q 端数据读出，有一个周期的延时；预读模式（Show-ahead mode）：将读信号 rdreq 置高后，第一个时钟就可以将数据读出，也就是说可以没有延时读出数据。这里选择预读模式。连续单击"Next"按钮，进入如图 9.5-8 所示的对话框。

在图 9.5-8 所示的对话框中，选择要生成的文件类型，直接单击"Finish"按钮完成 FIFO 的设定。

为了对 FIFO 的功能进行仿真，采用了图 9.5-9 所示的仿真电路。为了简化起见，仿真电路中 FIFO 的存储深度为 16B，数据宽度为 8 位。FIFO 各信号功能见表 9.5-1。

表 9.5-1　FIFO 信号功能说明

信号名	功能
wrclk	上升沿时钟信号，用于同步 data、wrreq、wrfull 等信号
rdclk	上升沿时钟信号，用于同步 q、rdreq、rdempty 等信号
data	当 wrreq 有效时，写入 FIFO 的数据
wrreq	写操作请求信号
rdreq	读操作请求信号
q	当 rdreq 有效时，从 FIFO 读出数据
wrfull	wrfull 有效时，表示 FIFO 中数据已满，不能再进行写操作
rdempty	rdempty 有效时，表示 FIFO 中数据已空，不能再进行读操作

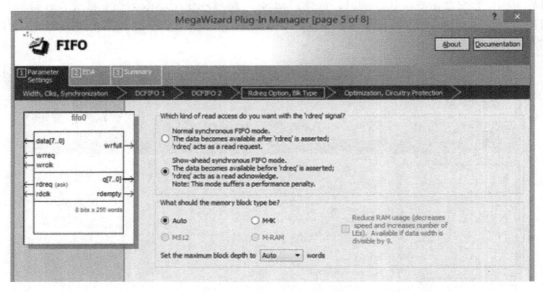

图 9.5-7　选择读操作模式

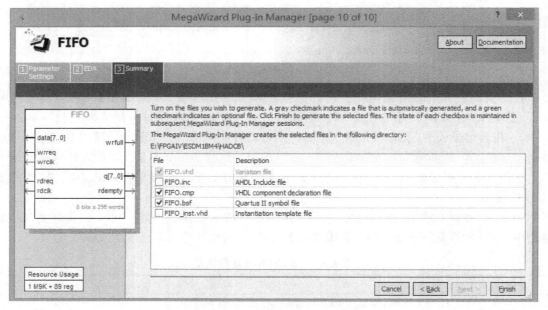

图 9.5-8　选择生成的文件类型

　　仿真结果如图 9.5-10 所示。当 WRREQ 为高电平时，FIFO 进行写操作。在写时钟 WRCLK 的作用下，数据依次写入 FIFO。当写完 16B 后，WRFULL 变为高电平，表示数据已满。这时必须将 WRREQ 置成低电平，禁止对 FIFO 继续写操作。当单片机对 FIFO 进行读操作时，当读出第一个有效字节后，WRFULL 变为低电平。需要注意的是，WRFULL 信号与时钟信号 WRCLK 同步，只有在 WRCLK 的作用下才能输出有效信号。

　　FPGA 内部 FIFO 数据缓冲电路顶层原理图如图 9.5-11 所示。图中右侧引脚 ADCData

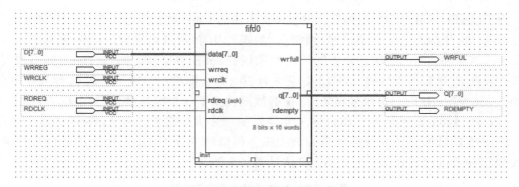

图 9.5-9　FIFO 仿真原理图

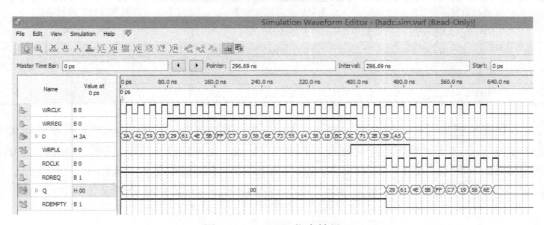

图 9.5-10　FIFO 仿真结果

[7..0]、ADCCLK、ADCOE 与高速 A/D 转换器连接。FIFO 数据输出端口 q [7..0] 经过三态缓冲器后与单片机数据总线 AD [7..0] 相连。左侧的引脚 START、WRFULL、INT1 与单片机的 I/O 引脚连接。COUT 为高速电压比较器的输出，提供与脉冲信号同频率的标准脉冲信号。COUT 信号一方面送单片机的外部中断引脚，另一方面送等精度测频电路，以测量脉冲信号的频率和占空比。

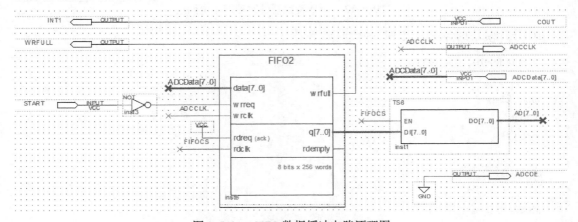

图 9.5-11　FIFO 数据缓冲电路原理图

为了准确测量脉冲信号的幅值，要求每次采集的 256B 数据应至少包含一个完整的脉冲信号周期。由于脉冲信号频率范围比较宽，如果 A/D 转换器以固定的时钟频率进行转换，那么当输入脉冲信号的频率比较低时，一次采集的 256B 数据就不能包含一个完整的周期。例如，假设 A/D 转换器时钟 ADCCLK 频率为 20MHz，那么，当输入脉冲信号的频率低至 20MHz/256 ≈ 78kHz 时，每次采集的 256B 的数据就少于一个完整的信号周期。根据上述分析，A/D 转换器的时钟频率应该根据脉冲信号的频率大小设置。从 ADS805 的数据手册可知，ADS805 的转换时钟的最高频率为 20MHz，最低频率为 10kHz，根据脉冲信号的频率，将 A/D 转换器的时钟频率分为 4 档，具体见表 9.5-2。

表 9.5-2　A/D 转换频率设置方案

脉冲信号频率	A/D 转换器时钟频率	256B 数据包含的周期数
100kHz ~ 1MHz	20MHz	12.8 ~ 1.28
10 ~ 100kHz	2MHz	12.8 ~ 1.28
1 ~ 10kHz	200kHz	12.8 ~ 1.28
100Hz ~ 1kHz	20kHz	12.8 ~ 1.28

A/D 转换器的时钟产生电路如图 9.5-12 所示。锁相环 PLL 提供 4 路不同频率的时钟信号 c0 ~ c3。c0 用于等精度频率计的基准时钟，c1 ~ c3 分别向 ADCCLK 提供 20MHz、2MHz、200kHz 三种不同频率的时钟。由于 FPGA 内部锁相环无法提供低至 20kHz 的时钟信号，因此 ADCCLK 所需的 20kHz 时钟信号从 200kHz 的时钟信号再经过 10 分频后得到。

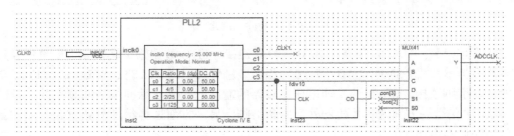

图 9.5-12　A/D 转换器的时钟产生电路

10 分频模块的 Verilog HDL 的代码如下：

```
module fdiv10(CLK,CO);

input CLK;
output CO;
wire CO;

reg[3:0] Q;

always @ (posedge CLK)
    begin
        if ( Q == 4'b1001)
```

```
            Q = 4 ' b0000；
        else
            Q  <=  Q  +  4 ' b0001；
    end
assign   CO  =  Q[2]；
  endmodule
```

将 Q [2] 作为分频器的输出，是为了使 CO 的占空比尽量接近 50%。fdiv10 模块仿真结果如图 9.5-13 所示。

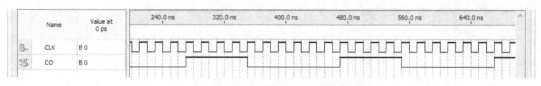

图 9.5-13　fdiv10 模块仿真结果

9.5.2　频率占空比测量电路设计

频率和占空比测量电路部分如图 9.5-14 所示。CLK1 是频率为 10MHz 的标准时钟信号，由图 9.5-12 所示 FPGA 内部锁相环产生。CNT32 为 32 位二进制计数器，AA [31..0] 和 BB [31..0] 为等精度频率计的两个计数器输出，CC [31..0] 为脉宽计数器输出。con [1] 为闸门信号，con [0] 为清零信号，由图 9.5-15 所示的控制寄存器 REG4 产生。COUT 为被测信号，来自电压比较器输出。

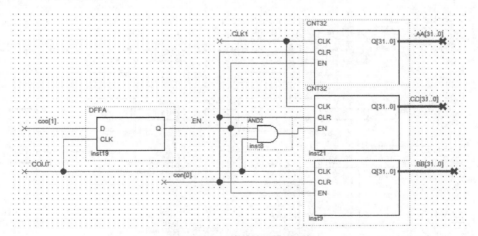

图 9.5-14　等精度测频部分

CNT32 模块设置了计数、异步清零、计数使能等多种功能。异步清零功能是为了闸门开通之时计数器从零开始计数。计数使能信号实际上就是闸门信号，高电平时允许计数，低电平时停止计数，保持状态。根据 CNT32 模块的功能定义，其 Verilog HDL 代码介绍如下：

```
module CNT32(CLK,CLR,EN,Q)；

input CLK,CLR,EN；
output[31:0] Q；
```

```
reg[31:0] Q;

always @ ( posedge CLK or posedge CLR )
    begin
      if( CLR )
          Q  <=  32'b0;
      else
        if( EN )
        begin
          Q  <=  Q + 32'b1;
        end
      end
endmodule
```

9.5.3　与单片机接口电路设计

单片机在计算脉冲信号频率和占空比时，需要读取 3 个 32 位计数器的值。假设单片机的数据总线宽度为 16 位，则需要分 6 次读取，需要 6 个 16 位的三态缓冲器。单片机在测量频率和占空比时，需要发出闸门信号 gate 和清零信号 clr，这两根信号线加上图 9.5-12 中四选一数据选择器的选择信号 S1 和 S0 由一个 4 位控制寄存器 REG4 来产生。由于 REG4 中的数据由单片机通过并行总线传输，可节省 4 根单片机的 I/O 引脚。另外，还需要设计地址译码器，为三态缓冲器和控制寄存器提供片选信号。与单片机接口电路如图 9.5-15 所示。

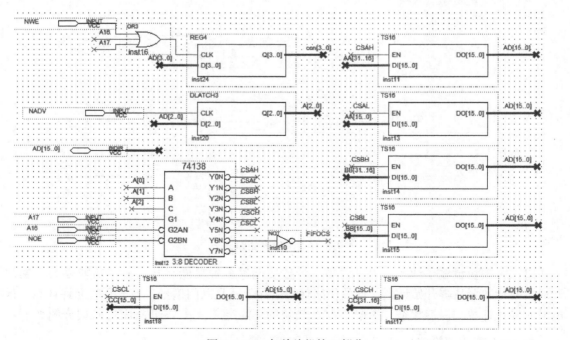

图 9.5-15　与单片机接口部分

图 9.5-15 中的地址译码器由一片 3 线-8 线译码器 74138 实现。由于地址译码器产生的 7 个片选信号全部用于读操作，因此，可以将读信号 NOE 直接加到 74138 的使能端 G2BN，

以简化电路设计。地址译码器的低位地址由地址锁存器 DLATCH3 提供。需要指出的是，由于对控制寄存器 REG4 是写操作，因此，其片选信号由单独的 3 输入或门产生。片选信号与地址的对应关系见表 9.5-3。

表 9.5-3 片选信号与地址的对应关系

信号名	A17	A16	A15 ~ A3	A2	A1	A0
CSAH	1	0	× × × × × × × × × × × × ×	0	0	0
CSAL	1	0	× × × × × × × × × × × × ×	0	0	1
CSBH	1	0	× × × × × × × × × × × × ×	0	1	0
CSBL	1	0	× × × × × × × × × × × × ×	0	1	1
CSCH	1	0	× × × × × × × × × × × × ×	1	0	0
CSCL	1	0	× × × × × × × × × × × × ×	1	0	1
FIFOCS	1	0	× × × × × × × × × × × × ×	1	1	0
REG4CS	0	0	× × × × × × × × × × × × ×	0	0	0

（1）DLATCH3 模块的设计

请参考 7.3 节 DLATCH3 的代码。

（2）REG4 模块的设计

```
module REG4(CLK,D,Q);
input[3:0] D;
input CLK;
output[3:0] Q;
reg[3:0] Q;
always @ (posedge CLK)
  begin
    Q <= D;
  end
endmodule
```

REG4 的代码和 7.2 节的 KEYREG 代码唯一不同的是，REG4 在时钟的上升沿接收数据，而 KEYREG 在时钟的下降沿接收数据。

（3）TS16 模块的设计

TS16 模块为 16 位的三态缓冲器模块。

```
module TS16(EN,DI,DO);
input EN;
input [15:0]DI;
output reg [15:0]DO;
always@ (EN,DO)
begin
  if( EN == 0)
    DO[15:0] <= DI[15:0];
```

```
    else
        DO[15:0] <= 16'bzzzz_zzzz_zzzz_zzzz;
end
endmodule
```

9.6　单片机软件设计

在设计单片机软件之前，需要了解单片机是如何将脉冲信号的数据采集进来的。单片机数据采集的时序图如图 9.6-1 所示。输入脉冲信号经过电压比较器后得到同频率的方波信号 COUT，在 COUT 的下降沿时刻启动一次数据采集。由于每次采集都在脉冲信号的同一位置触发，因此每次采集到的信号的显示波形是重叠的。这时，看到的波形是不会移动的，这就是所谓的同步。

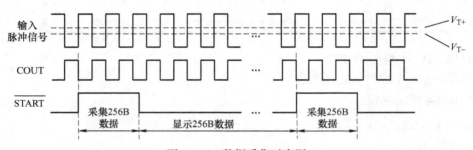

图 9.6-1　数据采集时序图

为了实现同步触发功能，用电压比较器的输出作为单片机的外部中断信号，每次 COUT 下降沿来时，触发 INT1 中断。在 INT1 的中断服务程序中，发出 START 信号采集 256B 数据。主程序从 FIFO 读 256B 数据并显示波形。由于采集 256B 数据所需要的时间远小于显示一帧数据波形所需要的时间，因此，不是每次 INT1 中断都需要启动数据采集的，而是要等到上一帧数据显示完毕时，才启动数据采集。

如果输入信号幅值太小，或者幅值不在比较器的阈值电压范围内，比较器将不会输出与输入信号同频率的方波，INT1 的中断不会发生，数据采集也将停止。为了解决这一问题，单片机需要检测 INT1 的中断情况。如果超过一定的时间，INT1 未发生中断，则改为由主程序发出 START 信号，启动数据采集。为了检测 INT1 的中断情况，需要采用一个单片机内部的定时器。定义一个软件计数器，在 INT1 中断服务程序中将软件计数器清零，而在定时器中断服务程序中对软件计数器加 1。如果软件计数器的值超过某一个设定值，则说明 INT1 中断停止了，这时由主程序启动数据采集。等 INT1 中断恢复正常，再切换回 INT1 中断启动数据采集。显然，主程序启动数据采集，采集的起始点不在正弦信号的同一位置，显示的波形看起来是移动的。

从等精度频率计的原理可知，单片机的主要任务是向 FPGA 内部电路发出清零信号和闸门信号，然后根据从内部电路读取的计数值计算频率并显示。其中如何发出闸门信号需要重点分析。图 9.6-2a 所示的时序图中，如果预置闸门的宽度 T_g 小于被测信号的周期 T，则是出现了实际闸门丢失的情况。图 9.6-2b 所示的时序图中，如果预置闸门信号的占空比大于

50%，则是出现了实际闸门信号比预想加宽 1 倍的现象。当被测频率很低，而标准时钟信号频率很高时，闸门过宽会导致计数器溢出。从上述分析可知，单片机发出的预置闸门信号宽度应大于最低被测频率对应的周期，同时占空比不大于 50%。根据设计题目要求，被测脉冲信号的最低频率为 100Hz，闸门信号采用频率低于 50Hz 的方波信号即可。对于频率计来说，每 0.5s 测量一次频率就足够了，所以，单片机发出的预置闸门信号采用的是频率为 2Hz、占空比为 50% 的方波。

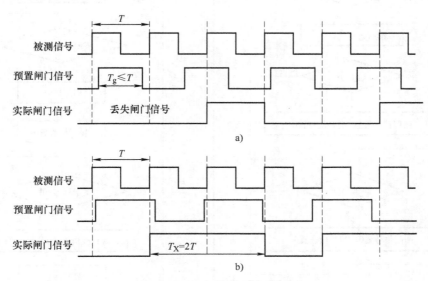

图 9.6-2　闸门信号时序分析图

　　单片机软件由主程序、INT0 键盘中断服务程序、INT1 中断服务程序、定时器 0 中断服务程序、定时器 1 中断服务程序组成。主程序是一个循环程序，依次完成频率和占空比测量、数据采集、波形显示、信号调理电路增益控制。其中频率和占空比测量程序的设计参考了数字电路中状态机的设计思想，即由定时器 1 产生 40 个状态，主程序根据不同状态完成不同的任务。例如在状态 0 将闸门信号置成高电平，在状态 20 将闸门信号置成低电平。如果每个状态的持续时间为 10ms，则单片机就发出了脉冲宽度为 200ms 的闸门信号。在主程序中定义了两个标志：同步标志和显示标志。同步标志为 0，表示 COUT 的方波信号消失，需要在主程序里控制脉冲信号的采集。显示标志为 0，说明采集的数据还没有送显示模块显示。由于信号调理电路的增益需要通过按键来调整，因此，在主程序中还设置了按键处理程序。主程序的流程图如图 9.6-3 所示。

　　INT0 键盘中断服务程序可参考图 5.3-5。INT1 中断服务程序、定时器 0 中断服务程序、定时器 1 中断服务程序如图 9.6-4 所示。

　　由于采用 C 语言编程，因此不同型号的单片机其源代码基本相同。以下给出 STM32F407 单片机的部分源代码。

　　（1）片选信号、I/O 引脚操作宏定义

```
#define FIFO    ( * (( volatile unsigned short * ) 0x60000000))      //双口 RAM 片选地址
#define WRFULL   GPIO_ReadInputDataBit( GPIOC, GPIO_Pin_4)           //读 WRFULL
#define START_HIGH()     GPIO_SetBits( GPIOC, GPIO_Pin_5)            //START 置高
```

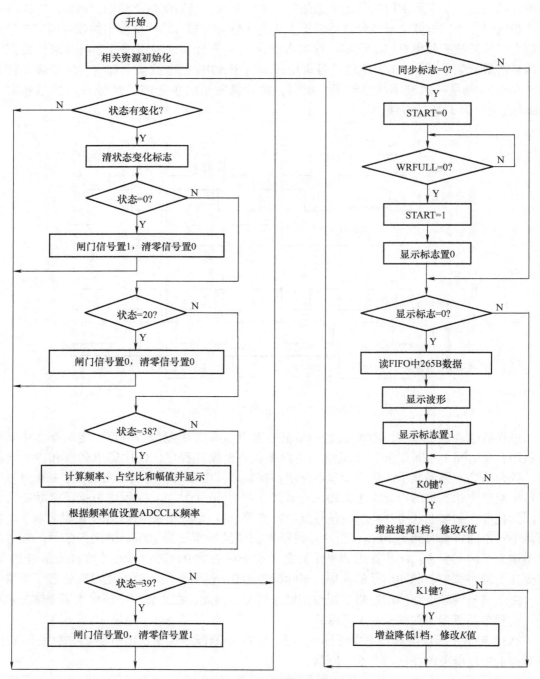

图 9.6-3　主程序流程图

#define START_LOW( )　　　　GPIO_ResetBits（GPIOC，GPIO_Pin_5）　　//START 置低

（2）采集 256B 数据

START_LOW( );　　　　　　　　　　　　　　　　　　//START 置成低电平
while（WRFULL == 0）;　　　　　　　　　　　　　　　//等待数据采集完成

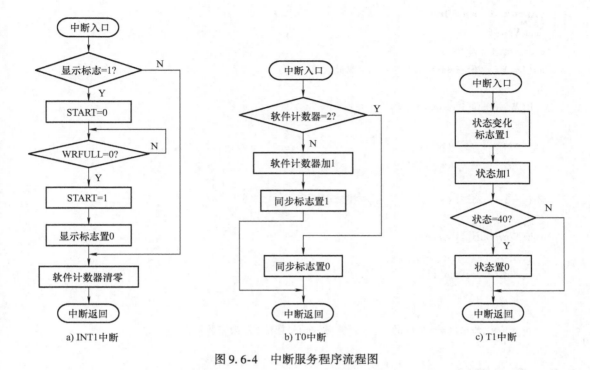

图 9.6-4 中断服务程序流程图

START_HIGH( );

（3）显示波形

```
for (j = 0;j < 255;j ++)                          //消除上一次显示的波形
{
    _LCD_Set_Pixel(j + 20,WaveData[j] + 11,BLACK);
    _LCD_Set_Pixel(j + 20,WaveData[j] + 10,BLACK);
}
for(i = 0;i < 255;i ++)                            //从 FIFO 读 256B 并显示波形
{
    WaveData[i] = FIFO;                            //从 FIFO 中读 1B 数据
    _LCD_Set_Pixel(i + 20,WaveData[i] + 11,YELLOW);   //注 1
    _LCD_Set_Pixel(i + 20,WaveData[i] + 10,YELLOW);
}
    dissign = 1;
```

注意：这里用了两条语句写两点像素，是为了加粗显示的波形曲线，以便看起来更加清晰。WaveData[]为自定义的 256B 的数据缓冲区。

当单片机从 FIFO 中读取数据以后，除了显示脉冲信号波形外，还可以计算脉冲信号的峰峰值等参数。假设采集的 256B 数据已经存放在 WaveData[]数据缓冲区，而且 256B 中至少包含了脉冲信号一个完整的周期。先找 256B 数据中的最大值和最小值，然后将最大值和最小值相减，再乘上增益系数 K 就得到脉冲信号的幅值 V_m。增益系数 K 与模拟量输入通道的增益有关，在主程序按键处理程序中设置。具体程序代码介绍如下：

```
u16 max = 0, min = 0xffff;
float Vpp;
char Vpp_temp[10];
for(i = 2;i < 255;i ++)            //找最大值
{
  if(WaveData[i] > max)
  {
    max = WaveData[i];
  }
}
for(i = 2;i < 255;i ++)            //找最小值
{
  if(WaveData[i] < min)
  {
    min = WaveData[i];
  }
}
  Vpp = K * (float)(max - min);    //计算脉冲信号幅值,K 为增益系数
```

9.7　系统调试

当设计完成以后,需要对整个系统进行调试,验证系统是否达到设计的功能。调试时应遵循"硬件和软件相结合""各子系统单独调试和联合调试相结合"的原则。从硬件上看,脉冲信号参数测量仪由 3 部分组成:单片机子系统、FPGA 子系统以及模拟量输入子系统。调试时,一般先模块调试,后整机调试,也就是说采用了"自底向上"的调试方法。

1. 信号调理电路调试

信号调理电路是一增益 8 档可调放大器,其增益由开关量 S0～S2 控制。正常工作时,S0～S2 由单片机的 I/O 引脚电平控制,但在调试阶段,可以手动控制。根据图 9.4-6 所示的信号调理电路原理图,J3 口的 S2S1S0 悬空时,排阻 RN1 将 S2S1 上拉成高电平,将 S0 下拉成低电平,将第一级放大电路的增益设为 20;通过杜邦线将 S1 接地时,放大器的增益设为 5.1;将 S2 接地时,放大器的增益设为 1;将 S2 和 S1 同时接地时,放大器的增益设为0.1。由信号发生器产生峰-峰值为 100mV、频率为 200kHz、占空比为 50% 的脉冲波,从信号调理电路输入端输入。使用示波器观察信号调理电路的输出信号波形。改变信号调理电路的增益,观察输出信号的变化。用示波器观察电压比较器输出,正常时应观察到幅值 5V、频率 200kHz、占空比为 50% 的方波信号。图 9.7-1 所示为信号调理电路和电压比较器输出信号的实测波形。

2. 高速 A/D 模块的调试

通过 Quartus Ⅱ 软件将 9.5 节设计的 FPGA 内部电路进行输入、编译、引脚锁定,并下载到 FPGA 中。下载成功以后,可用示波器观测 ADCCLK 信号,正常时在 ADCCLK 引脚可观测到频率为 20MHz 的时钟脉冲。用示波器观察 A/D 转换器数据输出端,若有信号输出,

则基本可判定 A/D 转换器工作正常。图 9.7-2 为高速 A/D 的 D11 和 D4 两路信号的输出波形。

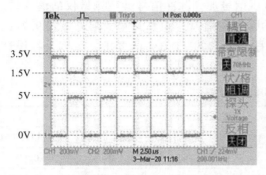

图 9.7-1 信号调理电路和电压比较器输出波形

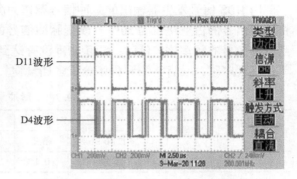

图 9.7-2 高速 A/D 的 D11 和 D4 输出波形

3. 单片机和 FPGA 的联机调试

将单片机程序下载，依次测试以下内容：

1）用示波器观测 START 和 WRFULL 信号，正常时应观察到如图 9.7-3 所示的波形。START 低电平期间，FIFO 采集 256B 数据，从图 9.7-3 所示波形可以看到，START 信号的负脉冲非常窄，说明采集 256B 数据所需要的时间很短。START 高电平期间，用于单片机读取 FIFO 中数据并显示对应的波形。从 START 的波形可以看到，在一次采集和显示的过程中，采集所占时间的比例很低，这正是高速数据采集系统的特点之一。

2）测试单片机显示功能是否正常。如图 9.7-4 所示为正常时显示的界面。如果脉冲信号的波形能够正常显示，那么系统硬件和软件功能大部分功能已经正常了。

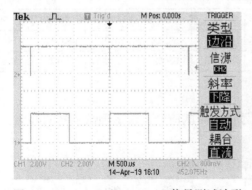

图 9.7-3 START 和 WRFULL 信号测试波形

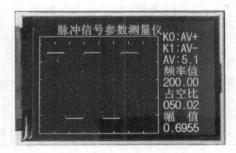

图 9.7-4 显示界面

3）将信号调理电路的开关量 S2、S1、S0 由单片机的 I/O 引脚控制。通过按键 K0 和 K1 改变信号调理电路的增益，观察显示的波形幅值是否随之改变。

4）将输入信号的频率从 100Hz 逐渐增加到 1MHz，用示波器观察 ADCCLK 引脚的时钟频率，测试其频率是否按照表 9.5-1 所示的规律变化。

完成上述几步的调试以后，就可以开始对脉冲信号的参数进行测量和校准了。

4. 技术指标测试

依据设计题目，对脉冲信号参数测量仪的各项指标进行测试。测量仪器主要有 DDS 信号发生器、示波器和万用表。

（1）脉冲信号频率的测试

用 DDS 信号发生器输出的脉冲信号源作为测试信号加到脉冲信号参数测量仪的输入端。将脉冲信号的占空比设为 50%，改变脉冲信号的频率和幅值，频率的测试结果见表 9.7-1。当脉冲信号的频率比较低时，测量精度没有达到题目要求的 ±0.1% 的要求，原因是在设计单片机程序时，没有将测频程序分成多档量程。

表 9.7-1　脉冲频率测试结果

序号	给定频率	幅值 0.1V		幅值 1V		幅值 5V	
		测量值/kHz	精度	测量值/kHz	精度	测量值/kHz	精度
1	100Hz	0.09	>0.1%	0.09	>0.1%	0.09	>0.1%
2	1kHz	0.99	>0.1%	1.01	>0.1%	1.01	>0.1%
3	10kHz	9.99	<0.1%	9.99	<0.1%	9.99	<0.1%
4	100kHz	99.99	<0.1%	99.99	<0.1%	99.99	<0.1%
5	200kHz	199.9	<0.1%	199.9	<0.1%	199.9	<0.1%
6	500kHz	499.99	<0.1%	499.99	<0.1%	499.99	<0.1%
7	1MHz	999.99	<0.1%	999.99	<0.1%	999.99	<0.1%

（2）脉冲信号占空比的测试

以频率为 999kHz、幅值为 1V 的脉冲信号作为测试信号，改变测试信号的占空比，测试结果见表 9.7-2。

表 9.7-2　脉冲占空比测试结果

给定值（%）	10	20	30	40	50	60	70	80	90
测量值（%）	9.45	20.00	30.01	40.07	49.97	59.87	70.07	80.22	90.73
精度	−5.5%	0.0%	0.0%	0.2%	0.1%	0.0%	0.1%	0.3%	0.8%

（3）脉冲信号幅值的测试

以频率为 10kHz、占空比为 50% 的脉冲信号作为测试信号，改变测试信号的幅值，测试结果见表 9.7-3。

表 9.7-3　脉冲幅值测试结果

给定值/mV	100	200	300	400	500	600	700	800
测量值/mV	102.0	200.3	298.6	400.6	498.9	601.0	695.5	797.5
精度	2%	0.15%	−0.47%	0.15%	−0.02%	0.16%	−0.64%	−0.31%

限于篇幅，以上并没有对脉冲信号参数测量仪的技术指标进行全面的测试，只是给出了部分测试结果。虽然从现有的测试结果来看，脉冲信号参数测量仪基本达到了设计题目要求的技术指标，但是，上述测试结果并不是在最苛刻测试条件下得到的。例如当脉冲信号的频率为 1MHz、峰-峰值为 100mV、占空比为 10% 时，幅值的测量精度要达到题目给出的要求难度要大得多。只有在硬件和软件两方面双管齐下，选用性能更优的模拟器件，采用更复杂

的软件处理，才能确保脉冲信号参数测量仪全面达到设计题目的技术指标。

思 考 题

1. 已知有一个微弱的双极性的信号源：$v(t) = 10\sin(4 \times 10^5 \pi t)$ mV，A/D 转换器的电压输入范围为 1.5～3.5V，为了使这个信号可以被 A/D 转换器可靠地采集，请设计信号调理电路。

2. 假设以 20MHz 采样频率采集的 256B 数据已经存放在 WaveData[] 数据缓冲区，而且 256B 中包含了一个以上完整的周期。请编写程序，计算被测信号的频率。

3. 在等精度测频中，如何确定闸门信号的宽度和占空比？

4. 为什么要在 FPGA 的 I/O 引脚和 ADS805 的时钟引脚之间加一反相器？

设计训练题

设计训练题一　高速数据采集系统

设计一高速数据采集系统，原理框图如图 P9-1 所示。该系统由 FPGA 控制高速 A/D 转换器采集模拟信号。输入模拟信号为频率 200kHz、峰-峰值 0.1～10V 的正弦信号。要求实现以下功能：

1）信号调理电路的增益和直流偏置能够通过单片机按键调节。

2）A/D 采样频率设为 20MHz，每次连续采集 256 点数据，单片机读取 256 点数据后在 TFT 模块上回放显示信号波形。采集→显示→采集→…，不断循环。

3）增加同步触发功能，使采集的信号在 TFT 上能够稳定地显示。

4）测量输入正弦信号的频率、峰-峰值等参数。

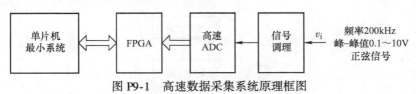

图 P9-1　高速数据采集系统原理框图

设计训练题二　纸张计数显示装置

设计并制作纸张计数显示装置，其组成如图 P9-2a 所示。两块平行极板（极板 A、极板 B）分别通过导线 a 和导线 b 连接到测量显示电路，装置可测量并显示置于极板 A 与极板 B 之间的纸张数量。极板 A 和极板 B 上的金属电极部分均为边长 50mm ±1mm 的正方形，导线 a 和导线 b 长度均为 500mm ±5mm。自行制作夹纸装置，示意图如图 P9-2b 所示。

纸张计数显示装置原理框图如图 P9-3 所示。系统主要由 RC 多谐振荡器、FPGA 芯片和单片机最小系统组成。RC 振荡器将夹紧纸张的两极板作为电容，输出稳定的方波信号，将电容的测量转化成频率测量。运用等精度测频法实现方波频率测量，采用拟合算法实现纸张测量。

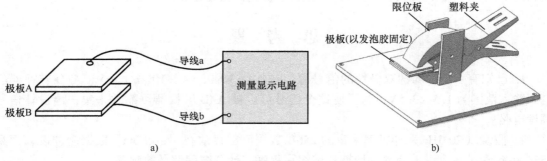

图 P9-2　纸张计数显示装置示意图

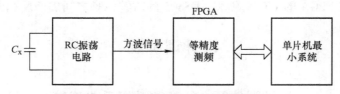

图 P9-3　纸张计数显示装置原理框图

功能要求：测量置于两极板之间 1 ~ 30 张不等的给定纸张数。每次在极板间放入被测纸张并固定后，一键启动测量，显示被测纸张数并发出一声蜂鸣。每次测量从按下同一测量启动键到发出蜂鸣的时间不得超过 5s，在此期间对测量装置不得有任何人工干预。

设计训练题三　低频数字式相位测量仪

设计并制作一个低频相位测量系统，其示意图如图 P9-4 所示。A、B 为两路频率为 20Hz ~ 20kHz、峰-峰值为 1 ~ 5V 的正弦信号。相位测量绝对误差 ≤2°；相位读数为 0 ~ 359.9°，分辨率为 0.1°。

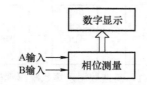

图 P9-4　低频相位测量系统组成框图

第 10 章　红外通信系统

10.1　设计题目

设计并制作一个红外通信系统。红外通信系统利用红外发光管和红外接收管作为收发器件，用来同时传输语音信号和温度信号，传输距离不小于 2m。示意图如图 10.1-1 所示。设计要求如下：

1）传输的语音信号频率范围为 300Hz ~ 3.4kHz，接收端回放的声音应无明显失真。
2）增加一路数字信道，实时传输发射端温度信号，并能在接收端显示。
3）语音信号和温度信号能同时传输。

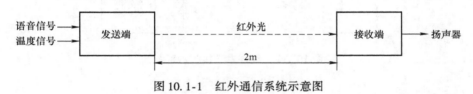

图 10.1-1　红外通信系统示意图

10.2　设计方案

为了能够同时传送数字量和模拟量，常用的方法是将数字量调制成频移键控（Frequency-Shift Keying，FSK）信号，这个过程称为 FSK 调制。FSK 信号用某一频率正弦波表示"1"，而用另一频率正弦波表示"0"。FSK 调制实现了用模拟信号来表示数字信号。红外发送端将 FSK 信号和语音信号通过加法电路合成一路信号，再通过红外信号发送出去。因为 FSK 中的正弦波频率与语音信号的频率处于不同的频段，所以在接收端可以通过滤波器将 FSK 信号和语音信号分离出来。根据上述思路，红外通信系统设计方案如图 10.2-1 所示。在发送端，采用 FPGA 和 DDS 技术产生 FSK 信号；在接收端，将 FSK 信号经过电压比较器转换成方波信号，再经过 FPGA 解码电路恢复成数字信号。发送端和接收端通过单片机的异步串行通信接口来实现数字信号的发送和接收。为了测量发送端环境温度，采用了单总线温度传感器 18B20，简化了硬件电路设计。

红外发送电路和红外接收电路的示意图如图 10.2-2 所示。

根据光照度二次方反比定律，接收管接收到的光照度与发射管发光强度、发射管与接收管的距离、光线入射角有关。具体地，接收管接收到的光照强度由下式确定：

$$E = \frac{I\cos\theta}{L^2} \tag{10.2-1}$$

式中，E 为接收管接收到的光照强度；I 为发射管光照强度；L 为发射管和接收管之间的距离；θ 为发射管与接收管的夹角。

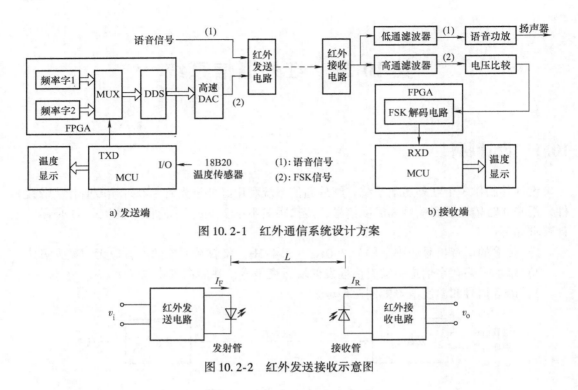

a) 发送端   b) 接收端

图 10.2-1 红外通信系统设计方案

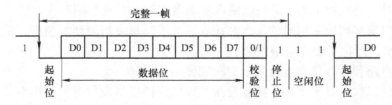

图 10.2-2 红外发送接收示意图

10.3 异步串行通信接口

计算机与外界的数据交换大多是串行的。串行通信的数据各位按顺序传送，其特点是只需要一对传输线、成本低、传送的距离远，但与并行传输相比，传输速度慢，效率低。

1. 异步串行通信的数据格式

异步通信时，数据是以字符为单位进行传送。一个字符又称为一帧信息，每个字符由 4 部分组成：起始位、数据位、奇偶校验位（简称校验位）和停止位。串行异步通信的数据格式如图 10.3-1 所示。起始位为 0 信号，占用 1 位，用来表示一帧信息的开始；其后就是数据位，一般为 7~9 位，传送时，低位在前，高位在后；最后是停止位，用 1 信号来表示一帧信息的结束。

图 10.3-1 串行异步通信的数据格式

异步通信的特点是数据在线路上的传输不连续，传送时字符间隔不固定，各个字符可以是连续传送，也可以是间断传送，取决于通信协议。

异步通信的发送时钟与接收时钟是相互独立的，这也是采用"异步通信"这个名称的原因。实现异步通信的基本条件是接收和发送双方的时钟频率一致。只有这样，才能保证在整个数据传输过程中，与发送时钟顺序对应的接收时钟始终处于发送数据位宽之内，以正确检测到这些数据。但实际上，发送方和接收方的时钟频率很难完全相同，只要将发送时钟频率和接收时钟频率的误差限定在一定范围之内，就可以正确收发数据。以图 10.3-2 所示的时序图为例，假设在起始位时，接收时钟恰好处在起始位中心点。如果接收时钟频率高于发送时钟频率，则在接收第一位数据（D0）时，接收时钟就会在数据位中心点之前出现，以后各位数据接收时，会使这种提前量逐渐积累。为了保证所有位都能正确接收，必须保证一个数据帧中积累的提前量不超过半个数据位。假设数据位为 8 位，加上校验位和停止位，需要检测的数据位共 10 位。这 10 个位宽的积累误差不得超过半个数据位，即要求发送时钟和接收时钟频率误差不超过 5%。一旦接收完一帧数据，下一帧数据又重新从起始位开始定位，原来的位宽偏差积累全部消除。目前大部分单片机的内部振荡器精度至少达到 2%，因此，即使采用内部振荡器，也完全可以满足串行异步通信的要求。

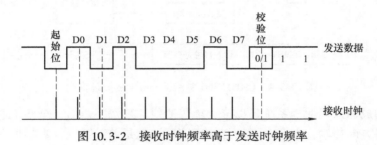

图 10.3-2 接收时钟频率高于发送时钟频率

2. 单片机的 UART 接口

单片机的通用异步收发器（Universal Asynchronous Receiver and Transmitter，UART）是双机通信中最常用的接口，是单片机的标配接口。不同系列单片机的 UART 接口结构和工作原理基本相同。图 10.3-3 为简化后的 STM32F407 单片机 UART（STM32F407 单片机的数据手册上的名称为 USART，作者注）的原理框图。从图中可以看到，UART 主要由 3 部分组成，分别是波特率控制、收发控制和数据存储转移。

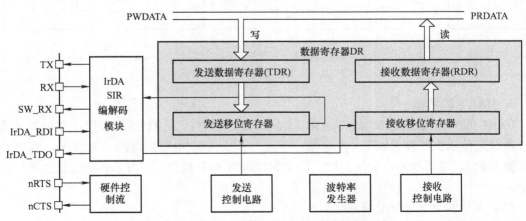

图 10.3-3 STM32F407 单片机 UART 原理框图

图 10.3-4 为简化后的 C8051F360 单片机 UART 的原理框图。UART 接收数据时，串行数据通过 RX0 进入，数据先逐位输入移位寄存器，然后再送入接收缓冲器。这就形成了串行接收的双缓冲结构，以避免在接收数据过程中出现帧重叠错误，即在下一帧数据来时，前一帧数据还未读入 CPU。串行口发送数据时，串行数据通过 TX0 送出。与接收数据时不同，发送数据过程 CPU 是主动的，发送数据不会发生帧重叠错误，因此发送器是单缓冲结构，这样可以提高数据发送速度。

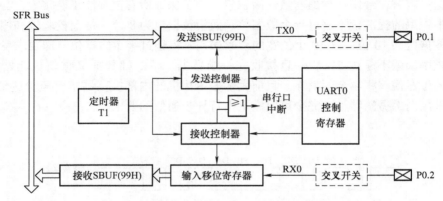

图 10.3-4　C8051F360 单片机 UART 的原理框图

由 UART 构成的双机通信系统可以分为单工通信、半双工通信、全双工通信。单工通信是数字量只能单方向传输，本章介绍的红外通信系统就是单工系统，数字量只能从发送端传到接收端。半双工通信可以实现双向的通信，但不能在两个方向上同时进行，必须轮流交替地进行。全双工通信是指在任意时刻，线路上 A 机到 B 机都可进行双向信号传输。全双工通信是单片机最常见的一种通信模式。图 10.3-5 所示就是由单片机构成的全双工通信系统。

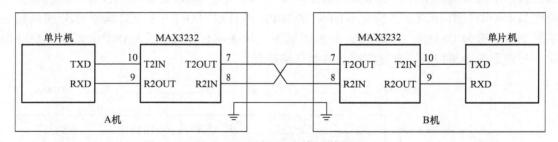

图 10.3-5　全双工通信系统框图

3. UART 的编程

UART 的编程包括 UART 的初始化、UART 发送程序、UART 接收程序。在初始化程序中，串口通信至少要设置以下几个参数：字长（一次传送的数据长度）、波特率（每秒传送的数据位数）、奇偶校验位和停止位。以 STM32F407 单片机为例，异步串行通信典型子程序如下：

（1）A 机和 B 机初始化程序

```
void uart_init(void)
{
```

```
        RCC_AHB1PeriphClockCmd(RCC_AHB1Periph_GPIOA,ENABLE);
        RCC_APB2PeriphClockCmd(RCC_APB2Periph_USART1,ENABLE);                //注 1
        GPIO_InitStructure. GPIO_Pin = GPIO_Pin_9 | GPIO_Pin_10;             // 注 2
        GPIO_InitStructure. GPIO_Mode = GPIO_Mode_AF;                        //复用功能
        GPIO_InitStructure. GPIO_Speed = GPIO_Speed_50MHz;                   //速度 50MHz
        GPIO_InitStructure. GPIO_OType = GPIO_OType_PP;                      //推挽复用输出
        GPIO_InitStructure. GPIO_PuPd = GPIO_PuPd_UP;                        //上拉
        GPIO_Init(GPIOA,&GPIO_InitStructure);                               //初始化 PA9、PA10
        GPIO_PinAFConfig(GPIOA,GPIO_PinSource9,GPIO_AF_USART1);
        GPIO_PinAFConfig(GPIOA,GPIO_PinSource10,GPIO_AF_USART1);
        USART_InitStructure. USART_BaudRate = 2400;                         //波特率设置
        USART_InitStructure. USART_WordLength = USART_WordLength_8b;         // 注 3
        USART_InitStructure. USART_StopBits = USART_StopBits_1;             //一个停止位
        USART_InitStructure. USART_Parity = USART_Parity_No;               //无奇偶校验位
        USART_InitStructure. USART_HardwareFlowControl = USART_HardwareFlowControl_None;
                                                                            //无硬件数据流控制
        USART_InitStructure. USART_Mode = USART_Mode_Rx | USART_Mode_Tx;    //注 4
        USART_Init(USART1, &USART_InitStructure);                          //初始化串口 1
        USART_ClearFlag(USART1, USART_FLAG_TC);
        USART_Cmd(USART1, ENABLE);                                          //使能串口 1
        NVIC_InitStructure. NVIC_IRQChannel = USART1_IRQn;                  //串口 1 中断通道
        NVIC_InitStructure. NVIC_IRQChannelPreemptionPriority = 3;          //抢占优先级 3
        NVIC_InitStructure. NVIC_IRQChannelSubPriority = 3;                 //子优先级 3
        NVIC_InitStructure. NVIC_IRQChannelCmd = ENABLE;                    //IRQ 通道使能
        NVIC_Init(&NVIC_InitStructure);
}
```

注 1：使能 USART1 时钟；

注 2：串口 1 对应引脚复用映射 PA9、PA10；

注 3：字长为 8 位数据格式；

注 4：收发模式。

（2）A 机发送数据代码

```
USART_SendData(USART1, tData);                              //向 USART1 发送数据
while(USART_GetFlagStatus(USART1,USART_FLAG_TC)! = SET);
```

（3）B 机接收中断程序

```
void USART1_IRQHandler(void)
{
    if(USART_GetITStatus(USART1,USART_IT_RXNE)! = RESET)
    {
        USART_ClearFlag(USART1,USART_FLAG_RXNE);
        RData = USART_ReceiveData(USART1);                 //接收温度测量值
        LCD_Clear_Rect(215,100,3 * 32,32,BLACK);           //清除上次温度测量值
```

```
        LCD_ShowNumBig(215,100,RData,GREEN);              //显示温度测量值
    }
}
```

在调试单片机串行通信程序时，可分为以下两步。

（1）USART1 接口硬件电路及波特率测试

为了测试 USART1 接口硬件电路是否正常以及波特率设置是否正确，可在单片机通信程序中加一段测试程序，连续发送一个相同数据，然后用示波器观测 RS232 接口中 TXD 引脚的波形。具体地说，在发送端添加以下测试程序段。

```
while(1)
{
    tDATA = 0x55;                                        //发送 0x55 数据
    USART_SendData( USART1 , tData);                     //向 USART1 发送数据
    while( USART_GetFlagStatus( USART1 , USART_FLAG_TC)! = SET);
    //等待发送结束
};
```

运行上述测试程序，观测 USART1 接口中 TXD 引脚应得到如图 10.3-6 所示的波形。低电平表示"0"，高电平表示"1"。高电平或低电平的宽度 T 表示每一位数据持续的时间，其倒数即为波特率。

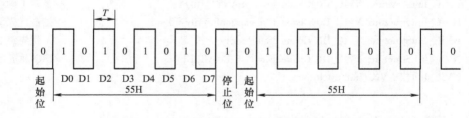

图 10.3-6　USART1 的 TXD 引脚测试波形

（2）USART1 接口数据接收功能测试

在 A 机连续发送数据的基础上，测试 B 机能否正常接收数据。由于 B 机通过串口中断接收数据，因此，串口能否正常中断是判断 B 机能否正常接收数据的关键。测试时，可以在 B 机串口中断服务程序中加一条单片机 I/O 引脚电平取反的指令，然后用示波器观测该 I/O 引脚的电平变化。正常时，B 机每接收一帧数据，I/O 引脚电平变化一次。

10.4　数字温度传感器 DS18B20 原理

10.4.1　单总线与 DS18B20 简介

单总线（1-wire）是 Dallas 公司的一项专有技术。与 SPI 和 I²C 总线相比，单总线采用单根信号线，既传输时钟，又传输数据，而且数据传输是双向的。采用单总线可节省连接线成本，使系统结构简单、便于维护。

DS18B20 是 Dallas 公司推出的具有单总线接口的新一代智能温度传感器，它在测温精

度、转换时间、传输距离、分辨率等方面较早期产品有了很大的改进，给用户带来了更方便的使用体验和更令人满意的效果。DS18B20 广泛用于工业、民用、军事等领域的温度测量。DS18B20 主要特性有：

1）每个器件片内 ROM 中都存有一个唯一的 64 位序列码。

2）可以由数据线提供电源，电源电压范围 3.0～5.5V。

3）温度测量范围 −55～125℃。

4）在 −10～85℃范围内，测量精度可达 ±0.5℃。

5）温度测量分辨率 9～12 位，由用户选择。

6）可由用户设定温度报警上限值和下限值，通过指令识别温度超限器件。

采用 TO−92 封装的 DS18B20 引脚排列和与单片机的连接图如图 10.4-1 所示。DQ 为数据输入/输出引脚，OD 输出，使用时应接上拉电阻。注意，由于单总线上的数据是双向传输，对应的单片机 I/O 引脚应初始化为 OD 输出。

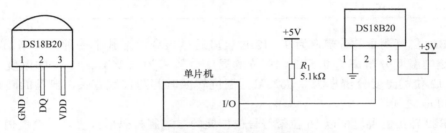

图 10.4-1　DS18B20 引脚排列和与单片机连接图

DS18B20 的内部功能框图如图 10.4-2 所示。DS18B20 由以下几部分组成：64 位激光 ROM、暂存器、温度传感器和非易失性（E^2PROM）温度报警触发器 TH 和 TL。激光 ROM 用于存放 64 位序列号，其中低 8 位是产品代码（28H），中间 48 位（6 个字节）为器件序列号，高 8 位为前面 56 位的循环冗余校验 CRC（Cyclical Redundancy Check）码。每个 DS18B20 芯片出厂时都有一个唯一的 64 位序列号。当总线上挂有多个 DS18B20 时，单片机通过读取 64 位序列号来识别单总线上的某个温度传感器。暂存器实际上就是可供单片机读写的 RAM，共有 9 个字节，暂存器每个字节的功能定义见表 10.4-1。注意，暂存器的第 2～4 字节还有与其对应的 3 个 E^2PROM 存储单元，使得掉电以后数据仍能保存。

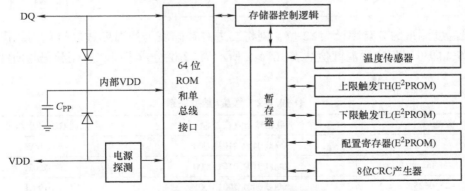

图 10.4-2　DS18B20 内部功能框图

表 10.4-1　DS18B20 暂存器定义

暂存器地址	暂存器内容及含义
0	测量温度值低字节
1	测量温度值高字节
2	TH：温度上限报警值
3	TL：温度下限报警值
4	转换位数设定字节，该字节格式为：0 b_6 b_5 11111，当 b_6 b_5 为 00、01、10、11 时，对应的温度分辨率分别为 9 位、10 位、11 位、12 位。上述 4 种分辨率的典型转换时间分别为 93.75ms、187.5ms、375ms、750ms
5	保留
6	保留
7	保留
8	CRC 校验

　　DS18B20 温度测量的分辨率为 9～12 位，可通过指令设定其中一种分辨率，默认值为 12 位。9 位的温度分辨率为 0.5℃，10 位的温度分辨率为 0.25℃，11 位的温度分辨率为 0.125℃，12 位的温度分辨率为 0.0625℃。温度转换时间与位数有关，典型的转换时间在 93.75～750ms 之间。

　　DS18B20 输出的温度值以 16 位带符号位扩展的二进制补码形式表示。温度值存放在暂存器的第 1 字节和第 2 字节。12 位分辨率的数据格式如下所示。S 为符号位，S 为 0，表示温度为正；S 为 1，表示温度为负。

温度值低字节（暂存器地址 0）：

位 7	位 6	位 5	位 4	位 3	位 2	位 1	位 0
2^3	2^2	2^1	2^0	2^{-1}	2^{-2}	2^{-3}	2^{-4}

温度值高字节（暂存器地址 1）：

位 7	位 6	位 5	位 4	位 3	位 2	位 1	位 0
S	S	S	S	S	2^6	2^5	2^4

　　假设温度测量的分辨率设为 12 位，则将二进制补码表示的温度数据转化为原码后再乘以 0.0625，即可得到实际温度值。表 10.4-2 所示为 12 位分辨率时二进制补码与所测温度对应关系。

表 10.4-2　温度/数据关系

温度/℃	数据输出（二进制）	数据输出（十六进制）
+125	0000 0111 1101 0000	07D0H
+85	0000 0101 0101 0000	0550H
+25.0625	0000 0001 1001 0001	0190H

（续）

温度/℃	数据输出（二进制）	数据输出（十六进制）
+10.125	0000 0000 1010 0010	00A2H
+0.5	0000 0000 0000 1000	0008H
0	0000 0000 0000 0000	0000H
-0.5	1111 1111 1111 1000	FFF8H
-10.125	1111 1111 0101 1110	FF5EH
-25.0625	1111 1110 0110 1111	FE6FH
-55	1111 1100 1001 0000	FC90H

10.4.2　DS18B20 的操作命令

单片机对 DS18B20 的操作包括：初始化（复位）、ROM 操作、暂存器操作。

DS18B20 的所有操作均从初始化开始。初始化序列包括一个由单片机发出的复位脉冲和 DS18B20 发出的存在脉冲。存在脉冲让单片机知道 DS18B20 在总线上并等待接收命令。一旦单片机检测到存在脉冲，就可以发出 5 条 ROM 命令之一。所有的 ROM 操作命令都是单字节，传送时低位在前，高位在后。5 条 ROM 操作命令见表 10.4-3。

表 10.4-3　ROM 操作命令

操作命令	功能说明
搜索 ROM 序列号命令（F0H）	当一个系统初次启动时，单片机用该命令允许识别总线上所有器件的 64 位序列码
读 ROM 命令（33H）	单片机通过该命令可以读出 DS18B20 内部的 64 位序列码。该命令只能用在总线上只有单个 DS18B20 的情况，当多于一个时，由于 DS18B20 为漏极开路输出，因此将产生线与，从而引起读取数据错误
匹配 ROM 命令（55H）	用于总线上有多个 DS18B20 的情况。单片机发出该命令时，后跟 64 位芯片识别码，只有和 64 位器件识别码完全匹配的 DS18B20 才能响应随后的存储器操作命令，其他 DS18B20 等待复位。该命令也可用在单个 DS18B20 的情况
跳过 ROM 命令（CCH）	对于单个 DS18B20 的单总线系统，该命令允许单片机跳过 ROM 序列号检测而直接对寄存器操作，从而节省时间。该命令不允许用于多个 DS18B20 的系统，以免引起数据冲突
报警查询命令（ECH）	当上次温度测量值已置位报警标志（由于高于 TH 或低于 TL 时），即符合报警条件时，DS18B20 对该命令做出响应

当单片机完成对 ROM 的操作命令以后，可以发出如表 10.4-4 所示的 6 条存储器操作命令。

表 10.4-4　存储器操作命令

指　令	代　码
温度转换命令（44H）	启动在线 DS18B20 作温度转换。当温度转换正在进行时，单片机读总线将收到 0，转换结束收到 1

（续）

指　令	代　码
读暂存器命令（BEH）	用该命令读出暂存器内容，从第1字节开始，直到读完第9字节
写暂存器命令（4EH）	该命令将3字节数据写入地址2～4的暂存器（TH和TL温度报警值寄存器、转换位数寄存器）
复制暂存器命令（48H）	该命令把地址2～4的暂存器内容复制到DS18B20内部的E^2PROM中
重新调出（B8H）	该命令将E^2PROM中内容回调到寄存器TH、TL（温度报警触发）和设置寄存器单元。DS18B20上电时能自动回调，因此，设备上电后TH、TL就存在有效数据
读电源命令（B4H）	了解DS18B20的供电模式。单片机发出该命令，DS18B20将发送电源标志，0为信号线供电，1为外接电源供电

10.4.3　DS18B20 的操作时序

由于单总线没有其他信号线可以同步串行数据流，因此 DS18B20 规定了严格的读写时隙，只有在规定的时隙内写入或读出数据才能被确认。DS18B20 的时序包括初始化时序、写时序和读时序。

1. 初始化时序

单片机对 DS18B20 的所有操作总是从初始化开始的。单片机先在总线上发送复位脉冲（480～960μs 的低电平信号），然后单片机释放总线，通过上拉电阻将总线拉成高电平。DS18B20 检测到总线上的上升沿后，等待 15～60μs 后发出存在脉冲（60～240μs 的低电平信号），当总线恢复成高电平后，初始化完成。初始化时序如图 10.4-3 所示。

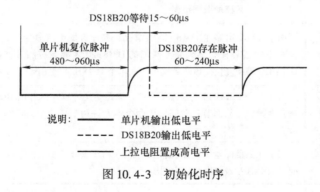

图 10.4-3　初始化时序

2. 写 "0" 时隙和写 "1" 时隙

单片机通过写时隙将 1 位数据写入 DS18B20。写时隙包括写 "0" 时隙和写 "1" 时隙，其时序图如图 10.4-4 所示。写时隙必须最小维持 60μs，两个写周期间至少 1μs 的恢复时间。总线变为低电平后，DS18B20 在一个 15～60μs 的窗口内对总线进行采样，如果总线上是高电平，则写 1；如果总线上是低电平，则写 0。如此循环 8 次，完成 1 字节的写入。在写 "1" 时隙中，单片机先将总线拉成低电平，然后在 15μs 内释放总线。

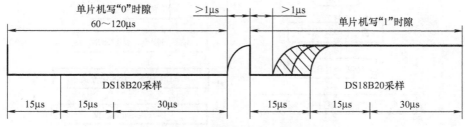

图 10.4-4 写"0"时隙和写"1"时隙

3. 读"0"时隙和读"1"时隙

单片机将总线置成低电平至少 $1\mu s$，然后释放总线，读时隙开始。读时隙启动后，DS18B20 将数据 0 或 1 送到总线上。如果送数据 0，DS18B20 就将总线拉成低电平，在规定的时隙结束后，再释放总线，由外部上拉电阻将总线置成高电平；如果送数据 1，DS18B20 就将总线保持为高电平。DS18B20 检测到初始化的下降沿后，等待 $15\mu s$ 送出数据，因此，单片机必须在 $15\mu s$ 之内释放总线，并采集总线上的数据。读时序如图 10.4-5 所示。读时隙必须最小维持 $60\mu s$，两个读周期间至少有 $1\mu s$ 的恢复时间。

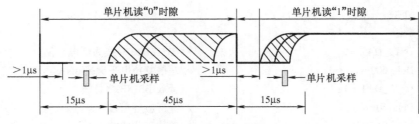

图 10.4-5 读时序

10.4.4 DS18B20 程序设计

单总线上只有一个 DS18B20 时，温度检测程序设计就比较简单，其程序流程图如图 10.4-6 所示。当启动 DS18B20 温度转换后，需要等待一定的时间才能读取转换结果。等待的时间取决于分辨率。9 位、10 位、11 位、12 位分辨率最大转换时间分别为 93.75ms、187.5ms、375ms、750ms。

在图 10.4-6 所示的流程图中，包含了以下 4 个常用子程序。程序中 DS18-DAT 为单片机与 DS18B20 连接的 I/O 引脚。

（1）DS18B20 初始化子程序

```
void INIT_DS18(void)
    {
        RST_DS18();                    //复位 DS18B20
        WRITE_DS18(0xcc);              //写入跳过 ROM 指令
        WRITE_DS18(0x4e);              //写入暂存存储器指令
        WRITE_DS18(TH);                //写入报警温度上限
        WRITE_DS18(TL);                //写入报警温度下限
```

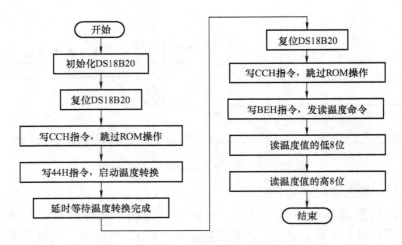

图 10.4-6　单个 DS18B20 温度测量流程图

```
    WRITE_DS18(CONFIG12);              //写入精度配置值
}
```

（2）DS18B20 复位子程序

```
void RST_DS18(void)
    {
        DS18_DAT = 0;                  // DS18B20 总线为低电平复位
        Delay600us();                  //总线复位电平保持 600μs
        DS18_DAT = 1;                  //释放 DS18B20 总线
        Delay60us();                   //等待应答信号
        while(!DS18_DAT);              //等待复位成功
        return;
    }
```

（3）DS18B20 写一字节命令或数据子程序

```
void WRITE_DS18(uchar k)
    {
        uchar i;
        for (i = 0;i < 8;i ++)
        {
            DS18_DAT = 0;              // DS18B20 总线置低电平
            Delay10us();               // DS18B20 总线低电平保持 10μs
            if (k&0x01) DS18_DAT = 1;  //送出 1 位数据
            Delay60us();               //延时 60μs，使写入有效
            DS18_DAT = 1;              //重新释放 DS18B20 总线
            k >>= 1;
        }
    }
```

（4）DS18B20 读一字节数据子程序

```
uchar READ_DS18(void)
    {
        uchar i;
        uchar j = 0;
        for (i = 0;i < 8;i ++)
        {
            DS18_DAT = 0;                    //读前总线保持为低
            Delay2us();                       //延时 1μs 以上
            VDS18_DAT = 1;                   //释放总线
            Delay10us();                      //延时 10μs
            j >>= 1;
            if (DS18_DAT == 1) j| = 0x80;    //从总线拉低算起，15μs 内读取数据
            Delay60us();                      //延时 60μs
        }
    return(j);
    }
```

上述程序中共调用了 600μs、60μs、10μs、2μs 四个软件延时程序。延时程序的延时精度直接影响到单片机与 DS18B20 能否通信成功，所以，在使用延时程序时，应对其进行测试。

10.5 发送端硬件电路设计

从图 10.2-1 所示的框图可知，发送端主要由单片机最小系统、语音前置放大电路、FSK 信号产生电路、红外发送电路几部分组成。语音前置放大电路已经在本书 5.4.2 节中介绍，这里主要介绍 FSK 信号产生电路和红外发送电路的设计。

1. FSK 信号产生电路设计

FSK 调制电路的功能就是将单片机 TXD 输出的数字信号转变成 FSK 信号。FSK 信号利用频率的变化来传递数字信息。定义两个频率来表示一个位信号，规定 10kHz 代表 "1"，15kHz 代表 "0"。在 FSK 调制电路中采用了 DDS 技术，其原理框图如图 10.5-1 所示。外部数字信号控制数据选择器，选择其中的一个频率控制字送 DDS 子系统，在 D/A 转换器的输出端生成 10kHz 或 15kHz 的正弦信号。DDS 技术一个突出的优点是 10kHz 和 15kHz 两种频率的正弦信号切换时，相位是连续的。

假设参考时钟为 25MHz，DDS 采用 32 位频率控制字，根据 DDS 的原理，10kHz 对应的频率字为

$$M = \frac{2^N}{f_{CLK}} f_{OUT} = \frac{2^{32}}{25 \times 10^6} \times 10000 \approx 1717987 = 0x1A36E3$$

15kHz 对应的频率字为

$$M = \frac{2^{32}}{25 \times 10^6} \times 15000 \approx 2576980 = 0x275254$$

图 10.5-1 中的 DDS 子系统由相位累加器和波形数据表（ROM）构成，详细设计可参考

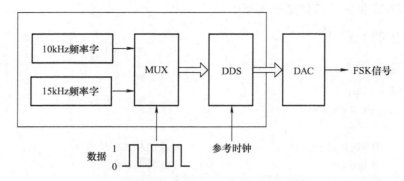

图 10.5-1　FSK 信号产生电路原理框图

本书8.4节的有关内容。这里只给出频率字选择器 MUX 的 Verilog HDL 代码。

```
module   MUX21（FWORD,SEL）；
output［31:0］ FWORD；
input   SEL；
reg［31:0］   FWORD；
always@（ SEL）
begin
    if（SEL ==0）
    FWORD <= 32 ' h00275254；      //15kHz 频率字
    else
    FWORD <= 32 ' h001A36E3；      //10kHz 频率字
end
endmodule
```

在完成底层模块设计的基础上，发送端 FPGA 内部电路顶层原理图如图 10.5-2 所示。

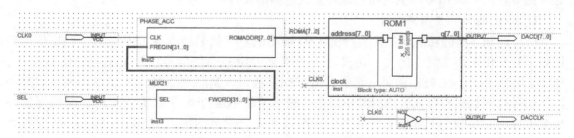

图 10.5-2　FSK 信号产生电路顶层原理图

2. 红外发送电路设计

红外发送电路如图 10.5-3 所示。U1A 构成加法电路，将 FSK 信号和语音信号相加。U1B 构成反相器。VT1 构成红外发光管 D1 的驱动电路。由于红外光传送的是模拟信号，因此 VT1 管应设置合适的静态工作点，使其工作在线性状态。D1 的静态电流越大，发送的距离越远，但是功耗也越大，一般将静态电流 I_D 设成 60 ~ 70mA 比较合适。静态电流估算如下：

$$V_B \approx \frac{R_7}{R_6 + R_7} V_{CC} = \frac{3.9}{1.5 + 3.9} \times 5V = 3.61V$$

$$I_D = \frac{V_B - V_{BE} - V_D}{R_8} \approx \frac{3.61 - 0.7 - 1.5}{20}A = 70mA$$

需要指出的是，在计算 V_B 时，忽略了 VT1 管的基极电流。实际上，由于 VT1 管的发射极电流比较大，因此忽略基极电流会使 V_B 的计算值产生一定的误差。为了减小基极电流的影响，R_6 和 R_7 的值不宜取得太大。

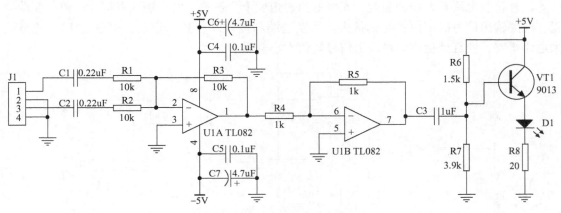

图 10.5-3　红外发送电路原理图

10.6　接收端硬件电路设计

根据图 10.2-1 所示的框图，接收端主要由红外接收电路、滤波电路、语音功放电路、比较电路、FSK 解码电路、单片机最小系统几部分组成。

滤波电路的功能就是从接收到的信号中分离出 FSK 信号和语音信号。由于语音信号的频率范围为 300Hz ~ 3.4kHz，而 FSK 信号的频率范围为 10 ~ 15kHz，因此需要设计一个截止频率为 3.4kHz 的低通滤波器和一个截止频率为 6.8kHz 的高通滤波器。这两个滤波器的设计已经在第 3 章中例 3.2-7 和例 3.2-8 中完成。为了便于 FSK 信号解码，需要将 FSK 信号通过电压比较器转换成数字信号。电压比较器电路的设计请参考 9.4.2 节有关内容。语音功放电路的设计请参考 5.4.2 节有关内容。本节主要介绍红外接收电路、FSK 解码电路的设计。

1. 红外接收电路设计

红外接收电路的功能是通过红外接收管将红外光转换成电信号，并将接收到的信号进行放大，以便后续电路处理。红外接收电路原理图如图 10.6-1 所示。

接收电路的红外接收管 VD1 是一种光电二极管，它是一个具有光敏特征的 PN 结，使用时要加反向偏压。无光照时，光电二极管的饱和反向漏电流（暗电流）很小。有光照时，光电二极管的饱和反向漏电流马上增加，形成光电流。在一定的范围内光电流随入射光强度的变化而变化。在图 10.6-1 所示的电路中，光电流通过 R1 转换成电压信号。

U1A 构成增益可调反相放大器，通过调节 RP1，增益在 0 ~ -5 范围变化；U1B 构成增

益为 –100 的反相放大器。由于红外接收电路增益比较大，在选择运放时应注意运放失调电压 V_{OS} 对输出信号的影响。以 TL082 和 NE5532 两种通用双运放为例，根据数据手册，两种运放的许多参数接近，但 TL082 的 V_{OS} 为 5mV，NE5532 的 V_{OS} 为 0.5mV，两者的失调电压相差 10 倍。假设红外接收电路的增益为 100，那么两种运放构成的红外接收电路输出信号中将分别含有 50mV 和 0.5V 的直流电压，图 10.6-2 给出了由两种不同运放构成的红外接收电路输出信号测试波形。显然，在成本基本相同的情况下，应选择失调电压比较小的通用运放 NE5532。

红外接收电路对光线的强度、光线的照射角度十分敏感。发送端或者接收端稍一变动位置，电路输出信号的幅值就变化很大。当发送端和接收端位置固定后，可通过 RP1 调节放大电路增益，使红外接收电路输出信号幅值大小合适。

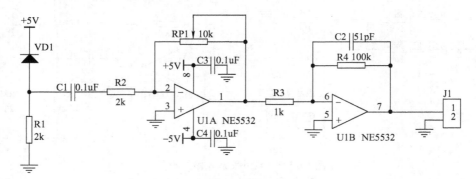

图 10.6-1　红外接收电路原理图

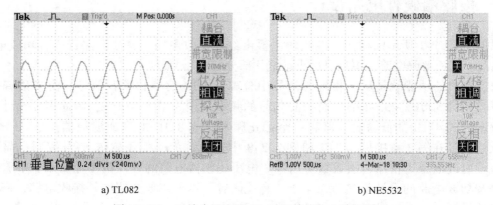

a) TL082　　　　　　　　　　　　　　b) NE5532

图 10.6-2　运放失调电压 V_{OS} 对红外接收电路的影响

2. FSK 解码电路设计

红外接收电路输出的信号经过高通滤波以后就得到 FSK 信号。所谓 FSK 解码就是将 FSK 信号恢复成数字信号，通常有以下 3 种方案。

方案一：采用模拟和数字电路实现，其示意图如图 10.6-3 所示。先将模拟的 FSK 信号 a 通过电压比较器转化成高低两种电平构成的 FSK 信号 b。然后经过微分、整流、单稳态触发、低通滤波、反相后得到数字信号 g。比较 a 和 g 的波形可知，频率高的正弦信号对应数字 "0"，频率低的正弦信号对应数字 "1"。

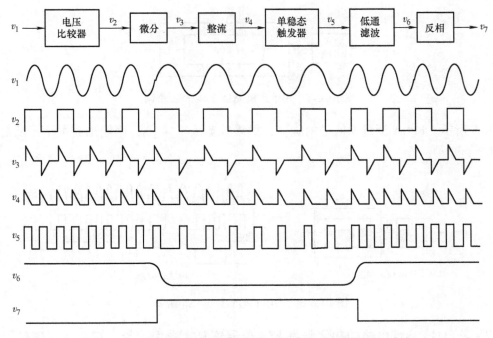

图 10.6-3 用模拟和数字电路实现 FSK 解调

方案二：采用单片机内部的可编程计数阵列（PCA）实现解调。PCA 通过捕获比较模块，测量 FSK 信号的周期，根据测得的周期，将某 I/O 引脚置成高电平或者低电平，其示意图如图 10.6-4 所示。以 C8051F360 单片机为例，经过电压比较器后的 FSK 信号上升沿触发 PCA 中断，前后两次中断的定时器计数值相减，就得到 FSK 信号的周期。PCA 中断服务程序如下所示。DOUT 就是解码后的数字信号。

```
void pca( ) interrupt 11
    {
        CCF0 = 0;                               //清 PCA 中断标志
        PCATIME1 = PCA0CPH0 * 256 + PCA0CPL0;   //读取当前捕获时间
        TCYC = PCATIME1 – PCATIME0;             //计算周期
        PCATIME0 = PCATIME1;                    //保存当前捕获时间
    if( TCYC > 160)
    {
        DOUT = 1;          //周期大于 160μs 时,DOUT 输出高电平
    }
    else
    {
        DOUT = 0;
    }
    }
```

方案三：采用 FPGA 解调。FSK 信号经过电压比较器后就得到占空比为 50% 的方波，如

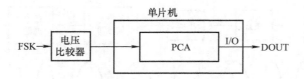

图 10.6-4　用单片机 PCA 实现 FSK 解调

图 10.6-5 所示。FPGA 测量 *b* 信号的脉宽，如果脉宽大于 40μs，则输出高电平，反之，输出低电平。

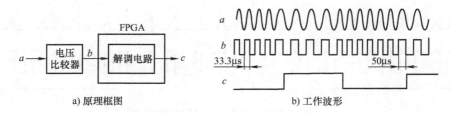

a) 原理框图　　　　　　　　　　b) 工作波形

图 10.6-5　采用 FPGA 实现 FSK 解调

接收端 FPGA 内部电路的功能是将 FSK 信号恢复成数字信号。其基本原理是用两个 128 进制的计数器分别对 FSK 信号的高电平和低电平计数（测量高低电平的脉宽）。假设 FSK 的方波信号占空比为 50%，则 10kHz 和 15kHz 的高低电平脉宽分别为 50μs 和 33.3μs，如图 10.6-5 所示。

用 1MHz 的时钟信号进行计数，50μs 时间的计数值为 50，计数器的最高位输出高电平；33.3μs 时间的计数值为 34。FSK 信号的解码就转换成测量 FSK 信号高电平和低电平的宽度。以 40μs 作为比较值，大于 40μs 表示 FSK 的信号为 10kHz，解码输出为高电平；小于 40μs 表示 FSK 的信号为 15kHz，解码输出为低电平。解码电路 FSKDECODER 模块采用 Verilog HDL 语言描述。

```
module    FSKDECODER( FSKIN,DATAOUT,CLK);
output    DATAOUT;
input    FSKIN,CLK;
reg[5:0]    COUNT;
reg FSKIN1;
reg FSKIN2;
reg DATAOUT;
always @ ( posedge CLK)
   begin
   FSKIN1 <= FSKIN;                 //对 FSK 信号进行同步
      if( FSKIN1 == FSKIN2)         //电平没有变化？
         COUNT <= COUNT + 6 ' b000001;
      else
         begin
```

```
    if(COUNT > 6'b101000)    //计数值大于 40?
        begin
        DATAOUT <= 1'b1;      //频率为 10kHz,DATAOUT 置成高电平
        COUNT <= 6'b000000;
        FSKIN2 <= FSKIN1;     //记录输入脉冲的电平
        end
    else
        begin
        DATAOUT <= 1'b0;      //频率为 15kHz,DATAOUT 置成低电平
        COUNT <= 6'b000000;
        FSKIN2 <= FSKIN1;
        end
    end
end
endmodule
```

综合后得到的解码电路 RTL 图如图 10.6-6 所示。

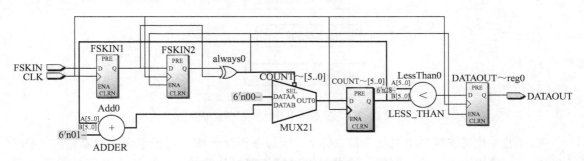

图 10.6-6　解码电路综合后的 RTL 图

解码电路加上锁相环就得到如图 10.6-7 所示的接收端 FPGA 内部电路顶层原理图。

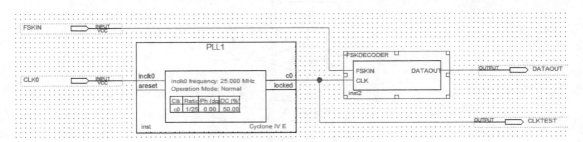

图 10.6-7　FSK 解码电路顶层原理图

10.7　单片机软件设计

由于红外通信系统属于单工异步通信,因此发送端只负责发送,接收端只负责接收。发送端单片机的程序由主程序和定时器中断服务程序组成。主程序流程图如图 10.7-1 所示。

由单片机通过单总线控制数字式温度传感器检测温度值，然后通过 UART 发送温度值。定时器中断服务程序，只完成对软件计数器加 1 的功能，该软件计数器用于主程序 0.5s 的定时。由于功能比较简单，因此定时器中断服务程序的流程图在此省略。

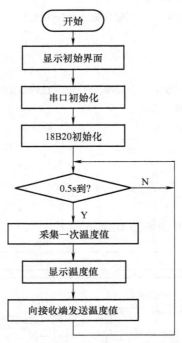

图 10.7-1　发送端单片机主程序流程图

接收端单片机的程序由主程序和 UART 中断服务程序组成。由于主程序主要完成 UART 的初始化，功能比较简单，因此，这里只给出接收端单片机的 UART 的中断服务程序流程图，如图 10.7-2 所示。

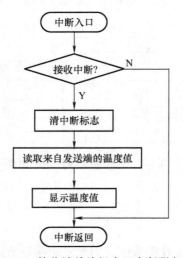

图 10.7-2　接收端单片机串口中断服务程序

UART 的初始化程序、发送子程序、接收中断程序可参考 10.3 节内容。

10.8 系统调试

1. 发送端的调试

在发送端的单片机程序中，编写一段测试程序，向串口连续发送"0x55"。因为连续发送"0x55"时，TXD 输出方波信号，用示波器观察 TXD 端的方波信号，检查方波信号的位宽是否与 UART 初始化程序中设置的波特率相符。

将图 10.5-2 所示电路的设计代码下载到 FPGA 中，单片机 TXD 输出的信号送 SEL 对应的 FPGA 引脚，用示波器观测高速 D/A 输出的信号，正常时应能看到如图 10.8-1a 所示的 FSK 信号。将语音信号和 FSK 信号同时送到红外发送模块，叠加后的信号如图 10.8-1b 所示。

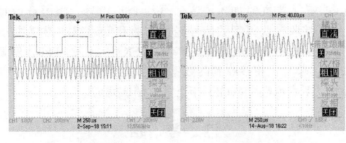

a) FSK信号波形   b) 含有语音信号的FSK信号

图 10.8-1 红外发送端测试波形

2. 红外发送接收调试

将红外发送电路和红外接收电路单独测试，测试电路可参考图 10.2-2 所示的示意图。测试步骤如下。

1）在红外发送电路的其中一个输入端加来自信号发生器的 V_{pp} 为 2V、1kHz 的正弦信号。

2）将红外发送电路和红外接收电路的距离设为 0.5m 左右，接收管与发送管对准方向，用示波器观察红外接收模块的输出信号，正常时应得到 1kHz 的正弦信号。由于发送端和接收端距离比较近，接收到的信号幅值比较大，因此为了避免接收到的信号失真，应调节图 10.6-1 中的 RP1 电位器，减小红外接收电路的增益。

3）将发送端的正弦信号频率从 1kHz 逐渐增加到 20kHz，观察接收模块的输出信号幅值的变化情况，要求当传输信号的频率达到 15kHz 时，接收模块输出信号的幅值衰减不应超过 0.7 倍。此项测试用于判断红外传输通道的带宽是否满足要求。

4）增大接收端和发送端的距离到 2m。由于发送端和接收端的距离比较远，接收到的信号比较微弱，因此应调节接收模块 RP1 电位器，增大接收电路的增益，直到接收到的信号满足要求。

3. 联机调试

（1）温度信号的传输测试

原理框图如图 10.8-2 所示。这实际上是一个单工异步通信系统。当发送端和接收端显示的温度值相同时，表明温度信号传输正常。

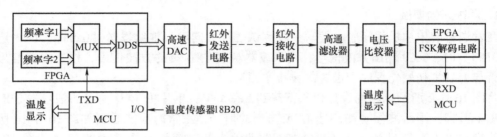

图 10.8-2　温度信号传输原理框图

（2）语音信号和温度信号同时传输

在红外发送电路的输入端同时加入语音信号和 FSK 信号，将语音信号和温度信号同时传输。在接收端，红外接收模块得到的信号经过高通和低通滤波器模块分别得到 FSK 信号和语音信号。语音信号经过语音功放驱动扬声器。FSK 信号经过 FPGA 解调后恢复成数字信号送单片机的 RXD 端，单片机将接收到的数字信号在显示模块上显示。如果显示温度值正确，播放的语音清晰，则表示整个系统工作正常，调试完成。

思　考　题

1. UART 总线与 SPI 总线有什么相同点和不同点？

2. 在图 10.6-1 所示的红外接收电路中，运算放大器选用 NE5532。通过查阅数据手册，说明选择这款运放的依据。

3. 红外通信系统中，提高异步串行通信的波特率受哪些因素限制？

设计训练题

设计训练题一　红外光通信装置

设计并制作一个红外光通信装置。其示意图如图 P10-1 所示。要求：

1）红外光通信装置利用红外发光管和红外光接收模块作为收发器件，用来定向传输语音信号，如图 P10-1 所示。

2）传输的语音信号可采用传声器或 $\phi 3.5mm$ 的音频插孔线路输入，也可由低频信号源输入；频率范围为 $300 \sim 3400Hz$。

3）接收的声音应无明显失真。当发射端输入语音信号改为 800Hz 单音信号时，在 8Ω 电阻负载上，接收装置的输出电压有效值不小于 0.4V。不改变电路状态，减小发射端输入信号的幅度至 0V，采用低频毫伏表测量此时接收装置输出端噪声电压，读数不大于 0.1V。

4）增加一路数字信道，实时传输发射端环境温度，并能在接收端显示。数字信号传输时延不超过 10s。温度测量误差不超过 2℃。语音信号和数字信号能同时传输。

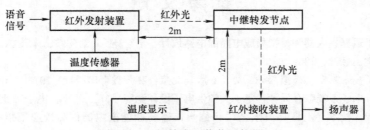

图 P10-1　红外光通信装置框图

参 考 文 献

［1］ 佛郎哥．基于运算放大器和模拟集成电路的电路设计［M］.3 版．刘树棠，朱茂林，荣玫，译．西安：西安交通大学出版社，2009.

［2］ 康华光．电子技术基础：模拟部分［M］.6 版．北京：高等教育出版社，2014.

［3］ 周立清，等．电子系统综合设计：基于大学生电子设计竞赛［M］.北京：电子工业出版社，2017.

［4］ 德州仪器半导体技术（上海）有限公司．德州仪器高性能模拟器件高校应用指南：信号链与电源［Z］.2013.

［5］ 王欣，等.Intel FPGA/CPLD 设计：基础篇［M］.北京：人民邮电出版社，2017.

［6］ 刘火良，杨森.STM32 库开发实战指南［M］.北京：机械工业出版社，2015.

［7］ WILLIAMS T. 电路设计技术与技巧［M］.2 版．周玉坤，靳济方，徐宏，等译．北京：电子工业出版社，2007.

［8］ 高吉祥．模拟电子线路与电源设计［M］.北京：电子工业出版社，2019.

［9］ 赵广林．图解常用电子元器件的识别与检测［M］.北京：电子工业出版社，2013.

［10］ 郑君里．信号与系统［M］.2 版．北京：高等教育出版社，2005.

［11］ 陈新国，程耕国.D 类功放的分析与设计［J］.电子元件与材料，2004（2）：28-30，34.

［12］ 庞佑兵，梁伟．电压反馈和电流反馈运算放大器的比较［J］.微电子学，2003，33（2）：132-135，139.

［13］ 钱莹晶，张仁民．基于自由轴法的智能 RLC 测量仪研究［J］.仪表技术与传感器，2015（8）：36-40，44.

［14］ 田良，等．综合电子设计与实践［M］.南京：东南大学出版社，2001.

［15］ 黄继业，潘松.EDA 技术及其创新实践：Verilog HDL 版［M］.北京：电子工业出版社，2012.

［16］ 高吉祥，熊跃军．电子仪器仪表与测量系统设计［M］.北京：电子工业出版社，2019.